江苏大学研究生教材建设专项基金资助

分子生物学与基因工程实验教程

主　编　杨艳华　何华纲　朱姗颖（江苏大学）

主　审　刘晓勇（江苏大学）

编写人员　高安礼（河南大学）

别同德（扬州市农业科学研究院）

江苏大学出版社

JIANGSU UNIVERSITY PRESS

镇　江

图书在版编目(CIP)数据

分子生物学与基因工程实验教程 / 杨艳华，何华纲，朱姗颖主编. -- 镇江 ： 江苏大学出版社, 2024. 8.
ISBN 978-7-5684-2111-9

Ⅰ. Q7-33

中国国家版本馆 CIP 数据核字第 2024TK2465 号

分子生物学与基因工程实验教程

Fenzi Shengwuxue Yu Jiyin Gongcheng Shiyan Jiaocheng

主　　编/杨艳华　何华纲　朱姗颖
责任编辑/仲　蕙
出版发行/江苏大学出版社
地　　址/江苏省镇江市京口区学府路 301 号(邮编：212013)
电　　话/0511-84446464(传真)
网　　址/http://press.ujs.edu.cn
排　　版/镇江文苑制版印刷有限责任公司
印　　刷/镇江文苑制版印刷有限责任公司
开　　本/787 mm×1 092 mm　1/16
印　　张/18
字　　数/441 千字
版　　次/2024 年 8 月第 1 版
印　　次/2024 年 8 月第 1 次印刷
书　　号/ISBN 978-7-5684-2111-9
定　　价/58.00 元

如有印装质量问题请与本社营销部联系(电话：0511-84440882)

前 言
PREFACE

《分子生物学与基因工程实验教程》第一版于 2011 年由中国轻工业出版社出版。本书出版以来，因选材精、通俗易懂，侧重于基本操作技能、设计能力和综合能力的培养而深受读者的欢迎。

《分子生物学与基因工程实验教程》出版 12 年来，生命科学的发展日新月异，先进的技术不断涌现，创新成果层出不穷。2012 年，Jinek 等第一次在体外系统中证实 CRISPR/Cas9 为一种可编辑的短 RNA 介导的 DNA 核酸内切酶，标志着 CRISPR/Cas9 基因组编辑技术成功问世。利用 CRISPR 系统可以实现基因组的精准编辑，如条件性基因敲除、基因敲入、基因替换、点突变等。因其简单、廉价和高效，CRISPR/Cas9 技术已经成为生物科学领域最炙手可热的研究工具。本次修订新增了生命科学的最新技术——CRISPR 基因编辑技术，适时更新了生命科学最新成果，反映新的动态。

在本书的撰写过程中，作者参阅了大量的文献，在积极吸收其精华的同时，还对相互矛盾的资料进行了认真的查验、更正。为了保证本书的实用性和通用性，附录Ⅰ中的试剂配制主要参考了生命科学实验经典教材《分子克隆实验指南》（第 4 版）。与此同时，我们对第一版的内容也进行了认真的核对，力求使本书准确、全面、系统地反映本学科用到的主要实验技术。需要说明的是，随着生物技术的进步，很多实验均可借助于试剂盒来完成，比如质粒 DNA 提取试剂盒、反转录试剂盒、PCR 试剂盒等。另外，当前 DNA、RNA 和蛋白质浓度的测定多借助于先进的仪器设备直接测定完成，省却了较为烦琐的操作步骤，而且实验结果也更为精准。本书以分子生物学和基因工程操作中一些常用的实验技术为重点，主要目的是让学生学习和应用最新的实验技术和方法，知道具体要"做什么"和"怎么做"，实现理论与实践的结合。因此，本书基本上保持了第一版的结构体系和写作风格，鉴于学科的飞速发展，补充更新了一些新内容。

本书具有以下特色：

（1）选材精当。围绕 DNA 重组技术及其在微生物、植物、动物（细胞）领域的应用，精心选择和设计了 30 个实验，基本囊括了常用的实验技术，可满足各院校的教学需求。

（2）通俗易懂。注重背景知识的介绍和基本技术原理的阐述，力求清晰透彻，通俗易懂，并使用丰富的图片，辅助学生对各重点、难点的理解和掌握。

（3）加强综合设计能力的培养。本书所选的每个篇章都是一个小课题，带有较强的设计性，学生可根据自己设计的实验方案执行；每个篇章都包含若干实验，各实验既相对独立，又前后关联，还原出科研的面貌，有利于培养学生的综合应用能力，激发学生的科研兴趣。

本书旨在打造适合高等院校生命科学类各专业本科生和研究生使用的实验教材，也可作为农学、医学等相关学科实验教学的参考书。

真诚欢迎专家学者和读者对本书提出宝贵意见。

编者

2023 年 12 月

目 录
CONTENTS

第三篇　转基因植物的制作与检测

第四篇　重组杆状病毒篇

第五篇　基因编辑篇

第六篇　开放性实验

附　录

DNA 重组技术

第一部分

DNA 的提取与鉴定

DNA 的提取与鉴定包括 4 个实验：① 溶液的配制与器材的准备；② 质粒 DNA 的提取与检测；③ 琼脂糖凝胶电泳法检测 DNA；④ 聚丙烯酰胺凝胶电泳法检测 DNA。

实验一　　溶液的配制与器材的准备

一、实验目的

(1) 认识常用器械与耗材；
(2) 掌握微量移液器的使用方法；
(3) 掌握常用溶液和培养基的配制方法；
(4) 掌握高压蒸汽灭菌的方法，了解其他灭菌方法，树立无菌操作观念。

二、实验原理

1. 溶液的配制、灭菌与保存

1) 溶液浓度的表示

溶液的浓度常用质量浓度、质量百分浓度、摩尔浓度和体积百分浓度表示。

质量浓度，是指单位体积溶液中所含溶质的质量数，即溶质的质量与溶液的体积之比，$C=m/V$。其中，C 表示质量浓度，单位为 g/L；m 表示溶质的质量，单位为 g；V 表示溶液的体积，单位为 L。在实际应用中，质量浓度常用 "g/L" "mg/L" "mg/mL" "μg/μL" 等单位表示。如抗生素储存液常以 "mg/mL" 作为浓度单位，DNA 或 RNA 常以 "μg/μL" 作为浓度单位。

质量百分浓度，是指用百分数（%）表示每 100mL 溶液中所含溶质的质量数，如 10% SDS 溶液，它表示每 100mL 溶液中含有 10g SDS（sodium dodecylsulfate，十二烷基硫酸钠）。

摩尔浓度，是指每升溶液中所含溶质的摩尔数，即溶液中溶质的物质的量除以混合物的体积（注：这里指溶液的体积，而不是溶剂的体积），常用单位 "mol/L" 表示。如 0.5mol/L EDTA（ethylenediaminetetra-acetic acid，乙二胺四乙酸），表示每升溶液中含有 0.5mol EDTA。另外，0.5mol/L EDTA 常常可以写作 0.5M EDTA，这里的 "M" 就相当于 "mol/L"。而摩尔数与质量的关系为

$$摩尔数 = \frac{质量（g）}{分子量}$$

无论是质量浓度、质量百分浓度，还是摩尔浓度，在定义时都以一定体积为基数，因此在溶液的配制过程中，不能在已称量好的溶质中直接加入足体积的溶剂，因为溶质溶解后也会占一定体积。比如，在配制 100mL 10% SDS 溶液时，应先加 80mL 双蒸水（ddH$_2$O），待 SDS 完全溶解后，再定容至 100mL。

摩尔浓度与质量浓度之间可以进行有效的换算：

$$摩尔浓度（mol/L）= \frac{质量浓度×溶液体积数（mL）}{分子量×溶液体积数（L）}$$

$$= \frac{1000×质量浓度}{分子量}$$

体积百分浓度，是用溶质体积占全部溶液体积的百分数表示的浓度。当溶质本身为液体时，常用体积百分浓度表示其浓度。如消毒用的 70% 乙醇，是指每 100mL 溶液中含有 70mL 无水乙醇。

配制一种溶液，究竟采用摩尔浓度、质量浓度、质量百分浓度，还是体积百分浓度来表示，主要依据使用时的要求和便利性。

2）实验用水和溶剂

总的来说，实验时使用什么作为溶剂，以及随后如何调节 pH 值、如何灭菌处理等，必须在配制溶液前查阅相关的实验手册。当前最权威、最全面、最常用的是美国冷泉港实验室所编著的《分子克隆实验指南》，目前已有第 4 版的中译本（贺福初主译）。

溶液配制时，最常用的溶剂是蒸馏水。蒸馏水有两种，一种是单蒸水（也就是常说的蒸馏水），它的纯度与经过离子交换树脂处理得到的去离子水差不多。由于在实验室使用去离子水设备制备去离子水更方便，现在多使用去离子水。去离子水主要用于器皿的冲洗、电泳缓冲液的配制和细菌培养基的配制等。另一种是双蒸水，由单蒸水再次蒸馏得到，与超纯水的纯度差不多。超纯水由结合反渗透膜、离子交换、活性炭吸附等技术的纯水设备制得，几乎完全去除了水中的导电介质、不解离的胶体物质和有机物等，电阻率接近 18.2MΩ·cm。由于在实验室使用纯水设备可以全自动制备超纯水，现多使用超纯水。超纯水主要用于植物组织培养、动物细胞培养等对水质有更高要求的实验。

尽管各种级别的水是最常用的溶剂，但是必须注意的是，对于某些有机成分，只能用相关的有机溶剂或酸、碱溶液来配制。例如，氯霉素储存液需用无水乙醇配制，X-Gal 溶液需用 N,N-二甲基甲酰胺（N,N-dimethylformamide，DMF）配制。因此，初次配制某种溶液时，一定要先查阅溶质的溶解性数据和溶解方法。

3）pH 值的调节与定容

在分子生物学与基因工程实验中，所用试剂（如电泳缓冲液、培养基等）往往应当具有一定的 pH 值。pH 值可以使用 pH 试纸测定，但在需要高精确度时，应使用 pH 计测定。在调节 pH 值时，采用添加酸或碱的方法，但必须考虑溶液的成分，添加相应的酸或碱，尽量保证不引入杂离子。比如调节 Tris-HCl 缓冲液的 pH 值时应使用浓盐酸，调节乙酸钾（KAc）缓冲液（5mol/L，pH4.8）的 pH 值时应使用冰乙酸，调节 EDTA 溶液的 pH 值时应使用高浓度 NaOH 溶液，调节植物组织培养的培养基的 pH 值时应使用 KOH 溶液。

调节 pH 值后（此时溶液的体积应尽量接近定容的体积），要对溶液进行定容。在分子生物学与基因工程实验中，溶液不需要用容量瓶定容，用量筒定容就可以满足实验的精度要求。虽然三角瓶和烧杯也都带有刻度，但是精度不够，不可以用于定容。需要指出的是，在溶质完全溶解后才能进行定容，因此在前面的试剂配制过程中，不能将溶剂直接添加到目的体积。

溶液定容后，应装于适当容量的试剂瓶中，贴上耐高温的标签纸，并用防水记号笔标记。在一张标签上，必须工整地书写以下内容：溶液名称、浓度、pH 值（必要时）、配制日期和配制人（见图 1-1）。

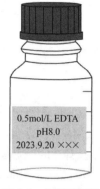

图 1-1　标签的写法

4）溶液的灭菌与保存

分子生物学与基因工程实验一般需要在无菌条件下进行，以避免杂菌污染或者 DNA/RNA 降解，因此需要对配制的溶液进行无菌处理。溶液的无菌处理主要有两种方式：高压蒸汽灭菌和滤膜过滤。一般的溶液可以采用高压蒸汽灭菌，条件为 121℃（蒸汽压力为 0.1 ~ 0.15MPa）灭菌 20min。但遇到以下情况时，必须采用滤膜过滤：

① 溶液含有遇热易分解的成分；

② 溶液含有易挥发的成分；

③ 溶液含有有机溶剂；

④ 溶液含有腐蚀性、刺激性强的成分。

例如，植物组织培养过程中的某些植物激素和细菌培养过程中的各种抗生素，遇热很容易分解，配制后必须采用过滤法除菌，而且必须在经灭菌的培养基冷却到 50℃ 以下时，才能添加到培养基中。

经过必要的无菌处理后，通常将溶液放置在 4℃ 冰箱内保存，这样可以较长时间地保存溶液，使其不受杂菌的污染。对于易失活的抗生素储存液等，可分装后保存于 −20℃ 冰箱中。对于高浓度的储存液，比如 0.5mol/L EDTA 溶液（pH8.0）、0.5mol/L Tris-HCl 溶液（pH8.0）、50×TAE 电泳缓冲液等，可在室温下保存。在较低的温度条件下，含有 SDS 成分的溶液易发生絮凝，一般也在室温下保存。

2. 工作液与储存液

实验中使用的溶液可以分为工作液和储存液（贮存液）。工作液浓度较低，可以直接使用，但是易被污染，不利于溶液的长期保存；而储存液的浓度往往比较高，不易受污染，可以长期保存。比如实验室常用的 Tris-HCl 溶液（pH8.0）和 EDTA 溶液（pH8.0）多以高浓度的储存液形式配制，可以配制成 0.5mol/L 或 1mol/L 这样的高浓度。

工作液浓度通常默认为"1×"，如果储存液的浓度是该工作液浓度的 10 倍，那么储存液的浓度就表示为"10×"。比如，在琼脂糖凝胶电泳时，常采用的工作液为 1× TAE 电泳缓冲液，而在配制其储存液时，通常配制成 50×TAE 电泳缓冲液。这样的储存液不但可以在常温下长期保存，而且可极大地节约实验室空间。另外，其在实际使用中也相当方便，只要根据计算直接移取一定体积的储存液进行稀释，就可以转变为一定浓度的工作液。比如，将 50×TAE 电泳缓冲液稀释 50 倍就可以直接用于琼脂糖凝胶电泳。因此，有了高浓度的储存液，可避免每次使用前都从头配制该溶液，同时可以减小人为误差，保证实验的可重复性。

3. 常用器材与灭菌

在实验中，常用器械或耗材灭菌方法的确定主要依据材料的特性。实验中所用器械或耗材，有些是玻璃器皿，有些是金属制品，还有些是塑料制品，这里对它们做简单介绍。

常用的玻璃器皿包括烧杯、量筒、试剂瓶、三角瓶、培养皿、涂布玻棒等。

① 烧杯与量筒：烧杯可用于溶液的配制，量筒可用于溶液的定容；

② 试剂瓶：包括无色试剂瓶和棕色试剂瓶，后者常用于特殊试剂的避光保存；

③ 三角瓶：可用于液体或固体培养基的配制，也可用于细菌的液体培养，以增殖遗传背景一致的纯种，但由于三角瓶的刻度很不精确，故不可用于溶液的定容；

④ 培养皿：用于细菌的固体培养，以获得遗传背景一致或插入单一片段的单克隆（菌落）；

⑤ 涂布玻棒：可将细菌均匀涂布于培养皿中的固体培养基上，以培养和获得单克隆。

常用的金属制品包括接种环、镊子、剪刀等，其中接种环用于细菌的划线接种，以获得单克隆。

常用的塑料制品主要包括离心管和移液枪头。离心管有 0.2，1.5，2.0，10，50mL 等多种规格，其中 0.2mL 离心管主要用于需要在热循环仪上进行的反应，如 PCR 反应、连接反应、酶切反应等；1.5mL 和 2.0mL 的离心管可用于质粒 DNA 的提取、DNA 片段的回收等。另外，1.5mL、2.0mL、10mL 和 50mL 的离心管既可以用于一定体积溶液的配制，也可用于细菌不同规模的液体培养。移液枪头将在"微量移液器的使用"中详细介绍。

实验器材的灭菌方法主要有高压蒸汽灭菌、高温干燥灭菌、过滤除菌、火焰灼烧灭菌、紫外线照射灭菌和 70% 乙醇消毒灭菌等。针对不同材料的特性，应选择不同的灭菌方法。

① 对于塑料制品（离心管、枪头等）、玻璃器皿（如培养皿），常采用高压蒸汽灭菌。

② 对于金属制品和玻璃器皿（如培养皿、量筒等），常采用高温干燥灭菌，120℃烘烤 2h 以上，甚至在更高温度进行更长时间的烘烤，如对 RNA 进行操作时，所使用的器械需在 180℃烘烤 6h 以上。

③ 对于金属制品和涂布玻棒等玻璃制品，还可以在蘸取工业酒精后，通过火焰灼烧的方法进行灭菌。

④ 对于微量移液器等不宜采用以上方法灭菌的器械，以及操作人员的手部，可以用 70% 乙醇擦洗表面，做简单的消毒灭菌处理。

4. 微量移液器的使用

1）微量移液器与枪头

在分子生物学和基因工程实验中，实际操作往往涉及一定体积液体的移取，这时需要借助移液管（及洗耳球）与移液器。移液管的量程较大，有 5mL、10mL、20mL 等规格，常用于较大体积液体的移取。

分子生物学和基因工程实验的许多反应体系，如 PCR 反应体系、限制性内切酶酶切反应体系等，往往涉及微量溶液或酶制剂的配制，这时必须使用另一种移取液体的工具——微量移液器（micropipette），简称移液器。在实验人员进行交流时，移液器还有一个通俗的叫法是"移液枪"。

微量移液器主要由手柄（handle）、操作按钮（operating button）、刻度显示（digital display）、枪头锥（tip cone）、挂钩（grip cover）、枪头推杆（tip ejector）组成（见图1-2）。

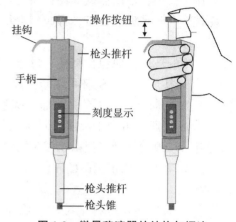

图1-2　微量移液器的结构与握法

实验室使用的微量移液器，按照量程的不同，主要分为5种规格，每种规格的微量移液器在具体操作时需配以相应型号的枪头（tip）：

① 100~1000μL：装配1mL枪头（蓝色）；

② 20~200μL：装配200μL枪头（黄色）；

③ 5~50μL：装配200μL枪头（黄色）；

④ 0.5~10μL：装配10μL枪头（白色）；

⑤ 0.1~2.5μL：装配10μL枪头（白色）。

2）微量移液器的使用方法

使用微量移液器的标准方法如下：

① 选型号设体积：选择适当量程的微量移液器，旋转微量移液器最上方的操作按钮，使刻度显示为所需体积数。

② 装配枪头：将微量移液器垂直，使微量移液器最下方的枪头锥插入枪头，稍稍旋转微量移液器使枪头上紧（见图1-3a）。

③ 吸取液体：保持微量移液器垂直，按操作按钮至第一挡（见图1-3b），使枪头尖端进入液面，缓慢释放按钮，所需体积的溶液进入枪头（见图1-3c，d），可转移至离心管或其他容器中。

④ 打出液体：将操作按钮缓慢按至第一挡，使绝大部分溶液打出（见图1-3e），如果此时的枪头中还有少量溶液，将操作按钮按至第二挡，使枪头以一定角度贴壁，即可将枪头内的剩余液体全部打出（见图1-3f），释放操作按钮使其弹回。

⑤ 卸枪头归位：按下枪头推杆，将不用的枪头卸下（见图1-3g），整个实验结束后，调节操作按钮使刻度显示为最大量程。

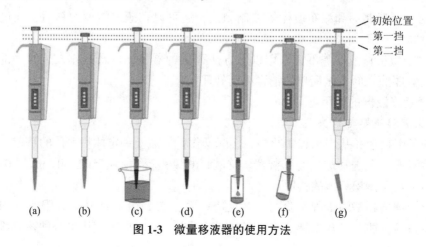

图1-3　微量移液器的使用方法

微量移液器适用于移取微量体积的水、各种盐溶液、缓冲液和酸碱溶液，有时也会用于移取高黏稠度的液体（如甘油等）和易挥发的液体（如氯仿等），移取这些液体时很容易导致体积出现较大的误差。为了提升移液的精确性，可采用以下几种措施：

① 在吸取高黏稠度的液体前，可将枪头尖端剪掉，使液体容易进入枪头；

② 在吸取易挥发的液体前，使枪头尖端进入液面，轻缓地反复吸打数次，以湿润枪头内部，然后再吸取所需液体；

③ 在吸取或打出高黏稠度的液体和易挥发的液体时，可多停留一段时间，以充分吸取或打出液体；

④ 在打出高黏稠度的液体后，可在所配制的溶液或反应体系中，轻缓地反复吸打数次，以清洗出枪头内的残留液体。

在使用微量移液器时，若操作不规范、不准确，将会引起一系列问题：

① 超量程使用微量移液器，会导致移取的体积不准确，且容易损坏微量移液器；

② 装配枪头时用力撞击，会导致使用结束后枪头难以卸下，长期撞击还会增大移液器的磨损程度，致使微量移液器与枪头的匹配部位松动；

③ 吸取液体时微量移液器倾斜，会导致移取的体积不准确；

④ 直接将操作按钮按至第二挡后吸取液体，使移取体积过大，会导致试剂的用量存在严重偏差，甚至可使液体漫过枪头进入微量移液器内部，导致微量移液器内部被污染或腐蚀；

⑤ 吸取液体时过快地释放操作按钮，可能会使液体冲入微量移液器内部，导致微量移液器内部被污染或腐蚀，或使空气窜入枪头，导致移取的溶液体积缩小；

⑥ 将吸有液体或带有残余液体的微量移液器平放或倒放，使枪头中的液体进入微量移液器内部，导致微量移液器内部被污染，甚至被腐蚀；

⑦ 完成移液操作后，不将刻度归位到最大量程，使微量移液器内部的弹簧长期处于压缩状态，导致微量移液器的刻度不精确，甚至损坏微量移液器。

三、实验材料

1. 主要试剂

（1）用于细菌培养：酵母提取物（yeast extract），胰蛋白胨（tryptone），氯化钠，琼脂粉（agar），氨苄青霉素（Amp，100mg/mL），去离子水等。

（2）用于质粒 DNA 提取：葡萄糖，0.5mol/L Tris-HCl（pH8.0），0.5mol/L EDTA（pH8.0），0.4mol/L NaOH，2% SDS，5mol/L 乙酸钾（KAc），冰乙酸（HAc）等。

（3）用于琼脂糖凝胶电泳：Tris（三羟甲基氨基甲烷），0.5mol/L EDTA（pH8.0），冰乙酸，蔗糖，溴酚蓝等。

2. 主要仪器

微量移液器，电子天平，pH 计，全自动高压蒸汽灭菌锅，烘箱，超净工作台，冰箱等。

四、实验内容

1. 常用溶液的配制

（1）在配制溶液前，先计算所配溶液中各成分的用量，完成表1-1。

（2）配制 Luria-Bertani（LB）液体培养基（50mL）：清洗 150mL 三角瓶，称取适量的酵母提取物、胰蛋白胨、氯化钠，加入 50mL 去离子水，用三角瓶封口膜封口，待高压蒸汽灭菌。

> **注意**：① Luria-Bertani（LB）液体培养基常用于大肠杆菌的增殖培养。
> ② 在 LB 液体培养基中，酵母提取物可提供细菌生长所需的碳源和能量，包括氨基酸、核苷酸、维生素和矿物质等，胰蛋白胨可提供氮源和氨基酸等，NaCl 可提供无机盐并维持适当的渗透压。
> ③ 使用 OXOID 公司的酵母提取物和胰蛋白胨配制的 LB 液体培养基，pH 值接近中性，故不用调 pH 值，也不用定容，可直接加入 50mL 去离子水。
> ④ 加去离子水后不必使溶质溶解，相关溶质在高压蒸汽灭菌过程中能自动溶解。
> ⑤ 氨苄青霉素等抗生素受热易分解，必须在培养基经高压蒸汽灭菌，并且温度降至 50℃ 以下时加入。

表 1-1 常用溶液的配方

溶液	试剂	储存形式	终浓度	所需质量或体积
LB 液体培养基 50mL	酵母提取物	固体粉末	5g/L	_____ g
	胰蛋白胨	固体粉末	10g/L	_____ g
	氯化钠	固体粉末	10g/L	_____ g
	去离子水			直接加水 50mL
溶液 I 50mL	葡萄糖	固体粉末	50mmol/L	_____ g
	Tris-HCl, pH8.0	0.5mol/L 储存液	25mmol/L	_____ mL
	EDTA, pH8.0	0.5mol/L 储存液	10mmol/L	_____ mL
	去离子水			定容至 50mL
溶液 II 4mL	NaOH	0.4mol/L 储存液	0.2mol/L	_____ mL
	SDS	20% 储存液	1%（m/V）	_____ mL
	去离子水			定容至 4mL
溶液 III 50mL	乙酸钾	5mol/L 储存液	3mol/L	_____ mL
	冰乙酸	液体（100%）	11.5%（V/V）	_____ mL
	去离子水			定容至 50mL
TE 溶液（pH8.0）50mL	Tris-HCl, pH8.0	0.5mol/L 储存液	10mmol/L	_____ mL
	EDTA, pH8.0	0.5mol/L 储存液	1mmol/L	_____ mL
	去离子水			定容至 50mL
50×TAE 电泳缓冲液 1000mL	Tris 碱	固体粉末	2mol/L	_____ g
	EDTA, pH8.0	0.5mol/L 储存液	50mmol/L	_____ mL
	冰乙酸	液体（100%）	1.142%（V/V）	_____ mL
	去离子水			定容至 1000mL

续表

溶液	试剂	储存形式	终浓度	所需质量或体积
6×DNA 上样缓冲液 10mL	蔗糖	固体粉末	40%（*m/V*)	_____ g
	溴酚蓝	固体粉末	0.25%（*m/V*)	_____ g
	去离子水			定容至 10mL

注：为节约实验时间，请在预习时完成表 1-1，实验时核对计算结果。

（3）配制 LB 固体培养基（50mL）：清洗 150mL 三角瓶，称取适量酵母提取物、胰蛋白胨、氯化钠，并称取适量琼脂粉，加入 50mL 去离子水，用三角瓶封口膜封口，待高压蒸汽灭菌。

> 注意：① LB 固体培养基常用于大肠杆菌的纯化培养。
> ② 琼脂粉起固化的作用。
> 其他同 LB 液体培养基的配制。

（4）配制溶液 I（50mL）：清洗适当容积的试剂瓶，称取适量的葡萄糖，加适量去离子水使之溶解，选择适当量程的微量移液器，移取所需体积的储存液（参见表 1-1），用 100mL 量筒定容，待高压蒸汽灭菌。

> 注意：① 溶液 I、II、III 用于质粒的制备。
> ② 正确使用微量移液器。
> ③ 配制分子生物学实验中的溶液时，用量筒定容即可满足精度要求，不必使用容量瓶定容。

（5）配制溶液 II（4mL）：清洗适当容积的试剂瓶，选择适当量程的微量移液器，移取所需体积的储存液（参见表 1-1），混匀，无须高压蒸汽灭菌。

> 注意：溶液 II 必须现用现配，室温下放置，此处可暂时不配制。

（6）配制溶液 III（50mL）：清洗适当容积的试剂瓶，选择适当量程的微量移液器或量筒量取所需体积的储存液（参见表 1-1），最后用 100mL 量筒定容，待高压蒸汽灭菌。

（7）配制 TE 溶液（pH8.0，50mL）：清洗适当容积的试剂瓶，选择适当量程的微量移液器，移取所需体积的储存液（参见表 1-1），并用去离子水定容至 50mL，待高压蒸汽灭菌。

> 注意：① TE 溶液（pH8.0）用于溶解各类 DNA。
> ② 由于 Tris-HCl 和 EDTA 溶液为常用试剂，故通常先配制高浓度的储存液，然后将其置于 4℃ 冰箱中或室温下保存备用。
> ③ 由于 0.5mol/L Tris-HCl（pH8.0）和 0.5mol/L EDTA（pH8.0）均已调好 pH 值，配制 TE 溶液（pH8.0）时不必再调节 pH 值。

（8）配制 50×TAE 电泳缓冲液（1000mL）：清洗适当容积的试剂瓶，称取适量的 Tris 碱，加适量去离子水使之溶解，移取所需体积的储存液，用去离子水定容至 1000mL，待高压蒸汽灭菌。

注意：① 50×TAE 电泳缓冲液为高浓度的储存液，使用时将其稀释 50 倍作为1×TAE 工作液。
② 在电泳槽中添加的电泳缓冲液和配制琼脂糖凝胶所用的电泳缓冲液成分及浓度均应一致，在本教程中，琼脂糖凝胶电泳均使用 1×TAE 工作液。

（9）配制 6×DNA 上样缓冲液（10mL）：清洗适当容积的试剂瓶，称取适量的蔗糖和溴酚蓝，用去离子水溶解后，定容至 10mL，无须高压蒸汽灭菌。

注意：在电泳上样前，取适量 6×DNA 上样缓冲液与 DNA 样品（如质粒溶液、PCR 产物、酶切产物等）混合，使上样缓冲液在混合物中的终浓度约为"1×"。

2. 器材的准备
（1）戴一次性塑料手套，将各种型号的移液枪头装入相应的枪头盒［1mL 枪头（蓝色）、200μL 枪头（黄色）、10μL 枪头（白色）］，待高压蒸汽灭菌。

注意：必须戴一次性塑料手套装枪头，以免手上的残质污染枪头。

（2）戴一次性塑料手套，将各种型号的离心管（50mL 离心管、10mL 离心管、2.0mL 离心管、1.5mL 离心管、0.2mL 离心管）装入铝制饭盒或塑料可灭菌饭盒，待高压蒸汽灭菌。

注意：必须打开离心管盖子，使离心管内部充分灭菌。

（3）清洗玻璃培养皿，外包牛皮纸或报纸，待高压蒸汽灭菌。

注意：① 玻璃培养皿用于 LB 固体培养基的配制。
② 玻璃培养皿也可以利用烘箱进行高温干燥灭菌（120℃，2h）。
③ 此处也可使用一次性灭菌培养皿。

3. 器材与试剂的灭菌
（1）采用全自动高压蒸汽灭菌锅对各试剂［LB 液体培养基、LB 固体培养基、溶液 I、溶液Ⅲ、TE 溶液（pH8.0）、50×TAE 电泳缓冲液］和器材（枪头、离心管、玻璃培养皿）进行灭菌，121℃灭菌 20min。

（2）高压蒸汽灭菌后，将塑料制品（枪头、离心管）转放于 50℃烘箱中，烘干，备用。

（3）将 LB 液体培养基、溶液 I、溶液Ⅲ、TE 溶液（pH8.0）、50×TAE 电泳缓冲液取出后冷却至室温，保存于4℃冰箱中，备用。

（4）配制 LB 平板（含 Amp，100μg/mL）：在超净工作台内喷洒 70%乙醇，并打开紫外灯消毒 10~20min。将灭菌后的 LB 固体培养基冷却至 50℃以下后，每 50mL 培养基中加入 50μL 氨苄青霉素（100mg/mL），轻轻混匀，倒入培养皿，铺制 LB 平板。培养皿中的培养基凝固后，打开盖子，用鼓风机吹干水汽后，将平板倒扣，放置于 4℃冰箱中保存，备用（见图 1-4）。

注意：① 配制 LB 平板时必须严格按照无菌操作的要求，以免发生污染。
　　　② 提前对超净工作台进行消毒，倒培养基前关闭紫外灯，以免对皮肤和眼睛造成伤害。
　　　③ 氨苄青霉素等抗生素在高温下容易失活，必须在培养基温度较低时加入，一般为裸手可承受时（50℃以下）。
　　　④ 倒入的培养基厚度应适宜，约占培养皿厚度的三分之一。

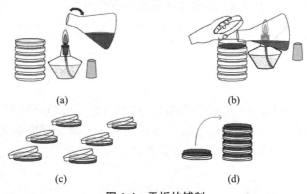

(a)　　　　　　　　　　　　　(b)

(c)　　　　　　　　　　　　　(d)

图 1-4　平板的铺制

五、思考题

（1）在配制一定 pH 值的溶液时，应当先定容后调 pH 值，还是先调 pH 值后定容？为什么？

（2）Tris-HCl、EDTA 是分子生物学实验中的常用试剂，它们在相关溶液配制中主要起什么作用？

（3）在分子生物学实验中，常将一些试剂配制成高浓度的贮存液，这样做有什么好处？

（4）在分子生物学实验中，微量试剂和酶液的移取离不开微量移液器，在使用微量移液器时，应当注意哪些问题？

（5）常用的灭菌方法有哪些？它们分别适用于哪类试剂、器皿或耗材的灭菌？

（6）作为一种选择压，抗生素为筛选含有某种质粒的菌株提供了极大的便利。在使用抗生素时，应当注意哪些问题？

实验二　　质粒 DNA 的提取与检测

一、实验目的

（1）掌握大肠杆菌的纯化培养和增殖培养方法；

（2）了解常用抗生素的作用方式和抗性基因的作用机制；

（3）掌握 SDS 碱裂解法提取质粒 DNA 的原理和方法；

（4）掌握柱式抽提法提取质粒 DNA 的原理和方法；

（5）掌握紫外分光光度计检测质粒 DNA 浓度和纯度的方法；

（6）掌握不同构型质粒 DNA 的电泳迁移速率的差异。

二、实验原理

1. 大肠杆菌的培养与保存

1）大肠杆菌

大肠杆菌（*Escherichia coli*）属于单细胞原核生物，是最重要的模式生物之一，许多早期的分子生物学理论研究（包括遗传密码、转录、翻译和复制等）都以大肠杆菌为研究对象并取得了重大突破。当前，研究者对于大肠杆菌的遗传背景，已经研究得相当透彻。

大肠杆菌具有天然的质粒，可以作为目的基因（外源基因）的载体。目前基因操作的条件已非常成熟、完善，科学工作者既能借助大肠杆菌的繁殖大量复制目的 DNA，也能借助它表达出目的蛋白；既能在实验室里进行基因操作，也能进行工业化的发酵生产。

分子生物学实验所用的大肠杆菌，主要来自 K12 菌株和 B 菌株。1922 年，K12 菌株从一名白喉患者的粪便中被分离出来，于 1925 年保藏在斯坦福大学细菌学和实验病理学系的菌种库中。实验室常见的菌株 MG1655（野生型 K12 菌株）及其衍生菌株 DH5α 和 DH10B（TOP10）都属于 K12 家族成员。BL21 菌株及其衍生菌株，如 BL21（DE3）属于大肠杆菌 B 菌株。常用菌株的特点及主要基因型信息可参见附录Ⅲ。在分子生物学实验中，必须根据实验目的和所用载体进行菌株的选择。

2）大肠杆菌的培养

大肠杆菌繁殖速度快，每 20min 就能产生新的一代，最适生长温度为 37℃。实验室中大肠杆菌的培养主要使用 LB（Luria-Bertani）培养基，其可以是液体培养基，也可以是固体培养基（加入适量的琼脂粉即可实现液体培养基的固化）。

液体培养在放置于适当转速摇床上的三角瓶或离心管中进行，摇床的转速通常为 220r/min（"r/min"是"每分钟转数"的意思）。固体培养在含有 LB 固体培养基的培养皿（简称 LB 平板）中进行，不需要转动，只要倒置于 37℃ 的恒温培养箱中即可。

需要注意的是，适于大肠杆菌的生长环境也适于杂菌（即非相关微生物）生长。因此，培养大肠杆菌所用的器皿和试剂必须经过严格的无菌处理，接种过程也必须在经过紫外线灭菌的超净工作台上进行。操作过程中需打开鼓风机、点燃酒精灯，以鼓吹热风，从而防止杂菌进入超净工作台。另外，还可以根据大肠杆菌所含质粒的遗传特性（即含有编码破坏某种抗生素的蛋白质或酶的抗性基因），选择相应的抗生素加入液体或固体培养基，从而抑制杂菌生长（通常的假设是，杂菌中不含有相关的抗生素抗性基因）。

3）大肠杆菌的保存

大肠杆菌的保存，可以分为短期保存和长期保存两种。

如果暂时不用大肠杆菌，可以选择短期保存。液体培养基中的菌体，可以在4℃冰箱中保存几个星期，但菌体往往沉淀在离心管管底，取出时需让菌体重新悬浮起来。固体平板上的菌落，能在4℃冰箱中保存更长的时间。为避免杂菌污染及平板风干，可以用封口膜把平板密封起来。另外，平板必须倒置，以免形成的水滴在各单菌落之间游走，导致各单菌落相互混杂而不能保持遗传背景的一致性。

如果长期不用大肠杆菌，可以选择长期保存，一般保存在-70℃超低温冰箱中。但是，在这种极低的温度下，液体培养基中的水分能形成冰晶体，破坏细胞膜，导致大肠杆菌死亡。为了避免冰晶体形成，可以在液体培养基中加入适量经灭菌的50%甘油，使之终浓度为15%左右，这种菌通常叫作"甘油菌"。甘油菌可长期冻存于-70℃超低温冰箱中，并保持其生存力。

在下次使用时，将长期保存的甘油菌置于冰上解冻后，吸取一定体积转入新鲜培养基中培养，这个过程叫作菌株的"复苏"。但是在实践中发现，冻存的甘油菌接种到新鲜液体培养基后，往往不易存活。对此，比较可靠的方法是，用接种环将甘油菌划线接种到 LB 平板（可加入相应的抗生素作为选择压）上进行固体倒置培养，然后重新挑取单菌落转为液体培养（见图 2-1）。

2. 质粒及其提取方法

1）质粒

细菌的质粒（plasmid）是存在于细菌基因组之外的遗传物质（见图 2-2），大多数为环状双链 DNA 分子，大小为 1~200kb。质粒既可以游离于细菌基因组之外，也可以在一定条件下可逆地整合到细菌基因组中。

质粒能够在细菌中自主复制，并且随着细菌的繁殖而被分配到子代细菌中。这种自主复制既与自身的序列相关，又受到宿主菌基因组的控制。根据宿主菌中所含质粒拷贝数的多少，可以将质粒分为两种不同的类型：一种是严紧型质粒（stringent plasmid），在每个宿主菌中仅含有 1~3 个拷贝；另一种是松弛型质粒（relaxed plasmid），在每个宿主菌中可含有 10~60 个拷贝。一般来说，接合型质粒（能够自我迁移）属于严紧型质粒，而非接合型质粒（不能自我迁移，如要迁移必须依赖于其他能够自我迁移的质粒）属于松弛型质粒。常见质粒的复制子及拷贝数见表 2-1。

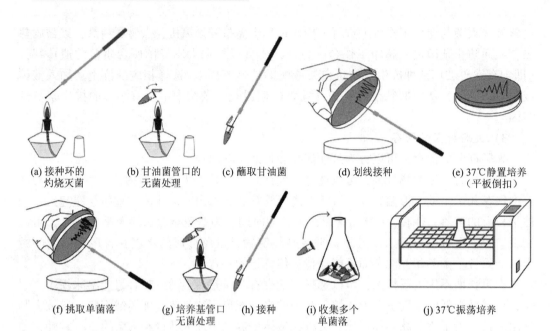

(a) 接种环的
灼烧灭菌

(b) 甘油菌管口的
无菌处理

(c) 蘸取甘油菌

(d) 划线接种

(e) 37℃静置培养
（平板倒扣）

(f) 挑取单菌落

(g) 培养基管口
无菌处理

(h) 接种

(i) 收集多个
单菌落

(j) 37℃振荡培养

图 2-1　甘油菌的复苏与增殖

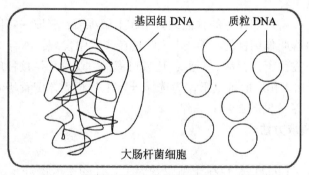

基因组 DNA　　质粒 DNA

大肠杆菌细胞

图 2-2　细菌基因组之外的遗传物质——质粒

表 2-1　常见质粒载体及其拷贝数

质粒	复制子	拷贝数	特点
F	F	1~2	极低拷贝
pBluescript 载体	pColE1	300~500	高拷贝
pColE1	pColE1	15~20	低拷贝
pMB1	pMB1	15~20	低拷贝
pUC 系列及其衍生质粒	突变的 pMB1	500~700	高拷贝
pBR322 及其衍生质粒（如 pET 系列）	pMB1	15~20	低拷贝
pACYC 及其衍生质粒	p15A	10~212	中低拷贝
pSC101 及其衍生质粒	pSC101	~5	极低拷贝

质粒常常含有某种抗生素抗性基因。抗生素主要是通过与核糖体的某个亚基结合而

阻断蛋白质的合成（如卡那霉素、氯霉素、链霉素、四环素），或干扰细胞壁成分的合成（如氨苄青霉素），从而抑制细菌的生长。而抗生素抗性基因的编码产物，可以对抗生素进行适当的修饰（如卡那霉素、氯霉素、链霉素的抗性基因产物），甚至直接破坏抗生素的结构（如氨苄青霉素抗性基因产物），从而使之失活，解除抗生素对细菌生长的抑制。有些抗生素抗性基因的编码产物（如四环素抗性基因产物）可以影响细胞膜结构，阻止抗生素的转运，从而避免抗生素对细菌的毒害。几种常用抗生素的作用方式及其抗性基因的作用机制详见表 2-2。细菌基因组本身不含有抗生素抗性基因，但是由于具有某种质粒，可以获得对相应抗生素的抗性，这对于重组质粒 DNA 分子的筛选极为有利。

表 2-2　常用抗生素的作用方式及其抗性基因的作用机制

抗生素	抗生素作用方式	抗性基因的作用机制
氨苄青霉素（Ap 或 Amp）	干扰细胞壁合成，抑制细胞生长	编码 β-内酰胺酶，切割 β-内酰胺环使 Amp 失活
卡那霉素（Kan）	同核糖体 70S 亚基结合，导致错读 mRNA	编码氨基糖苷磷酸转移酶，修饰 Kan，使之不能与 70S 亚基结合
氯霉素（Cml）	同核糖体 50S 亚基结合，抑制蛋白质合成	编码乙酰转移酶，使 Cml 乙酰化而失活
链霉素（Str）	同核糖体 30S 亚基结合，导致错译 mRNA	编码蛋白，修饰 Str，使之不能与 30S 亚基结合
四环素（Tc 或 Tet）	同核糖体 30S 亚基结合，抑制蛋白质合成，抑制细胞生长	编码蛋白，修饰细菌的膜结构，阻止 Tet 转运到细胞内
庆大霉素（Gen）	抑制细菌蛋白质合成，破坏细菌细胞膜的完整性	编码氨基糖苷磷酸转移酶，修饰 Gen，使之不能与 30S 亚基结合
新霉素（Neo）	同核糖体 30S 和 50S 亚基结合引起蛋白错误编码，抑制蛋白质合成	编码氨基糖苷磷酸转移酶，修饰 Neo，使之不能与 30S 亚基结合
潮霉素 B	干扰 70S 核糖体易位和诱导对 mRNA 模板的错读而抑制蛋白质合成	编码潮霉素 B 磷酸转移酶，将潮霉素 B 转化成不具有生物活性的磷酸化产物

在早期研究的基因操作中，常常利用大肠杆菌的天然质粒作为载体（vector），如 pSC101、pColE1 等。这些天然质粒具有很大的局限性，比如限制性酶切位点有限、分子量较大、拷贝数较低，不具有两种筛选标记基因，不利于基因操作。为改进转化子筛选技术，有必要用人工的方法构建一种既带有多种抗药性选择标记，又具有低分子量、高拷贝，以及外源 DNA 插入不影响复制功能的多种限制性核酸内切酶切割位点等优点的新的质粒载体。因此，科学工作者对天然质粒进行了适当的改造，主要引入一些与筛选和克隆相关的元件（见图 2-3）。例如，为了便于筛选重组质粒，在一个载体上同时引入两种抗生素抗性基因（如 pBR322，见图 2-4），或者引入一种抗生素抗性基因的同时，再引入一种基于 β-半乳糖苷酶的蓝-白斑筛选系统（如 pUC18，见图 2-5）等。另外，采用高拷贝数质粒的复制相关序列，消除不必要的序列以减小其分子量，消除多余的限制性酶切位点，并引入更多的限制性酶切位点，甚至形成一段所谓的"多克隆位

点"（multiple cloning site, MCS）的序列（如 pUC18，见图 2-5）。通过引入上述元件，天然质粒就转变为理想的人工质粒，成为基因工程操作中的有力工具。目前，在基因克隆中广泛使用的 pBR322 质粒，就是按这种设想构建的一种大肠杆菌质粒载体。

pBR322 质粒是按照标准的质粒载体命名法则命名的。"p"表示它是一种质粒，"BR"分别取自该质粒的两位主要构建者 Bolivar F 和 Rodriguez R L 姓氏的第一个字母，"322"指实验编号，以便与其他质粒载体相区别。pBR322 是由 pSF2124、pMB1 及 pSC101 三个亲本质粒经复杂的重组过程人工构建而成的重要质粒，是分子生物学研究中最常用的克隆载体之一。它的分子量小（4361bp），包含两个抗生素抗性基因，即四环素（Tet^r）和氨苄青霉素（Amp^r），以便于进行抗药性选择（见图 2-4）；一个复制起始点（ori），松弛型，拷贝数为 15～20，经氯霉素扩增后，每个细胞中可累积 1000～3000 份拷贝，该特性为重组 DNA 的制备提供了极大的便利。

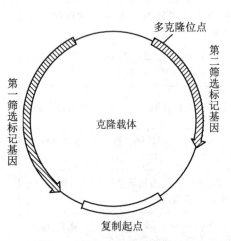

图 2-3　克隆载体的主要元件

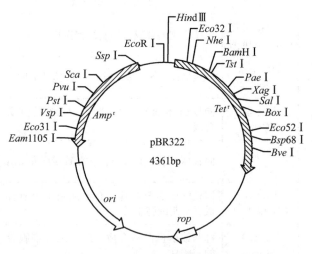

图 2-4　pBR322 图谱及主要酶切位点

pUC 系列载体是由大肠杆菌 pBR322 质粒与 M13 噬菌体改造而来的双链 DNA 质粒载体，因此它具有两者的共同优点。pUC18 是常用的质粒载体，其 GenBank 数据库登录号为 L09136，结构组成紧凑，全长 2686bp，几乎不含多余的 DNA 片段（见图 2-5）。它有一个氨苄青霉素（Amp）抗性基因，一个复制起始点，复制子 ColEI 含有 lacZ 蛋白 N 端的部分编码序列，在多克隆位点（MCS）插入外源序列后可以通过蓝-白斑筛选阳性克隆。在质粒的多克隆位点上下游含有 M13 正向和反向引物结合位点，以便于对插入的 DNA 片段进行常

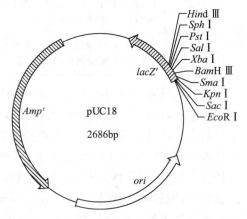

图 2-5　pUC18 图谱及多克隆位点

规测序。pUC19 与 pUC18 的质粒结构几乎完全一样，只是多克隆位点的排列方向相反。这些质粒缺乏控制拷贝数的 rop 基因，因此其拷贝数达 500～700。

根据研究目的的不同，载体可分为克隆载体（cloning vector）和表达载体（expression vector）。本实验所用的 pUC18 属于克隆载体，主要用于大量复制目的基因、DNA 测序等；pET 系列载体属于表达载体，主要用于外源基因的表达，以得到目的蛋白产物（见实验十一）。

2）质粒 DNA 的提取方法

由于质粒 DNA 仅占宿主菌总 DNA 的 1%～2%，并且其化学组成和结构与宿主菌的基因组 DNA 没有本质差别，因此质粒 DNA 分离纯化技术的建立，主要基于质粒 DNA 与细菌基因组 DNA 在高级结构上的差别，即是否具有超螺旋结构。研究表明，在宿主菌裂解及 DNA 的分离纯化过程中，分子量大的宿主菌基因组 DNA 容易发生断裂，形成大小各异的线状 DNA 片段，而质粒 DNA 由于分子量较小、结构紧密，基本上能够保持完整的超螺旋状态，这种差别为质粒 DNA 的分离纯化提供了依据。

提取质粒 DNA 的方法主要有 SDS 碱裂解法（也称碱变性法）和氯化铯-溴化乙锭（CsCl-EB）密度梯度离心法。下面对它们的原理做简单介绍。

SDS 碱裂解法：SDS 碱裂解法分离纯化质粒 DNA，主要基于质粒 DNA 和细菌基因组 DNA 在碱变性后复性动力学上的差异。使用溶菌酶破坏细菌的细胞壁后，SDS 作为阴离子表面活性剂，可以溶解细胞膜上的脂质与蛋白，从而破坏细胞膜。SDS 破坏细菌的细胞膜后，尽管庞大的细菌基因组 DNA 为封闭的环状双链分子，但它在操作过程中受到核酸酶的攻击和机械力的破坏，就会断裂成大小各异的线状 DNA 片段，这些基因组的 DNA 片段和分子量较小的质粒 DNA 都能释放到溶液中。接下来的问题就是使质粒 DNA 从细菌基因组的 DNA 片段中分离出来。在碱性条件下（pH12.0～12.6），细菌基因组的 DNA 片段中配对碱基的氢键断裂，双螺旋结构解开而发生变性，当溶液中加酸中和后，基因组 DNA 复性速度比较慢，而且复性不精确，容易聚集成网状结构，加上其分子量很大，在高速离心过程中会与细胞碎片、变性的蛋白质等一起沉淀下来。

质粒 DNA 在碱性条件下也会发生变性，大部分配对碱基的氢键断裂，但由于存在拓扑学的问题，超螺旋共价闭合环状的两条互补链仍然相互缠绕在一起而没有完全分离，因而在加酸中和之后，相邻的两条互补链能够迅速、精确地复性，从而稳定地溶解在溶液中，经高速离心后也不会沉淀下来。也就是说，经碱变性、加酸复性和高速离心，就实现了质粒 DNA 与细菌基因组 DNA、蛋白质的分离，质粒 DNA 保留在上清液中。接下来可以使用异丙醇或预冷的无水乙醇将质粒 DNA 从溶液中沉淀出来，对于质粒 DNA 提取过程中的 RNA，可以用 RNase A 进行消化。SDS 碱裂解法成本低、操作简便，是实验室提取质粒 DNA 最常用的方法。

CsCl-EB 密度梯度离心法：在抽提质粒 DNA 的过程中，对于分子量大的质粒 DNA，抽提方式剧烈，DNA 易被损坏，而且容易污染线状基因组 DNA，尤其是分子量与质粒 DNA 相近的基因组 DNA。用氯化铯（CsCl）密度梯度超离心法抽提质粒 DNA 具有纯度高、步骤少、方法稳定，并且获得的质粒 DNA 多数为超螺旋结构等特点，但该方法成本较高，需要有超速离心机设备。

CsCl 是一种高分子量的重金属盐，在超速离心场较长时间的作用下，会在离心管中形成浓度梯度。当 DNA 的沉降速度与扩散速度达到平衡时，基因组 DNA、质粒 DNA、RNA 等各分离颗粒在密度梯度中沉降或漂浮。它们在密度梯度中的位置分布不取决于沉降速率、分子量大小及离心时间，而是取决于它们之间的密度差。由于它们在梯度介质里的水合作用不同，因此密度也有区别。为了消除大样品中各成分的密度差异，在DNA样品中加入溴化乙锭一起离心。溴化乙锭（ethidium bromide，EB）是一种吖啶类染料，具有与碱基类似的平面结构，能够嵌入双链DNA的碱基对之间，使DNA的解旋体积增大，浮力密度变小。EB容易插入线状DNA，与环状质粒DNA的结合量小于与线状DNA和开环质粒DNA的结合量，从而使插入EB后的各种DNA浮力密度出现差异。经氯化铯密度梯度离心后，用紫外线照射观察，EB分子可以发出橙黄色的激发光，那么不同类型的DNA分子将在离心管中的不同部位呈现出橙黄色的光带，将注射器插入离心管中的相应条带，就可以获得高质量、高纯度的超螺旋质粒DNA。但是，由于CsCl-EB密度梯度离心法需要应用价格昂贵的超速离心机，操作步骤也比较烦琐，且EB有致癌的嫌疑，因此，在普通的分子生物学实验中，通常不使用这种方法，而采用便宜、便捷的SDS碱裂解法。

此外，还有一种常用的方法就是柱式抽提法。该方法通常采用商业试剂盒（kit），也可自己配制相关溶液。柱式抽提法的原理与SDS碱裂解法基本相同，只是在最后的操作中，不是用异丙醇或预冷的无水乙醇将质粒DNA从溶液中沉淀出来，而是采用硅胶膜（即二氧化硅膜）吸附柱纯化质粒DNA（见图2-6）。其原理是，在高盐、低pH值条件下，硅胶膜能特异性地结合DNA；而在低盐、高pH值条件下，结合在硅胶膜上的DNA又能被洗脱下来。常用TE溶液（pH8.0）或无菌超纯水洗脱结合在硅胶膜上的DNA，经过高速离心收集，就能得到纯度较高的质粒DNA。

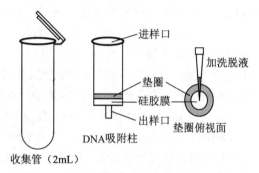

图2-6 柱式抽提法用的收集管与吸附柱

提取质粒DNA时，可以采用微量提取、中量提取或大量提取方式，这主要根据实验操作时质粒DNA的用量以及质粒在细菌中的拷贝数决定。微量提取是从1~2mL过夜培养的菌液中提取微量的质粒DNA，对于高拷贝数的质粒（如pUC18、pBR322），可以提取到1~5μg；对于低拷贝数的质粒，可至少提取0.1μg，这足以完成DNA重组操作。因此，在常规的DNA重组操作实验中，主要采用微量提取质粒DNA的方式。

3. 质粒DNA浓度与纯度的检测

1）质粒DNA浓度的检测

对质粒DNA浓度和纯度的检测，主要采用紫外分光光度法。

在紫外光照射下，核酸（包括DNA和RNA，涉及G、A、T、C、U五种碱基）在260nm处有强吸收峰，并且吸光度值（OD值）与溶液中核酸的浓度成正比。因此，可以根据溶液的吸光度值来计算溶液中核酸的浓度。由吸光度值计算各种核酸分子浓度的粗略公式如下（浓度单位为μg/mL）：

$$[ds\ DNA]（双链DNA）= 50 \times OD_{260} \times 稀释倍数$$

$$[ss\ DNA]（单链DNA）= 33 \times OD_{260} \times 稀释倍数$$

$$[ss\ RNA]（单链RNA）= 40 \times OD_{260} \times 稀释倍数$$

当核酸纯度较高时，即 $OD_{260}/OD_{280}=1.8\sim2.2$（参见"质粒 DNA 纯度的检测"）时，常以吸光度值 $OD_{260}=1$ 为计算标准，相当于：

$$[ds\ DNA]（双链 DNA）=50\mu g/mL$$
$$[ss\ DNA]（单链 DNA）=33\mu g/mL$$
$$[ss\ RNA]（单链 RNA）=40\mu g/mL$$
$$[ss\ oligo]（单链寡核苷酸）=33\mu g/mL$$

由于 RNA 在 260nm 处也有强吸收峰，因此最好在提取质粒 DNA 的溶液 I 中加入适量的 RNase A，以消除溶液中存在的 RNA 污染。当然，也可以在质粒 DNA 的后续操作（如限制性内切酶消化等）过程中消除 RNA，但为了更准确地估计质粒 DNA 的浓度，宜将 RNA 先行消除。

实际上，糖类、蛋白质以及纯化 DNA 时所用的试剂苯酚、EDTA 也有紫外吸收，导致核酸定量不准确。尤其是苯酚，其有很强的紫外吸收，定量时需特别注意。

2）质粒 DNA 纯度的检测

核酸在 260nm 和 280nm 波长下都具有一定的吸光度值，对于高纯度的核酸，OD_{260}/OD_{280} 的值是固定的，因此，我们可以用 OD_{260}/OD_{280} 的值来估计质粒 DNA 的纯度：

$OD_{260}/OD_{280}=1.8\sim2.2$：质粒 DNA 纯度较高；

$OD_{260}/OD_{280}>2.2$：质粒 DNA 中可能有 RNA 污染；

$OD_{260}/OD_{280}<1.8$：质粒 DNA 中可能有蛋白质污染。

细菌 RNA 和蛋白质污染，容易影响限制性内切酶的酶切效率，必要时可对质粒 DNA 进行进一步纯化，或者重新提取高纯度的质粒 DNA。

近年来，Thermo Scientific 研发的 NanoDrop 超微量紫外-可见光和荧光分光光度计，不需要使用比色皿或毛细管，仅需 $1\sim2\mu L$ 样品即可快速对 DNA、RNA 和蛋白质进行定量分析。检测过程只需简单的点样、测定和擦拭即可，无须稀释，无须耗材，简便快捷，几秒钟内即可显示结果。NanoDrop 超微量紫外-可见光和荧光分光光度计，已经成为生物化学和分子生物学研究中不可或缺的仪器。国产 Bovine serum albumin™ 系列超微量分光光度计，在 $1\mu L$ 上样体积下即可得到高度精确的结果以及良好的重复性。与 NanoDrop 一样，国产 Bovine serum albumin™ 系列无须使用比色皿或毛细管等传统容器，操作方便，线性范围宽广，减少了样本稀释的烦琐步骤，也是分子生物学实验室的常用仪器。当前，很多实验室使用 NanoDrop 超微量紫外-可见光和荧光分光光度计或国产的 OneDrop™ 系列超微量分光光度计检测核酸的浓度和纯度。

检测质粒 DNA 的纯度，还有一个比较直观的方法，就是将提取的样品进行琼脂糖凝胶电泳。若泳道中出现自上而下的拖尾现象（称之为"smear"），则说明样品中存在 RNA 污染；若没有拖尾现象，则说明没有 RNA 污染；若在加样孔中出现亮带，则说明样品中存在蛋白质污染，或质粒 DNA 没有完全溶解。

4. 质粒 DNA 完整性的检测

在实际应用时，不仅要知道所提取的质粒 DNA 的浓度和纯度，还需要知道质粒 DNA 分子的完整性是否符合操作要求。通过琼脂糖凝胶电泳，可以检测质粒 DNA 的完整性。

质粒 DNA 有 3 种构型：一种是两条主链都完整的共价闭合环状 DNA（covalently

closed circular DNA，cccDNA），以超螺旋的形式存在；一种是仅一条主链保持完整的开环DNA（open circular DNA，ocDNA），另一条主链由于受到机械冲击力或DNase的降解作用而断裂，具有游离末端；还有一种是两条主链都已经断裂的线状DNA（linear DNA）。在细菌中，质粒DNA的构型主要是以超螺旋形式存在的cccDNA。

在琼脂糖凝胶电泳时，3种构型的质粒DNA的迁移速率不同。以超螺旋形式存在的质粒DNA具有较高的致密度，在凝胶电泳时受到的空间阻力最小，迁移速率最快；开环质粒DNA的致密度低，形态又具有一定的刚性，在凝胶电泳时受到的空间阻力最大，迁移速率最慢；与超螺旋质粒DNA相比，线状质粒DNA由于致密度很低，迁移速率比超螺旋质粒DNA慢，但它在电场中泳动时具有较强的可塑性，能够时刻改变其形态来适应凝胶孔，受到的空间阻力相对较小，其迁移速率比开环质粒DNA快。因此，3种构型的质粒DNA在琼脂糖凝胶中的迁移速率从大到小依次为超螺旋质粒DNA、线状质粒DNA、开环质粒DNA（见图2-7）。

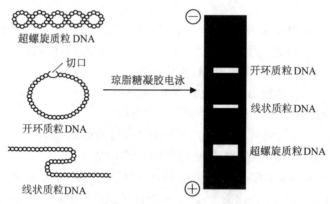

图2-7　质粒DNA的3种构型及电泳示意图

经琼脂糖凝胶电泳和EB染色后，观察和比较超螺旋质粒DNA条带与其他构型的质粒DNA条带的相对亮度，就可以判断质粒DNA分子的完整性。当超螺旋质粒DNA条带的相对亮度很高时，说明质粒DNA分子的完整性好；而当超螺旋质粒DNA条带的相对亮度不高时，则说明质粒DNA分子断裂得较严重，分子完整性较差。在提取过程中，应尽量避免机械力对质粒DNA分子的损伤，并避免DNase对质粒DNA的降解作用，从而保证质粒DNA分子的完整性。

三、实验材料

1. 生物材料

含有pUC18质粒的大肠杆菌DH5α菌株。

2. 主要试剂

（1）用于细菌培养：LB平板（含Amp，100μg/mL），LB液体培养基（不含任何抗生素），氨苄青霉素（Amp，100mg/mL）等。

（2）用于SDS碱裂解法提取质粒DNA：溶液Ⅰ，溶液Ⅱ，溶液Ⅲ（也可购买质粒提取试剂盒），Tris饱和酚（pH≥7.8），氯仿：异戊醇（24：1），异丙醇，70%乙醇，TE溶液（pH8.0），RNase A（10mg/mL）等。

（3）用于柱式抽提法提取质粒 DNA：SanPrep 柱式质粒 DNA 小量抽提试剂盒等。

3. 主要仪器

恒温培养箱，恒温摇床，微量移液器，超净工作台，制冰机，高速离心机，通风橱，加热块，紫外分光光度计，石英比色皿，微波炉，制胶板，水平电泳槽，电泳仪，涡漩混合仪，凝胶成像分析系统，冰箱等。

四、实验内容

1. 大肠杆菌的复苏与培养

注意： 操作流程见图 2-1，应在无菌条件下进行大肠杆菌的复苏和培养。

（1）打开超净工作台的鼓风机和紫外灯，消毒 10~20min，关闭紫外灯。

（2）从 -70℃ 超低温冰箱中取出含有 pUC18 质粒的 DH5α 甘油菌，于冰上放置 5~10min，使之融化成菌液。

注意： 从 -70℃ 超低温冰箱中取冻存的菌株时，应戴着棉手套操作，避免被冻伤。

（3）将接种环蘸取酒精，在酒精灯上灼烧，冷却后，蘸取融化的菌液，在 LB 平板（含 Amp，100μg/mL）上划线。

注意： 划线后，接种环蘸取酒精，并在酒精灯上灼烧，杀灭残留的细菌。

（4）将平板倒扣，在 37℃ 培养箱中静置培养 12~15h。

注意： 需将平板倒扣，避免单菌落相互混杂。

（5）在超净工作台上，用无菌枪头或牙签挑取单菌落于 3mL LB 液体培养基（含 Amp，100μg/mL）中，37℃、220r/min 振荡培养 12~15h，获得大肠杆菌过夜培养物，用于提取质粒 DNA。

注意： ① Amp 在使用前加入。
　　　　② 培养时间不超过 18h，以避免杂菌增殖。

2. SDS 碱裂解法提取质粒 DNA（方案一）

（1）取 1.5mL 大肠杆菌过夜培养物于 2.0mL 离心管中，8000r/min 离心 1min，用微量移液器弃尽上清液。

注意： ① 本实验中所使用的离心管和移液枪头必须经过高压蒸汽灭菌处理。
　　　　② 如果菌量过少，可再收集 1.5mL 菌液于同一个 2.0mL 离心管中。

（2）加入 100μL 溶液Ⅰ，用微量移液器反复吸打，或在漩涡混合仪上振荡，使管底的细胞重新悬浮，于冰上放置 5min。

注意： ① 实验前将溶液 I 放在冰上预冷。

② 实验前加适量 RNase A 到溶液 I 中，使之终浓度为 100μg/mL，以降解 RNA。

③ 使细胞充分悬浮以利于细胞的裂解。

（3）加入 200μL 溶液 II，上下颠倒离心管使之混匀，于冰上放置 5min。

注意： ① 溶液 II 必须在使用前配制，即现用现配。

② 溶液 II 含有 SDS，为避免产生絮凝，影响细胞的裂解效果，不能将溶液 II 放在冰上或冰箱中。

（4）加入 150μL 溶液 III，轻轻地上下颠倒离心管使之混匀，于冰上放置 5min。

注意： 实验前将溶液 III 放在冰上预冷。

（5）13000r/min 离心 15min，小心吸取上清液至新的 1.5mL 离心管中。

注意： 尽量不要吸到白色沉淀物或漂浮物，否则会影响质粒 DNA 的纯度。

（6）加入与上清液等体积的酚：氯仿：异戊醇（25∶24∶1），盖紧离心管，振荡混合有机相和水相，室温放置 5min 后，13000r/min 离心 10min，将上清液（约 400μL）小心地转移至新的 1.5mL 离心管中。

注意： ① 使用的酚：氯仿：异戊醇（25∶24∶1）中的 Tris 饱和酚为碱性酚，pH⩾7.8。这些有机溶剂容易挥发，操作必须在通风橱中完成。此外，这些有机溶剂还具有腐蚀性，会损伤皮肤和眼睛、损坏微量移液器，移取时应当小心谨慎。

② 由于氯仿：异戊醇密度大，用微量移液器直接转移时容易从枪头中滴漏出来，可在移取前用枪头在氯仿：异戊醇中轻轻地反复吸打 2~3 次，充分润湿枪头，这样在移取时就不会滴漏了。

③ 此步骤被称为抽提，用于去除混杂在核酸中的蛋白质，高速离心后吸取上清液时必须小心，切勿触动上清液底部的蛋白层。

④ 后续操作对质粒 DNA 纯度的要求不高时，此步骤也可以省略。

（7）用等体积的氯仿：异戊醇（24∶1）再次抽提，13000r/min 离心 10min，吸取上层水相。

（8）加入 1 倍体积（约 400μL）的异丙醇（此处也可用 2 倍体积的预冷的无水乙醇替代异丙醇），轻轻上下颠倒离心管使之混匀，室温放置 10min。

（9）13000r/min 离心 10min，用微量移液器弃尽上清液。

注意： 小心弃去上清液，切勿吸走沉淀物。

（10）加入 500μL 70%乙醇，轻轻颠倒洗涤，13000r/min 离心 5min，用微量移液器弃尽上清液。（可重复此步骤一次）

注意： 小心弃去上清液，切勿吸走沉淀物。

（11）在 60℃加热块上加热干燥 5~10min（若无加热块，可将离心管置于通风橱中风干），加入 30μL 无菌的 TE 溶液（pH8.0），轻弹管底，质粒 DNA 溶解后将所提取的质粒 DNA 放置于 4℃冰箱中保存，备用。

注意： 可在 TE 溶液（pH8.0）中加入适量 RNase A，以进一步消除 RNA 污染。

3. 柱式抽提法提取质粒 DNA（方案二）

注意： 该方法使用"SanPrep 柱式质粒 DNA 小量抽提试剂盒"［购自生工生物工程（上海）股份有限公司］提取质粒 DNA，用到的试剂名称与说明书保持一致。

（1）取 1.5mL 大肠杆菌过夜培养物于 2.0mL 离心管中，8000r/min 离心 2min，倒尽或用微量移液器弃尽培养基，收集菌体。

注意： 低拷贝数的质粒可使用 5mL 菌液，而无须增加溶液Ⅰ、Ⅱ、Ⅲ的用量。

（2）在菌体沉淀中加入 250μL Buffer P1（溶液Ⅰ），用微量移液器反复吸打或旋涡振荡至彻底悬浮菌体。

注意： 首次使用 Buffer P1 时，加入适量 RNase A（终浓度为 100μg/mL），每次实验结束后将其放置于 4℃冰箱中保存。

（3）加入 250μL Buffer P2（溶液Ⅱ），立即温和颠倒 5~10 次混匀，使细菌裂解，于室温下放置 2~4min，至溶液变澄清。

注意： ① 每次使用该试剂盒时，必须提前查看 Buffer P2，因为在温度较低的情况下，Buffer P2 中会出现白色沉淀，需在 37℃以下保温溶解，摇匀后使用。
② 步骤（2）和（3）在冰上操作效果好。

（4）加入 350μL Buffer P3（溶液Ⅲ），立即温和颠倒 5~10 次充分混匀，于室温下放置 2min。

（5）≥12000r/min 离心 5~10min，将上清液全部移入吸附柱，在对应的收集管管壁上标上样品号，10000r/min 离心 30s。倒掉收集管中的液体，将吸附柱放入同一收集管中。

注意： ① 无须低温离心。
② 提高转速可使沉淀更紧密，有利于后续上清液吸取操作的进行。
③ 吸取上清液时尽量不要吸到白色沉淀物或漂浮物，否则会影响质粒 DNA 的纯度。

（6）（可选步骤）在吸附柱中加入 500μL 去蛋白液 Buffer DW1，10000r/min 离心 30s。倒掉收集管中的液体，将吸附柱放入同一收集管中。

注意：① 对于 End A+宿主菌，如 BL21、HB101、JM 系列等，此步骤不能省略。
② 对于 End A−宿主菌，如 DH5α、TOP10 等，此步骤可以省略，但进行该步骤可进一步降低蛋白残留量。

（7）向吸附柱中加入 500μL Washing Solution（清洗液），10000r/min 离心 30s。倒掉收集管中的液体，将吸附柱放入同一收集管中。

注意：① 首次使用清洗液时，应按产品说明书加入适量的无水乙醇。
② 有些试剂盒中还带有另一种清洗液，含有去污剂 Triton X-100，可进一步消除蛋白质污染。

（8）重复步骤（7）一次，可进一步去除杂离子，提高目的 DNA 的纯度。
（9）将空吸附柱和收集管放入离心机中，10000r/min 离心 1min。

注意：此步骤不可省略，否则残留的乙醇会严重影响 DNA 得率和后续实验。

（10）在吸附柱的膜中央加入 50~100μL Elution Buffer（洗脱液），于室温下静置 1~2min，12000r/min 离心 1min。将所得到的质粒 DNA 溶液置于−20℃保存或用于后续实验。

注意：① 洗脱液为 2.5mmol/L Tris-HCl，pH8.5，可使用微碱性（pH>7）的无菌水或 TE 溶液（pH8.0）代替。
② 将洗脱液预热至 60℃可以进一步提高 DNA 的得率。
③ 如果质粒 DNA>8kb，加入洗脱液后，在 37~60℃下温浴 2min 可以显著提高得率。
④ 加入洗脱液时，必须加到吸附柱的膜中央，否则无法有效溶解 DNA。
⑤ 加入洗脱液时，枪头不能戳到硅胶膜，以免破坏膜而影响 DNA 的回收。
⑥ 使用<40μL 的洗脱液可以得到浓度更高的 DNA，但得率显著降低。

4. 质粒 DNA 浓度与纯度的检测（紫外分光光度法）
（1）提前 30min 打开紫外分光光度计，使仪器完成自检，进入工作状态。
（2）在 1.5mL 离心管中加入 1mL ddH$_2$O，再加入 1μL 质粒 DNA 溶液，上下颠倒离心管混匀，作为待测液，其余的质粒 DNA 溶液放于−20℃冰箱中保存，备用。

注意：保存好原始的质粒 DNA 溶液，其在本教程的后续操作中还需使用。

（3）取 200μL 待测液于石英比色皿中，在另一个石英比色皿中加入 200μL ddH$_2$O 作为对照。

注意： 在紫外光区检测时，必须使用石英比色皿。

（4）将对照比色皿放入紫外分光光度计，在 260nm 处校零，取出后放入样品比色皿，直接读取并记录样品溶液在 260nm 处的吸光度值，即 OD_{260}。

（5）将对照比色皿放入紫外分光光度计，在 280nm 处校零，取出后放入样品比色皿，直接读取并记录样品溶液在 280nm 处的吸光度值，即 OD_{280}。

（6）用 ddH_2O 清洗样品比色皿三次，关闭紫外分光光度计。

（7）根据 OD_{260} 计算样品溶液中质粒 DNA 的浓度，并根据 OD_{260}/OD_{280} 的值估计质粒 DNA 的纯度。

注意： 可用 NanoDrop 或 OneDrop 直接测定，测定方法详见仪器使用说明书。

5. 质粒 DNA 分子完整性的检测（琼脂糖凝胶电泳法）

由于"质粒 DNA 的提取与检测"实验流程较长，对质粒 DNA 分子完整性的检测详见实验三。

五、思考题

（1）作为基因操作的理想载体，克隆载体应具备哪些主要元件？它们各起什么作用？

（2）在基因工程中，质粒 DNA 有什么应用价值？

（3）提取质粒 DNA 的方法有哪些？各涉及什么原理？

（4）在提取质粒 DNA 的过程中，某些操作常在冰上进行，这样做有什么好处？

（5）在提取质粒 DNA 的过程中，如何提升质粒 DNA 分子的完整性？

（6）利用紫外分光光度法检测 DNA 的浓度和纯度时，可通过哪些指标数据进行计算或判断？

（7）SDS 碱裂解法提取的质粒 DNA 有哪几种构型？其中哪一种构型对后续操作最有利？对不同构型的质粒 DNA 进行琼脂糖凝胶电泳时，哪种构型的质粒 DNA 的迁移速率最快？哪种最慢？

（8）经过琼脂糖凝胶电泳后，如果发现泳道中存在拖尾现象，如何判断是 RNA 污染还是 DNA 被降解？

（9）如果所提取的质粒 DNA 中存在较多的蛋白质污染和 RNA 污染，如何提高样品中 DNA 的纯度？

实验三　琼脂糖凝胶电泳法检测 DNA

一、实验目的

（1）掌握琼脂糖凝胶电泳的原理和操作方法；

（2）学会用琼脂糖凝胶电脉法检测 DNA 的纯度、构型及分子量大小。

二、实验原理

1. 琼脂糖凝胶电泳

琼脂糖凝胶电泳是分离和纯化 DNA 片段的常用技术。琼脂糖（agarose），是从海藻提取的琼脂中进一步纯化出来的高聚物，主要是由 β-D-呋喃半乳糖和 3,6-脱水-α-L-呋喃半乳糖残基通过 α（1→3）和 β（1→4）糖苷键交替构成的线状聚合物。加入电泳缓冲液后，琼脂糖经加热即可融化，并在室温下冷却凝固，这时琼脂糖之间以分子内和分子间氢键形成较为稳定的交联结构，也就是多孔性的琼脂糖凝胶，这种交联的结构使琼脂糖凝胶有较好的抗对流性质。琼脂糖链形成螺旋纤维，后者再聚合成半径为 20~30nm 的超螺旋结构。琼脂糖凝胶可以构成一个直径从 50nm 到略大于 200nm 的三维筛孔的通道。琼脂糖凝胶的孔径可以通过琼脂糖的最初浓度来控制，通常为 0.5%~2%，低浓度的琼脂糖形成较大的孔径，而高浓度的琼脂糖形成较小的孔径。

DNA 在琼脂糖凝胶中的电泳，涉及电荷效应和分子筛效应。在微碱性的电泳缓冲液中，DNA 分子中的磷酸基团发生解离，带有大量的负电荷，使 DNA 分子在电场中向正极迁移，这就是所谓的"电荷效应"。尽管不同分子量大小的 DNA 分子带有不同的负电荷量，但是电荷效应并不是实现不同分子量大小的 DNA 分子相互分离的主导因素，电荷只是给 DNA 分子提供了在电场中迁移的动力，而真正的主导因素则是琼脂糖凝胶的"分子筛效应"。由于一定浓度的琼脂糖凝胶具有一定的孔径大小，不同分子量大小的 DNA 分子，在凝胶中迁移时受到的空间位阻是不同的，分子量小的 DNA 分子受到的空间位阻小，在凝胶中的迁移速率快，而分子量大的 DNA 分子所受到的空间位阻大，在凝胶中的迁移速率就慢，这样经过一定时间的电泳，具有不同分子量的 DNA 可依据其分子量的大小而分离，这就是所谓的"分子筛效应"（见图 3-1）。琼脂糖凝胶电泳不仅可分离不同分子量的 DNA，也可分离分子量相同，而构型不同的 DNA 分子。在一定范围内，随着琼脂糖凝胶浓度的提高，凝胶电泳的分辨率也会提高。一般琼脂糖凝胶电泳适用于分子量大小在 0.2~50kb 范围内的 DNA 片段的分离，我们可以根据具体的实验对象选择适当的琼脂糖浓度（见表 3-1）。

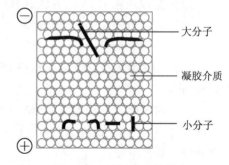

大分子

凝胶介质

小分子

图 3-1 电泳的分子筛效应

表 3-1 琼脂糖凝胶的分辨率

凝胶浓度/%	分辨率（分离范围）/bp	应用
0.5	1000~30000	未消化的基因组 DNA
0.8	800~12000	消化的基因组 DNA
1.0	500~10000	质粒 DNA
1.2	400~7000	PCR 产物和质粒 DNA
1.5	200~3000	PCR 产物
2.0	100~1500	PCR 产物

琼脂糖凝胶电泳系统主要由制胶板、样品梳（简称"梳子"）、电泳槽、电泳仪组成，制胶板和梳子用于铺制带有加样孔的琼脂糖凝胶（见图 3-2），制备好的凝胶浸没在

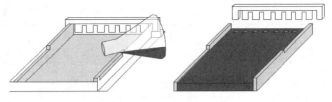

图 3-2 琼脂糖凝胶的制备

含有电泳缓冲液的电泳槽中，用微量移液器吸取混有上样缓冲液的 DNA 样品进行点样，即将样品加入凝胶的加样孔中，这时再由电泳仪提供一定的电压或电流，就可以进行电泳了（见图 3-3）。电泳完毕，还需对凝胶进行染色处理，以便观察到样品中的 DNA 条带。

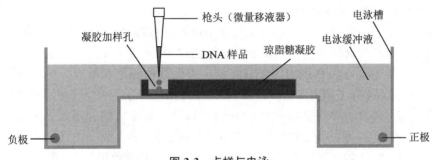

图 3-3 点样与电泳

2. DNA 分子的迁移速率

在水平式琼脂糖凝胶电泳中，影响 DNA 分子迁移速率的因素是多方面的，除了 DNA 分子量大小与构型和琼脂糖凝胶的浓度外，电压、缓冲液 pH 值和电泳的温度等也影响 DNA 的迁移速率。

1）电压

在低电压时，线状 DNA 片段的迁移速率与电压成正比，当电场强度（单位长度的电压）提高时，分子量大的 DNA 片段的迁移速率不再与电压成正比，所以电泳时的电压一般不超过 5V/cm（cm 指正、负极之间的距离）。

2）缓冲液的 pH 值

琼脂糖凝胶电泳常用的电泳缓冲液有 TAE、TPE 和 TBE 三种，以保证电泳过程中的 pH 值较稳定。pH 值的剧烈变化会影响 DNA 分子所带的电荷，因而也影响正常的电泳速度。琼脂糖凝胶电泳要求的电泳缓冲液缓冲容量较低，TAE 电泳缓冲液缓冲容量较低，DNA 分子的迁移速率较快，分辨效果好，因此三种电泳缓冲液中常用 TAE 电泳缓冲液。TBE 与 TPE 均具有较高的缓冲能力，但是用 TPE 配制的凝胶，尤其是低熔点琼脂糖凝胶，回收的 DNA 片段含有较多的磷酸盐，易与 DNA 一起沉淀而影响后续的酶反应。因此，在长时间电泳时，电泳槽两端的离子强度差异很大，此时要使用缓冲容量较大的 TBE 电泳缓冲液，以保持离子强度的一致。这些缓冲液中含有的 EDTA 可以螯合二价金属离子，抑制 DNA 酶而保护 DNA。电泳缓冲液用于一般鉴定时可以反复使用，但要注意补充水分；用于 DNA 片段的分离纯化时要换新鲜的电泳缓冲液。TAE、TBE 和 TPE 三种电泳缓冲液的差异与用途详见表 3-2。

表 3-2 TAE、TBE 和 TPE 电泳缓冲液的差异与用途

缓冲液	缓冲容量	迁移速率	分辨率	用途
TAE	最低	最快	高分子量、高	高度复杂的 DNA 混合物、超螺旋 DNA
TBE	很高	较慢	低分子量、高	短片段、割胶纯化或长时间电泳
TPE	很高	较慢	低分子量、高	不常用

3) 电泳的温度

琼脂糖凝胶电泳对温度的要求不太严格，一般在 0～30℃。但是，如果室温超过 37℃，可将电泳槽放置于 4℃冰箱或空调房内。当琼脂糖凝胶浓度低于 0.5% 或使用低熔点琼脂糖进行凝胶电泳时，电泳温度不宜过高，一般在低温条件下进行。

4) 分子筛效应和电荷效应

DNA 分子为多聚阴离子，在电泳槽内从负极向正极移动，其迁移速率由 DNA 分子量大小及所带电荷量共同决定。当实验目的是测定 DNA 分子量的大小时，应当尽量减小电荷效应的影响。在大孔径的琼脂糖凝胶（即低浓度琼脂糖凝胶）中，凝胶对不同分子量大小的 DNA 分子的阻滞程度差异不大，此时 DNA 分子的迁移速率更多地依赖于分子的净电荷，因此，分子量较小的 DNA 分子群得不到很好的分离效果。如果增加琼脂糖凝胶的浓度，则可在一定程度上降低电荷效应，使 DNA 分子的迁移速率主要由凝胶阻滞程度所决定，但是高浓度琼脂糖凝胶电泳的电泳时间较长。

3. DNA 的点样量与点样方法

DNA 的点样量包括两个方面：一是 DNA 在电泳条带上的浓度，浓度太高易产生拖尾与弥散现象；浓度太低，条带较弱，分辨不清，影响结果。二是点样量，点样量太多，点样孔装不下，样品溢出，可能会影响附近的条带；点样量太少，样品在点样孔内分布不均匀，也影响结果。初学者进行琼脂糖凝胶电泳时，确定准确的 DNA 点样量有一定的困难，此时可采用不同浓度的点样量，同时进行几个样品的电泳。实践多了，有了经验，可以不再重复，也可节省 DNA 样品。

DNA 点样操作的好坏与电泳关系密切，最重要的是在点样之前将样品预先混合均匀。如果 DNA 样品浓度较大，吸取 1μL，然后加水或电泳缓冲液稀释至 10μL 以上，加入待检测 DNA 样品体积的 1/5 溴酚蓝指示剂混合均匀后再点样。点样量通常为 5～10μL，一般来说，0.1μg DNA 用量已足够用于肉眼观察。点样时应尽量小心操作，避免戳破点样孔。

4. 琼脂糖凝胶的染色与观察

经过一段时间的电泳之后，不同分子量大小的 DNA 分子已经相互分离，但是 DNA 分子在凝胶中是没有颜色的，要想观察到，就必须借助一定的染色技术，即采用溴化乙锭（EB）溶液进行染色处理。EB 具有与 DNA 中的碱基类似的平面结构（见图 3-4），能够镶嵌到碱基对之间，形成一种络合物。在紫外灯的照射下，DNA 所吸收的 260nm 的紫外光传递给 EB，以及 EB 本身在 300nm、360nm 吸收的射线，在可见光谱的红橙区都将以 590nm 波长发射出来。这样，我们就能够在紫外灯下观察到凝胶中 DNA 所在区域的条带，其荧光强度与 DNA 的量成正比，因此可对分离的 DNA 进行初步定量。目前，国内外实验室使用 EB 对 DNA 染色，一般有两种做法：① 只在凝胶中加入 0.5μg

EB，而在电泳缓冲液中不加 EB，这样可避免操作时双手被 EB 污染；② 在电泳结束以后，取出凝胶放入 0.5μg/mL 的 EB 溶液中染色 10~30min。

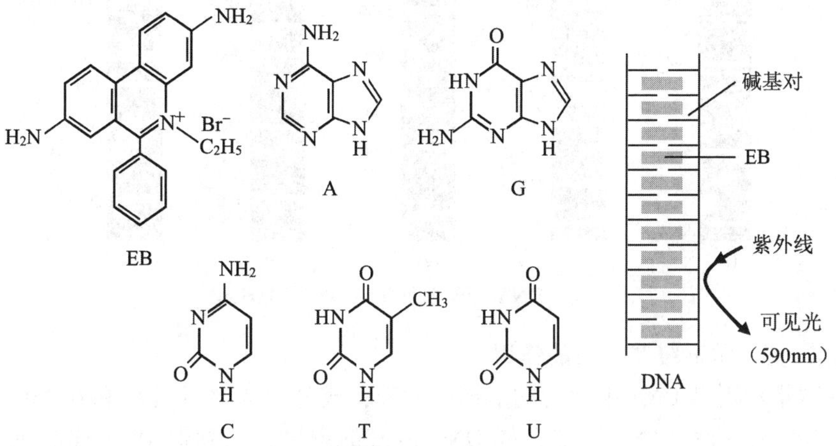

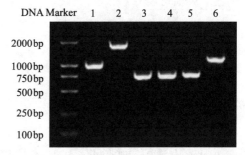

图 3-4　EB 结构与染色机理

EB 具有一定的致癌毒性，操作时必须十分小心，应戴一次性手套。另外，也可以使用比较安全的替代产品对 DNA 进行染色，如 Goldview，Gelred 等，但替代产品的染色效果往往不如 EB。

为了估计 DNA 条带的大小，每次电泳时，要在相邻的加样孔中点入 "DNA 分子量标记（DNA Marker）" 作为标准，进行对照电泳。经电泳和 EB 染色后，DNA 分子量标记在凝胶中呈现出多个 DNA 条带，每个 DNA 条带有着固定的长度。大小相近的 DNA 分子，在同一块凝胶上具有相似的迁移速率，因此，根据样品泳道中的 DNA 条带与 DNA 分子量标记泳道中的 DNA 条带的相对位置，就可以方便地

图 3-5　PCR 产物的电泳

估计出样品 DNA 分子量的大小（见图 3-5），从而初步判断该 DNA 条带是否为目的 DNA 条带。通常使用的 DNA 分子量标记往往是经限制性内切核酸酶消化已知序列的质粒或噬菌体 DNA，如 DNA 分子量标记 "λ-Hind Ⅲ digest"（见图 3-6a）是由大肠杆菌的 λ 噬菌体基因组 DNA 经限制性内切酶 Hind Ⅲ 切割产生的，"φX174-Hae Ⅲ digest"（见图 3-6b）是由大肠杆菌噬菌体 φX174 基因组 DNA 经限制性内切酶 Hae Ⅲ 切割产生的。由于特定噬菌体毒株的基因组由特定的 DNA 序列组成，因此，利用一种特定的限制性内切酶进行酶切，可产生特定大小的几个 DNA 片段，那么这些固定大小的 DNA 片段就可以当作分子量标记使用。另外，DNA 分子量标记也可以由一些特定大小的人工序列组成（见图 3-6c~e），如 DNA 分子量标记 "DL2000" 中含有六种 DNA 片段，大小依次为 2000，1000，750，500，250，100bp（见图 3-6d）。DNA 分子量标记标准品可以从生物技术公司购买或者由实验室自制。

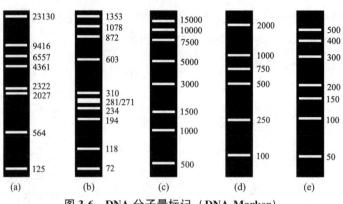

图3-6　DNA分子量标记（DNA Marker）

5. 溴酚蓝指示剂缓冲溶液的作用

溴酚蓝指示剂是DNA电泳时的上样缓冲液，成分为40%的蔗糖和0.25%的溴酚蓝（m/V），40%的蔗糖是为了增加上样DNA溶液的密度，以确保DNA样品沉入点样孔内，溴酚蓝主要是DNA电泳时的前沿指示剂。一般溴酚蓝的电泳迁移位置相当于300~400bp双链线状DNA，因此可以根据溴酚蓝的迁移速率大致估计DNA片段的迁移速率。溴酚蓝指示剂缓冲溶液的储存液通常为6×，因此上样缓冲液的体积是上样总体积的1/6。

三、实验材料

1. 生物材料

实验二提取的质粒DNA。

2. 主要试剂

DNA分子量标记（DNA Marker），1mg/mL溴化乙锭溶液，1×TAE电泳缓冲液，6×DNA上样缓冲液等。

3. 主要仪器

水平电泳槽，制胶板，样品梳，点样板或parafilm，电泳仪，凝胶成像分析系统，脱色摇床，微波炉，微量移液器等。

四、实验内容

1. 制备1%琼脂糖凝胶

称取1.0g琼脂糖于250mL三角瓶中，加入100mL 1×TAE电泳缓冲液，微波炉加热1~2min使之完全溶解，待温度降至50℃左右时倒于制胶板上，完全冷却后，垂直轻拔梳子，将带有凝胶的底板放置于水平电泳槽中，加入适量1×TAE电泳缓冲液，使凝胶完全浸没。

注意：① 微波炉加热时防止溶液沸腾溢出。
　　　② 琼脂糖一定要加热溶解完全、均匀，可以对着光亮的地方看看溶液是否清澈。
　　　③ 制胶缓冲液和电泳缓冲液浓度应该一致。
　　　④ 确保凝胶完全浸泡在电泳缓冲液中。

2. 加样

在点样板或 parafilm 上混匀 DNA 样品（5μL）和上样缓冲液（1μL 6×DNA 上样缓冲液），上样缓冲液的最终稀释倍数应不小于 1×。用 10μL 微量移液器将样品混合物加入加样孔内，在相邻的加样孔内加入 6μL DNA 分子量标记作为分子量对照。

> **注意：** ① 初次点样时手可能会抖动，可利用另一只手作为支撑。
> ② 制胶和加样过程中要防止气泡产生。
> ③ 上样量不宜过多，否则会造成条带相互挤压。
> ④ 加样时不要太快，让其自然沉底，均匀分布在电泳孔内。
> ⑤ 如果点样孔有剩余，将样点到中间，尽量避免边缘效应，中间电场强度比较均匀。
> ⑥ 枪头探入加样孔即可，不要伸入加样孔内部以免戳破胶孔，导致样品渗漏。
> ⑦ 每加完一个样品，应更换一个枪头，以防污染。

3. 电泳

加样后的凝胶立即通电进行电泳（1×TAE 电泳缓冲液，100~120V），样品由负极（黑色）向正极（红色）方向移动，当溴酚蓝移动至距离制胶板下沿约 1cm 处时，停止电泳。

> **注意：** ① 正确连接正负极。
> ② 电泳开始时可以采用低电压使含溴酚蓝的样品跑出孔后，再调高电压。
> ③ 在溴酚蓝条带没有跑出凝胶之前停止电泳。

4. 染色

电泳完毕，取出凝胶，置于盛有自来水的托盘中，加入数滴 EB 储存液（10mg/mL），在脱色摇床上轻轻摇动，染色 5~10min。

> **注意：** ① 由于 EB 有致癌的嫌疑，操作时必须戴一次性塑料手套。
> ② 禁止戴着一次性塑料手套接触非 EB 区，操作完毕，将手套扔在指定的垃圾篓中。

5. 观察并照相

用清水清洗染色凝胶，在紫外灯下观察，若 DNA 存在则显示出红色荧光条带，采用凝胶成像分析系统拍照保存。

> **注意：** 紫外线会损伤皮肤和眼睛，操作时可用有机玻璃板挡住。

6. 结果判断

根据电泳结果，判断 DNA 条带的分子量大小，并判断是否存在 DNA 的降解和 RNA 污染。

五、思考题

（1）琼脂糖凝胶电泳的实验原理是什么？

（2）琼脂糖凝胶电泳时，影响 DNA 迁移速率的因素有哪些？

（3）琼脂糖凝胶电泳时，DNA 分子量标记和溴酚蓝指示剂的作用是什么？

实验四　聚丙烯酰胺凝胶电泳法检测 DNA

一、实验目的

掌握聚丙烯酰胺凝胶电泳法，并学会用此方法分离、鉴定和纯化 500bp 以下的小片段 DNA。

二、实验原理

聚丙烯酰胺凝胶电泳（polyacrylamide gel electrophoresis，PAGE）是以聚丙烯酰胺为支持介质的电泳技术。聚丙烯酰胺凝胶是由单体的丙烯酰胺（acrylamide，Acr）和甲叉双丙烯酰胺（bisacrylamide，Bis）聚合形成的三维网状结构。聚合过程需要自由基催化，而过硫酸铵（ammonium persulfate，AP）就是催化剂，可产生自由基，四甲基乙二胺（N,N,N',N'-tetramethyl ethylenediamine，TEMED）则是加速剂，可使过硫酸铵加速产生自由基。其基本原理是单体 Acr 在催化剂 AP 和加速剂 TEMED 的作用下聚合成一串串长链，当溶液中的交联剂 Bis 参与聚合反应时，长链与长链之间交联成三维网状结构的凝胶，链长与交联度决定了凝胶的孔径，孔径大小可以通过改变 Acr 和 Bis 的浓度来控制。只有小片段的 DNA 才能进入凝胶内，在电场的作用下分离。与琼脂糖凝胶类似，聚丙烯酰胺凝胶也具有分子筛效应和电荷效应，另外，聚丙烯酰胺凝胶还具有浓缩效应。

聚丙烯酰胺凝胶主要具有以下优点：

① 浓度和交联度可调整，有利于分离不同分子量的生物大分子；

② 灵敏度高，分辨率高；

③ 化学惰性好，电泳时不会发生"电渗"；

④ 电泳分离的重复性好；

⑤ 透明度好，便于观察结果；

⑥ 机械强度好，有弹性，不容易破碎，便于操作和保存等。

琼脂糖凝胶电泳属于水平电泳，聚丙烯酰胺凝胶电泳则多为垂直电泳。聚丙烯酰胺凝胶电泳法也是一种凝胶电泳检测 DNA 的方法，相比琼脂糖凝胶电泳法，此方法的分辨率较高，即便 DNA 分子片段的分子量只相差 1bp，也能被区分开，并且该方法可以容纳较大容量的 DNA。由于聚丙烯酰胺凝胶电泳比琼脂糖凝胶电泳具有更高的分辨率，所以在分离和鉴定 DNA 片段时，聚丙烯酰胺凝胶电泳只能分离 500bp 以下的双链 DNA 片段，琼脂糖凝胶电泳虽然分离 DNA 的范围较广，但对 200bp 以下小片段 DNA 的分离较为困难，因此将这两种方法相结合，可以很好地完成对 5bp～50kb 双链 DNA 的分离、鉴定和纯化工作。

经聚丙烯酰胺凝胶电泳后，需要对凝胶中的 DNA 进行染色，可以采用 EB 染色和硝酸银染色。采用 EB 染色时，凝胶浸泡在 EB 的水溶液中，相对而言凝胶容易破碎，也不易保存。因此，通常不采用 EB 染色，而采用硝酸银染色。硝酸银染色的主要原理是，在碱性条件下，甲醛将结合在 DNA 上的银离子还原为金属银，金属银沉淀在 DNA 上，从而使 DNA 条带显现出来。

硝酸银染色可分为固定、渗透和显色三大步骤。

① 固定：就是将凝胶浸泡在乙醇–乙酸固定液中，可防止 DNA 扩散，并使凝胶的韧性增强，不易破碎，操作方便。

② 渗透：就是将固定后的凝胶放入硝酸银溶液（渗透液）中处理，使溶液中的银离子与 DNA 的碱基结合。

③ 显色：经硝酸银渗透后，用硫代硫酸钠处理凝胶，它可以防止游离的银离子还原为金属银，减少凝胶中的背景色，然后将凝胶放入含有氢氧化钠和甲醛的显色液中，通过银镜反应使 DNA 条带显现出来。

用硝酸银染色后，就可以对聚丙烯酰胺凝胶进行照相、扫描或复印，分析实验结果。还可以用保鲜膜或密封袋将聚丙烯酰胺凝胶包起来，这样就可以将聚丙烯酰胺凝胶长期保存。

三、实验材料

1. 生物材料

DNA ladder 样品或基于 PCR 技术的分子标记样品。

2. 主要试剂

DNA 分子量标记（DL500），1×TBE 电泳缓冲液，30% Acr-Bis（29∶1），6×DNA 上样缓冲液，EB 储存液（10mg/mL），10% 过硫酸铵（AP）溶液，TEMED 等。

3. 主要仪器

垂直电泳槽，制胶板，样品梳，稳压电泳仪，凝胶成像分析系统，脱色摇床，微量移液器等。

四、实验内容

（1）先后用自来水和去离子水清洗玻璃板，晾干后正确安装在制胶架上。

> **注意**：对于有些垂直电泳系统，可能需用琼脂糖凝胶密封底部及侧面，以免凝胶泄漏。

（2）在 200mL 的烧杯中配制 50mL 12% 分离胶，依次加入以下成分：

ddH$_2$O	17mL
30% Acr-Bis（29∶1）	20mL
1.5mol/L Tris-HCl（pH8.8）	12.5mL
10% AP	0.5mL
TEMED	20μL

> **注意**：① Acr-Bis（29∶1）为丙烯酰胺–甲叉双丙烯酰胺凝胶储存液。
> ② 使用正确浓度和 pH 值的 Tris-HCl 缓冲液。

③ 加入 TEMED 前，轻轻混匀，避免产生气泡。

④ TEMED 具挥发性，有毒性，应在通风橱中加入。

⑤ 气温过低时，凝胶聚合较为缓慢，可适当多加 10% AP 和 TEMED，以加快凝胶聚合；气温过高时，凝胶聚合过快，可适当少加 10% AP 和 TEMED，以减缓凝胶聚合，提高聚合效果。

（3）轻轻混匀，之后将凝胶混合液沿玻璃板边缘缓缓加入制胶槽，避免产生气泡，加至与玻璃板平齐，取相应的样品梳插入玻璃板上端（插入梳子时，避免在梳齿下方产生气泡）。

（4）室温下放置约 30min，使凝胶完全聚合。

（5）从制胶板上小心取出含凝胶的玻璃板，夹固在电泳槽内，凹面玻璃板朝向缓冲液槽。

（6）在垂直电泳槽中加入适量 1×TBE 电泳缓冲液，使之完全浸泡凝胶（确保电泳缓冲液完全浸泡凝胶顶部），轻轻拔出梳子，用胶头滴管或微量移液器轻轻冲洗加样孔，去除未聚合的丙烯酰胺和凝胶碎片，并用细针拨直凝胶齿，备用。

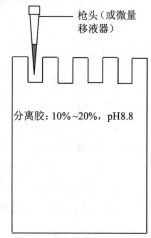

（7）点样：在样品中加入 1/5 体积的 6×DNA 上样缓冲液并混合均匀，用微量注射器或 10μL 微量移液器在点样孔中依次加入 10μL 样品，并在样品的相邻泳道点入 5μL DNA 分子量标记（见图 4-1，DNA Marker 通常为 DL500）。

（8）电泳：接通电源，起始电压 80V；当染料前沿进入凝胶后，提高电压至 120V，待溴酚蓝指示剂接近玻璃板下沿 1cm 左右时停止电泳，电泳时间 1~2h。

（9）戴手套取出玻璃板，小心从玻璃板上剥下凝胶以免凝胶破损，在凝胶的右下角切去一小片，作为定位标记。

图 4-1 PAGE 凝胶示意图及点样

（10）染色：用清水清洗凝胶，将凝胶放入盛有 EB 染色液的密封盒中，在脱色摇床上轻轻摇动，染色 5~10min。

注意： 本实验使用 EB 染色。

（11）观察并照相：用清水清洗染色凝胶，在紫外灯下观察，采用凝胶成像分析系统拍照保存。

注意： ① 聚丙烯酰胺无毒性，但由于残留的未聚合的丙烯酰胺仍具有毒性，所以在点样、电泳和取胶时，还需戴一次性手套进行操作。
② 紫外线对人有损害，特别是眼睛，使用紫外灯时要特别注意，避免被直接照射。

五、影响 DNA 片段分离纯化的因素

聚丙烯酰胺凝胶电泳的分辨率最高，只相差 1bp 的 DNA 分子片段也能被分开。同时，从该凝胶中回收 DNA 分子片段，纯度也很高。与琼脂糖凝胶电泳相比，即便是上样量为 10μg 以上的 DNA 分子片段，仍然不影响其高效的分辨率。尽管聚丙烯酰胺凝胶电泳具有以上优点，但仍然有多种因素影响 DNA 分子片段的分离纯化效果，因此在聚丙烯酰胺凝胶电泳时需要注意以下几个方面。

1. 凝胶中气泡的影响

电泳时 DNA 分子遇到气泡，只能绕道迁移，从而挤压旁边的条带，因此凝胶中的气泡影响 DNA 条带的形状与迁移方向。产生气泡的主要原因是制备凝胶时使用的玻璃板冲洗得不够干净，因而制胶时易产生气泡。另外，注入丙烯酰胺溶液不连续也易在胶内产生气泡。注入制胶溶液后，插入样品梳时也易产生气泡，因此在插样品梳前，制胶溶液要尽量满，若有气泡可用微量移液器挑去气泡，插样品梳后，要注意补加制胶溶液。

2. 点样孔阻塞的影响

点样孔内有再次聚合的丙烯酰胺凝胶会造成点样孔不整齐，点样时样品不能顺利沉入孔底，这样电泳势必造成 DNA 条带呈扩散状，影响分辨率与分离效果。造成孔内有凝胶的原因是样品梳偏薄或拔出样品梳后没有及时用水或 TBE 电泳缓冲液冲洗，残留的丙烯酰胺溶液再次聚合于点样孔内。点样孔内有凝胶阻塞时，可用细针挑去阻塞的凝胶，并用细针拨直凝胶齿。

3. 电泳条件的影响

在聚丙烯酰胺凝胶电泳过程中，DNA 分子的迁移主要受凝胶浓度、电压、温度、缓冲液 pH 值及离子强度等多种因素的影响。

① DNA 分子量的大小与聚丙烯酰胺凝胶的关系

DNA 分子量大，凝胶的浓度要相对低点，浓度太高 DNA 分子难以进胶，分离效果差；相反，若 DNA 分子量小，则要适当提高凝胶浓度，否则分离效果也不理想。一般情况下，针对不同分子量大小的 DNA 分子片段，选择不同浓度的聚丙烯酰胺凝胶（见表 4-1）。

表 4-1　不同浓度聚丙烯酰胺凝胶和 DNA 的有效分离范围

凝胶浓度/%	DNA 的有效分离范围/bp	溴酚蓝相应的迁移位置/bp
3.5	1000~2000	100
5	80~500	65
8	60~400	45
10	40~300	25
15	25~150	15
20	6~100	12

② 电压对 DNA 分子迁移速率的影响

在聚丙烯酰胺凝胶电泳分离 DNA 分子时，电压的大小主要取决于凝胶的大小、厚薄，通常用 5V/cm。电压过大会造成 DNA 的迁移速率过快，DNA 条带迁移不齐且易形成弯曲状 "U" 形，同时电压过大也会导致电泳时胶内缓冲液温度过高，使样品中的小片段 DNA 分子解链而影响实际分离效果。

③ 电泳缓冲液的影响

电泳缓冲液的离子强度与 pH 值对 DNA 的迁移速率影响较大，离子强度太低，导电率小，DNA 迁移速率慢；离子强度太高，导电率高，缓冲液温度太高易使 DNA 分子降解甚至导致溶胶，因此要特别注意。由于聚丙烯酰胺凝胶电泳所需电泳缓冲液缓冲容量较小，通过的电流较大，因而对电泳缓冲液离子强度和 pH 值的要求比琼脂糖凝胶电泳高，因此需选用缓冲能力较高的 TBE 电泳缓冲液。制胶时采用与电泳时同样的 TBE 电泳缓冲液，上下电泳槽的电泳缓冲液也要一致。

4. 最少上样量的估计

聚丙烯酰胺凝胶的分辨率很高，只相差 1bp 的 DNA 分子片段也能通过其分辨出来，但凝胶通过 EB 染色后在紫外灯下的能见度比琼脂糖凝胶电泳差得多，DNA 上样量 10ng 以下时难于观察，因此在点样前，要保证上样量足够，以利于鉴定时观察。

5. 聚丙烯酰胺凝胶电泳检测 DNA 的结果分析

利用聚丙烯酰胺凝胶电泳检测 DNA 时，在电泳时必须根据 DNA 片段的分子量大小，选择适合的 DNA 分子量标记（见图 4-2，DL500），以便于观察分析，并对实验结果做出判断。

六、思考题

（1）聚丙烯酰胺凝胶电泳的实验原理是什么？

（2）常见的凝胶电泳有哪些种类？和琼脂糖凝胶电泳相比，聚丙烯酰胺凝胶电泳在基因操作中有什么优缺点？

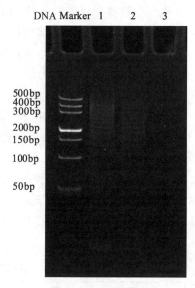

图 4-2　PAGE 结果

第二部分

目的基因的制备与纯化

实验五　　PCR 技术扩增目的基因 ▼

一、实验目的

（1）掌握 PCR 技术的基本原理和实验方法；

（2）掌握引物设计的基本原则和要求。

二、实验原理

1. PCR 技术的原理

聚合酶链反应（polymerase chain reaction，PCR），由美国科学家 Mullis 于 1985 年发明，1987 年获得专利，1989 年被美国 *Science* 杂志列为十项重大科技发明之首，1993 年 Mullis 因此荣获诺贝尔化学奖。PCR 技术是应用于基因克隆、基因表达分析、DNA 测序、DNA 指纹鉴定、传染病和遗传病的检测等方面的强有力工具。目前，PCR 技术已成为分子生物学领域必备的基本技术之一，并广泛渗透到医学、法医学、考古学等诸多领域。可以说，PCR 技术的发明给整个生命科学的研究带来了革命性的改变。

PCR 技术的基本原理如图 5-1 所示。

利用 PCR 技术可以在短时间内于试管中获得数百万，甚至数十亿个特异性 DNA 序列的拷贝。PCR，就是根据待扩增目的 DNA 的两侧序列设计一对特异性引物，通常称为正向引物（forward primer）和反向引物（reverse primer），在模板 DNA 以及四种脱氧核苷酸底物（常用 "dNTP" 表示 dATP、dTTP、dCTP 和 dGTP）存在的条件下，由 *Taq* DNA 聚合酶（也可为高保真 DNA 聚合酶，比如 *Pfu* DNA 聚合酶、*KOD* DNA 聚合酶）所引导催化的扩增 DNA 的酶促反应。

PCR 由三个基本步骤组成：

① 变性（denaturation）：通过加热使 DNA 双螺旋的氢键断裂，双链 DNA 解离成为两条单链 DNA。

② 退火（annealing）：使温度适当下降，引物与模板 DNA 中所要扩增的目的序列的两侧互补序列进行特异性配对结合，重新形成氢键。

③ 延伸（extension）：在 *Taq* DNA 聚合酶、dNTP 及 Mg^{2+} 存在的条件下，引物 3' 端向前延伸，合成与模板的碱基序列完全互补的 DNA 链。

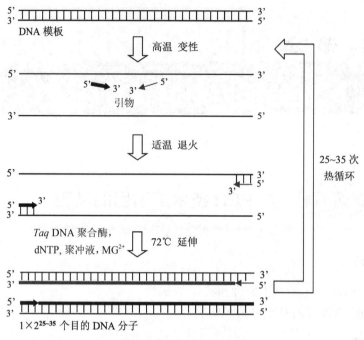

图 5-1　PCR 技术的原理

以上变性、退火和延伸构成一轮热循环，一轮热循环下来，目的序列就从一个拷贝变成两个拷贝。在下一轮热循环中，不仅原有的 DNA 拷贝可以继续作为模板扩增，而且上一轮热循环的产物也可以作为 DNA 模板进一步扩增，这样两个拷贝就会变成四个拷贝。因此，经过 25~35 次热循环之后，也即经过 1~2h 之后，介于两条引物结合位点之间的目的 DNA 片段便可扩增到 $3×10^7$ ~ $3×10^{10}$ 个拷贝。

由此可知，我们可以利用目的基因两侧的 DNA 序列，设计一对和模板互补的特异性引物，以基因组 DNA、cDNA（互补 DNA，即 mRNA 的反转录产物）为模板，或以已克隆在某一载体上的基因为模板，十分便捷地扩增出所需的目的基因片段。此外，通过在引物的 5' 端添加额外的 DNA 序列（与模板并不互补），如限制性酶切位点、启动子、终止子、核糖体结合位点、起始密码子、终止密码子等，便能将这些添加序列引入目的基因的两侧，从而为目的基因的克隆、表达、调控等提供便利。

2. 影响 PCR 的因素

影响 PCR 的因素很多，概括起来主要包括引物、模板、Mg^{2+} 浓度、Taq DNA 聚合酶、温度和循环参数等几个方面。

1）引物

引物在整个 PCR 扩增体系中占有十分重要的地位，为了提高扩增效率和扩增特异性，在设计引物时，一般应遵循下列原则：

① 引物长度以 15~30bp 为宜，常用长度为 20bp 左右，引物过短会使 PCR 的特异性降低，过长则成本增加，而且也会降低扩增效率，降低特异性。

② 引物的解链温度（T_m）尽量控制在 50~65℃ 之间，在这个范围内，引物与模板 DNA 的互补配对最稳定，有利于引物的特异性结合和扩增。另外，成对使用的引物 T_m 值应相近，两条引物的 T_m 值差异不宜超过 5℃，确保两条引物在同一温度下解离和结

合，以实现同步扩增。

③ 引物的碱基应尽可能随机分布，避免出现嘌呤或嘧啶堆积现象，尤其在引物的 3' 端，引物 G+C 含量应在 40%~60%。

④ 引物内部无发夹结构，尤其在引物 3' 端应避免发夹结构，同时成对使用的引物间应尽量避免出现二聚体，尤其在引物 3' 端不应有 2 个以上的碱基互补，因为一旦出现二聚体，引物就不能有效地与 DNA 模板结合，从而降低 PCR 扩增的效率。

⑤ 引物 3' 端的碱基要严格配对，特别是倒数第一和第二个碱基，以避免因末端碱基不配对而导致 PCR 失败。

⑥ 可在引物的 5' 端额外添加限制性酶切位点，以便对扩增产物进行酶切和克隆操作（见图 5-2）。

由于影响引物设计的因素较多，通常利用计算机来辅助设计，当前常用的引物设计软件有 Primer Premier 5.0 和 Oligo 7.0。Primer Premier 是加拿大 Premier 公司开发的用于 PCR 或测序引物以及杂交探针的设计和评估的专业软件，是使用范围最广的一款软件。Primer Premier 软件的主要功能分四种，即引物设计、限制性内切酶位点分析、DNA 基元查找和同源性分析功能。前三种为其主要功能。

Oligo 7.0 软件主要应用于核酸序列引物分析设计，同时计算核酸序列的解链温度（T_m）和理论预测序列二级结构。Oligo 的主要功能包括：普通引物对的搜索、测序引物的设计、杂交探针的设计以及引物对质量的评估等。Oligo 是目前最好、最专业的引物设计软件。

⑦ 使用引物设计软件设计好引物后，必须在 NCBI 网站上经 BLAST 进行引物特异性验证，证实其不会与其他非目的 DNA 高度互补才能使用，确保引物的特异性。

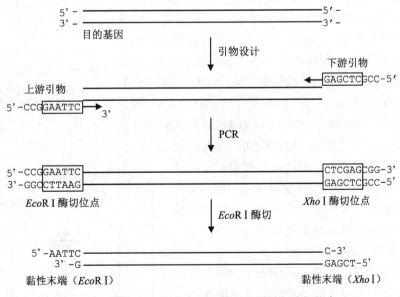

图 5-2　借助 PCR 引物在目的基因两侧引入酶切位点

2) 模板

单链 DNA（ssDNA）、双链 DNA（dsDNA）以及由 mRNA 反转录形成的单链 cDNA

（互补 DNA）均可作为 PCR 模板。模板 DNA 可以是线状分子，也可以是环状分子，但前者略优于后者。PCR 对模板 DNA 纯度的要求不高，样品可以是粗提物，但不可混有任何 Taq DNA 聚合酶的抑制剂、核酸酶、蛋白酶和能结合 DNA 的蛋白质，否则 PCR 扩增效率会大大下降，甚至不能得到目标产物。另外，尿素、SDS、甲酰胺等也会严重影响 PCR 扩增效率，应尽量避免或消除这些不利因子。由于 PCR 灵敏度高，在实验操作中还应尽量避免交叉污染。

3）Mg^{2+} 浓度

Taq DNA 聚合酶是一种 Mg^{2+} 依赖性的酶，因此，反应体系中必须有 Mg^{2+} 存在。维持适当的 Mg^{2+} 浓度十分重要，因为 Mg^{2+} 浓度过高或过低均会影响引物与模板的结合、模板与 PCR 产物的解链温度、引物二聚体的形成，以及酶的活性、扩增的精确性。对于 PCR 的缓冲体系，可以选择加有 Mg^{2+} 的，也可以选择没有加 Mg^{2+} 的，对于常规的 PCR 可以选择前者，而对于有特殊要求的 PCR，则往往选择后者，以便对 Mg^{2+} 的浓度进行条件优化。

4）Taq DNA 聚合酶

Taq DNA 聚合酶来自水生嗜热菌（Thermus aquaticus），能在 PCR 过程中承受高温而不失活，正是有了这种耐高温的 DNA 聚合酶，PCR 的自动化才得以实现。在 PCR 体系中，Taq DNA 聚合酶的用量必须适当，如果用酶量过高，会增加非特异性扩增产物，而用酶量过低，则会降低目标产物的产量。普通的 Taq DNA 聚合酶不具备 3'→5' 的核酸外切酶活性，在 DNA 合成过程中也就不具备纠错功能，会以一定的频率将错误碱基渗透到 DNA 新生链中，这种现象对基因的功能研究极为不利。因此，为了保证 PCR 产物扩增序列的正确性，可以采用具有纠错功能的高保真 DNA 聚合酶，也即具有 3'→5' 核酸外切酶活性的耐高温 DNA 聚合酶，如 Pfu DNA 聚合酶、KOD DNA 聚合酶等（见图 5-3）。相较于 Pfu DNA 聚合酶，KOD DNA 聚合酶具有更强的纠错功能。另外，KOD DNA 聚合酶兼具高温稳定性好、扩增效果好、耐盐性强、室温稳定性好、抑制物耐受性强、酶反应速度快、反转录活性较好等特点，这些特点使得 KOD DNA 聚合酶在分子生物学实验中被广泛应用，并且对于提高实验效率和准确性具有重要作用。

5）温度和循环参数

PCR 涉及变性、退火、延伸三个步骤所需的不同温度及相应温度下的处理时间（见图 5-4）。

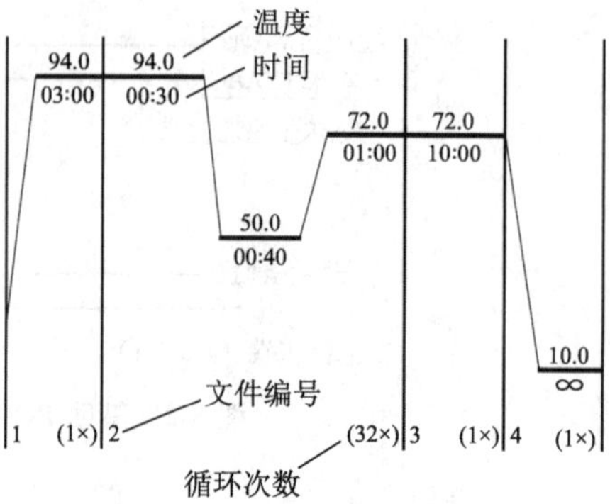

双链 DNA 的变性条件一般为 94℃，10 ~ 30s，温度过高、时间过长都可能会降低 Taq DNA 聚合酶的活性，破坏 dNTP。退火温度和时

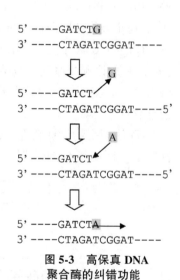

图 5-3　高保真 DNA 聚合酶的纠错功能

图 5-4　PCR 的热循环参数

间取决于引物的长度、碱基组成、引物与模板的匹配程度以及引物的浓度，典型的退火条件为 50~68℃，30~60s。延伸温度一般为 72℃，接近 Taq DNA 聚合酶的最适反应温度 75℃。延伸时间则与待扩增的 DNA 片段的长度有关，一般 1kb 以内的片段，延伸时间为 1min，如扩增更长的片段，则以合成速率 1kb/min 估算，适当增加延伸时间。PCR 的热循环次数主要取决于模板 DNA 的浓度，一般以 25~35 次循环为宜，循环次数过多会使 PCR 产物的内部序列出现较为严重的错误，且非特异性产物的产量也会大大增加。在设定了这些热循环参数后，还要在热循环（变性—退火—延伸）之前添加一个预变性程序（如 94℃，3~5min），在热循环结束后增加一段延伸时间（如 72℃，延伸 5~10min），以使所有 PCR 扩增产物能够合成完全。

三、实验材料

1. 生物材料

重组质粒 pSPORT1-*Dvgst* DNA：*Dvgst* 为簇毛麦谷胱甘肽硫转移酶基因，在 GenBank 数据库中的登录号为 EU070904，开放阅读框（open reading frame，ORF）部分为 690bp。

2. 主要试剂

（1）用于 PCR 扩增：10×PCR 缓冲液；dNTP；*Taq* DNA 聚合酶（5U/μL），也可购买预混试剂，比如诺唯赞公司生产的用于普通 PCR 的 2×*Taq* Master Mix（Dye Plus）、2×*Taq* Master Mix 系列或 NEB 公司生产的 *Taq* 2×预混液等；ddH$_2$O；等等。基因特异性引物（GSP）及其序列如下：

GSPF1：5'-GGGGAATTCTCCGATGAAGGTGTTCG-3'

GSPR1：5'-TTTGAATTCTTAGAAGGCCGCGCGCATAC-3'

（2）用于琼脂糖凝胶电泳：琼脂糖（agarose），1×TAE 电泳缓冲液，6×DNA 上样缓冲液，EB 储存液（10mg/mL）等。

3. 主要仪器

微量移液器，制冰机，高速离心机，PCR 仪，冰箱，微波炉，制胶板，水平电泳槽，电泳仪，脱色摇床，凝胶成像分析系统等。

四、实验内容

1. PCR 扩增目的基因

（1）选用适当量程的微量移液器及与之配套的无菌枪头，在灭菌的 0.2mL 离心管中依次加入以下成分（总体积为 25μL）：

ddH$_2$O	17.3μL
10×PCR 缓冲液	2.5μL
dNTP	1.0μL
GSPF1	0.5μL
GSPR1	0.5μL
DNA	3.0μL
Taq（5U/μL）	0.2μL

注意： ① ddH$_2$O 相当于超纯水（本书用到的 ddH$_2$O 均已灭菌）；10×PCR 缓冲液已含有 Mg^{2+}，不需要另外添加；dNTP 为等摩尔 dATP、dTTP、dCTP、dGTP 的混合物；GSPF、GSPR 为成对的基因特异性引物；DNA 为模板 DNA；*Taq* 为 *Taq* DNA 聚合酶。

② 从 −20℃ 冰箱中取出 *Taq* DNA 聚合酶后，应立即插入冰盒，吸取酶液时动作要快，切勿使酶液长时间离开冰盒，以免影响 *Taq* DNA 聚合酶的活性，并确保吸到酶液。

③ 正确使用微量移液器。

（2）轻弹离心管使管中成分混匀，低速离心收集，将离心管放于 PCR 仪上，执行以下程序：

94℃，3min

94℃，20s

50℃，30s   } 30 次循环

72℃，60s

72℃，10min

10℃，保持

注意： 此步骤大概需要 1h45min。

2. 琼脂糖凝胶电泳检测 PCR 产物

（1）制备 1.0% 琼脂糖凝胶：称取 1.0g 琼脂糖于 250mL 三角瓶中，加入 100mL 1×TAE 电泳缓冲液，微波炉加热使之完全溶解，温度降至 50℃ 左右时，倒于制胶板中，放入样品梳，待琼脂糖凝胶完全冷却后，小心地拔出梳子，将带有凝胶的底板放置于水平电泳槽中，加入适量的 1×TAE 电泳缓冲液，使凝胶完全浸没。

注意： ① 微波炉加热时防止溶液沸腾溢出。

② 在较低温度时倒胶，可避免制胶板变形，琼脂糖溶液冷却到 50℃ 时，裸手已能承受，可据此判断琼脂糖溶液的温度。

③ 也可在倒胶前加 1μL EB 储存液（10mg/mL）到琼脂糖溶液中，制备 EB 胶。

④ 确保凝胶完全浸泡在电泳缓冲液中，以刚好没过凝胶约 1mm 为宜。

（2）点样：取 10μL PCR 产物于 0.2mL 离心管中，与 2μL 6×DNA 上样缓冲液混匀，低速离心收集后，将 12μL 混合物小心加入加样孔内；并在相邻的加样孔内加入 6μL DNA 分子量标记 DL2000 作为分子量参照。

注意： ① 初次点样时手可能会抖动，可利用另一只手作为支撑。

② 枪头探入加样孔即可，不要伸入加样孔内部以免戳破胶孔，导致样品渗漏。

（3）电泳：在 1×TAE 电泳缓冲液中，100~120V 下电泳 40~60min。

注意： ① 正确连接正负极。

② 在溴酚蓝条带没有跑出凝胶之前停止电泳。

（4）染色：在盛有自来水的托盘中加入数滴 EB 储存液（10mg/mL），在脱色摇床上轻轻摇动 5~10min。

> **注意：** ① 如果步骤（1）中制备了 EB 胶，就不需再染色，可在紫外灯下直接观察。
> ② 由于 EB 有致癌的嫌疑，操作时必须戴一次性塑料手套。
> ③ 禁止戴着一次性塑料手套接触非 EB 区，操作完毕，将手套扔在指定的垃圾篓内。

（5）在紫外灯下观察各泳道中的 DNA 条带，用凝胶成像分析系统照相，记录 DNA 条带的相对位置关系，分析实验结果。

> **注意：** ① 紫外线会损伤皮肤和眼睛，操作时可用有机玻璃板挡住。
> ② 如果要从凝胶中回收 DNA 条带，紫外线照射时间不宜过长，以免 DNA 分子被打断。

五、思考题

（1）PCR 技术的原理是什么？自动化的实现主要依赖于哪些因素？

（2）PCR 技术是生命科学领域的一项革命性技术，它有哪些常见的应用？

（3）什么是 DNA 分子量标记（DNA Marker）？如何制备？它在琼脂糖凝胶电泳中的作用是什么？

（4）影响 PCR 产物特异性的因素有哪些？在实际操作中应如何控制？

（5）PCR 操作有哪些注意事项？

实验六　反转录 PCR 技术扩增目的基因

一、实验目的

（1）掌握从细胞或组织中提取 mRNA 的实验方法；

（2）掌握反转录 PCR 扩增目的基因的实验技术及操作。

二、实验原理

1. 反转录 PCR 的特点

普通 PCR 方法以基因组 DNA 为模板来扩增目的基因，但真核生物的基因组中除了可转录为 mRNA 的外显子外，还含有大量的非编码区（内含子序列和调控序列，如启动子、增强子、沉默子等，占比 98% 左右），所以从基因组 DNA 中用 PCR 方法扩增出的基因是调控序列和内含子、外显子相间排列的 DNA 分子，此扩增产物不能用于基因工程的直接表达。用人工的方法将非编码序列去除，不仅费时费力，而且步骤极为烦琐。反转录 PCR（reverse transcription PCR，RT-PCR）利用依赖于 RNA 的 DNA 聚合酶，在 Oligo（dT）的引导下合成与 mRNA 互补的 DNA（complementary DNA，cDNA），然后按照普通 PCR 的方法用一对特异性引物，以 cDNA 为模板，可以扩增出不含内含子的可编码完整蛋白的基因。该 DNA 产物的 5' 和 3' 端经改造可直接用于基因工程中目的蛋白的表达，因此反转录 PCR 成为目前获取目的基因的一条重要途径。

RT-PCR 以实验材料总 RNA 中的 mRNA 为起点进行扩增，因此它是从转录水平研究目的基因表达水平的重要方法，涉及总 RNA 提取、反转录、PCR、琼脂糖凝胶电泳等常规操作，简便快速，同时由于 PCR 的灵敏度高，低丰度的 mRNA 也能被有效检出。

2. RT-PCR 的基本过程

1）总 RNA 的提取与定量

植物总 RNA 的提取原理和方法等详见实验十七，此处不再赘述。RT-PCR 的起始材料可以是总 RNA，也可以是从总 RNA 中进一步分离纯化出来的 mRNA。由于 PCR 技术的灵敏度高，一般来说，只要有 1μg 总 RNA 或 20ng mRNA，就能检测到目的基因的表达。

由于分析基因的转录水平是基于 RT-PCR 产物的有无和条带宽度的强弱，所以需要消除样品中的 DNA 污染，也需要对总 RNA 进行定量，使后续操作中所用的各个样品的总 RNA 量相同，以保证 RT-PCR 产物的条带宽度的强弱是由目的 mRNA 的丰度差异引起的。

2）RNA 样品中 DNA 的消除

无论采用什么方法提取总 RNA，即使进一步纯化出 mRNA，样品中仍可能残留基因组 DNA，这些痕量的 DNA 在进行 PCR 时能被扩增，干扰实验结果，因此有必要消除 DNA 污染。使用 DNA 酶 I（DNase I）就可以降解 DNA，但需要注意的是，在降解 RNA 样品中的 DNA 时，RNA 也很容易被 RNA 酶（RNase）降解，而常规方法制备的 DNase I 中会有 RNA 酶污染，因此，必须选择没有 RNA 酶活性的 DNase I，即"DNase I（无 RNA 酶）"。

3）反转录

以 mRNA 为模板合成 cDNA 的过程，称为反转录，又称逆转录。反转录反应体系中需要 RNA 模板、反转录引物、dNTP 和反转录酶。真核生物 mRNA 的结构特点之一，就是在其 3' 端具有 poly（A）尾巴，与之匹配的 Oligo（dT）可以用作反转录引物（RT 引物，见图 6-1），引导所有 mRNA 的反转录。此外，根据目的基因序列设计的基因特异性引物，也可以作为反转录引物。

反转录酶（reverse transcriptase，RTase）是一种依赖于 RNA 的 DNA 聚合酶，常用的商品化反转录酶有两种。一种是从表达克隆化的 Moloney 鼠白血病病毒反转录酶基因的大肠杆菌中分离到的 Moloney 鼠白血病病毒（Moloney murine leukemia virus，MMLV）反转录酶，其来源于小鼠白血病病毒，具有较强的延伸能力，能合成分子量较大的 cDNA（>2000bp），但是它的最适反应温度只有 37℃，在此温度下，有些 RNA 中较复杂的二级结构不能被有效打开，致使反转录反应不能进行下去，也就不能得到全长的 cDNA 分子。另一种是纯化禽类成髓细胞瘤病毒得到的禽类成髓细胞瘤病毒（avian myeloblastosis virus，AMV）反转录酶，它的合成能力不如 MMLV 反转录酶，只能合成 2000bp 以下的 cDNA 分子，但是它具有较高的最适反应温度（41~45℃），并且在 55℃

时仍具有较高的反转录酶活性。因此，使用 AMV 反转录酶可以在较高的温度下进行反转录，有利于打开 RNA 中复杂的二级结构，保证 cDNA 分子的完整性。MMLV 反转录酶和 AMV 反转录酶都必须有引物来起始 DNA 的合成。cDNA 合成最常用的引物是与真核细胞 mRNA 分子 3' 端 poly（A）结合的 12~18 个核苷酸长的 Oligo（dT）。

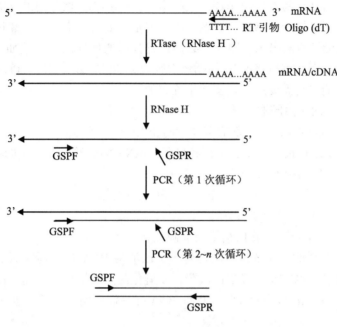

图 6-1 RT-PCR 原理

天然的反转录酶，除了具有依赖于 RNA 的 DNA 聚合酶活性外，还具有依赖于 DNA 的 DNA 聚合酶活性和 RNase H 活性。由于 RNase H 能降解 RNA-DNA 杂合体中的 RNA，因此，在实验时可以选择缺失 RNase H 活性（RNase H⁻）的反转录酶，如"MMLV（RNase H⁻）"，以免降解 RNA-DNA 杂合体中的 RNA 模板，影响 cDNA 的产量。完成反转录过程之后，由于实验中使用了无 RNase H 活性的反转录酶，合成的 cDNA 以RNA-DNA杂合体的形式存在，会对后续的 PCR 扩增效率产生一定的影响，因此，有必要在反转录产物中加入 RNase H，以消除杂合体中的 RNA 链。

4）PCR 及电泳检测

以反转录产物 cDNA 为模板，利用一对基因特异性引物，就可以进行 PCR 扩增。PCR 结束后进行琼脂糖凝胶电泳和 EB 染色，然后根据目的 DNA 条带的有无、强弱，就可以分析出目的基因的转录水平，揭示目的基因的表达在各发育阶段、组织或细胞特异性等方面的特点。这里注意两点：

① 基因特异性引物：由于总 cDNA 序列组成具有复杂性，因而设计一对特异性高的引物，对于提高 PCR 扩增的特异性，减少或避免产生非特异性产物非常重要，为此，一般采用退火温度在 60℃ 以上的引物。设计引物时，还要注意扩增的产物不能太长，最好在200bp 左右。另外，为了避免 DNA 扩增，如果有足够的序列信息，可以考虑在设计引物时，使引物的退火处位于两个外显子的连接处，即采用能跨越两个外显子的引物。

② PCR 的循环数：在理论上，PCR 可以无限制地进行下去，目的 DNA 也可以一直

以指数级的方式增加，但实际上，随着反应循环次数的增加，具有耐高温特性的 *Taq* DNA 聚合酶的活性会逐渐下降，使 PCR 扩增进入平台期，此时，尽管循环次数还在增加，但 PCR 产物的产量已不再增加了。如果 PCR 扩增到了平台期，各样品的 PCR 产物的量就会趋于一致，这样就会将各样品中 mRNA 的丰度差异掩盖，也就不能揭示基因真实的转录水平。另外，随着反应循环次数的增加，*Taq* DNA 聚合酶的反应特异性也会逐渐下降，导致非特异性产物增加，影响结果。但是，如果反应循环次数过少，低丰度的 mRNA 又不一定能被检测出来，因此，必须设置合适的循环次数。假如 PCR 在 30 次循环时进入平台期，那么可以将 PCR 的循环次数设为 28 或 26。当然，PCR 在执行多少次循环时进入平台期也是需要通过预实验来确定的。

3. RT-PCR 的关键问题

① 在 PCR 之前的操作中，都应当注意防止 RNA 的降解；

② 对总 RNA 进行精确定量，保证各样品总 RNA 的起始操作量相同；

③ 消除 RNA 样品中的 DNA 污染；

④ 选择适当的循环次数进行 PCR，避免进入平台期；

⑤ 优化反应条件，避免非特异性 PCR 产物产生；

⑥ 严格设置多个对照，确保结果的准确性和可靠性。

在进行 RT-PCR 时，需要设置阴性对照，以消除 DNA 及试剂方面引起的假阳性结果和非特异性结果；也需要设置阳性对照，以避免假阴性结果；还需要设置 RT-PCR 的内参基因（如 *actin*、*tublin* 等基因），保证 RNA 样品没有问题，并可进一步证实总 RNA 的起始操作量一致。

三、实验材料

1. 生物材料

经过 DNA 的消化、定量并调整浓度的烟草总 RNA（1.2μg/μL）（详见实验十七）。

2. 主要试剂

（1）用于反转录：诺唯赞的反转录试剂盒（HiScript © Ⅱ 1st Strand cDNA Synthesis Kit），组分包括 ddH$_2$O（无 RNA 酶）、2×RT Mix（包含 1mmol/L each dNTP）、HiScript Ⅱ Enzyme Mix（含 RNase 抑制剂）、反转录引物 Oligo d(T)$_{23}$ VN（50mmol/L，无 RNA 酶）和 Random hexamers（50ng/μL）等。HiScript Ⅱ 反转录酶在 37℃ 条件下即可进行高效率的反转录反应，对于复杂二级结构的 RNA，可将反转录温度提高至 50~55℃，其非常适合用于具有复杂二级结构的 RNA 模板的反转录，可有效合成高质量的 cDNA。该产品广泛适用于动物、植物以及微生物 RNA 的反转录反应。

（2）用于合成 cDNA 第二链：cDNA 第二链合成试剂盒（购自 ThermoFisher 公司）等，此步可省略。

（3）用于 PCR 扩增：10×PCR 缓冲液，dNTP，*Taq* DNA 聚合酶（5U/μL），ddH$_2$O，基因特异性引物（GSP）等。引物及其序列如下：

GSPF2：5'- GCGGAGACGAACCAGAGC -3'

GSPR2：5'- CGCATACCCACCGAAAACT -3'

3. 主要仪器

微量移液器，制冰机，超净工作台，离心机，PCR 仪，微波炉，制胶板，水平电泳槽，电泳仪，脱色摇床，凝胶成像分析系统，冰箱，-70℃超低温冰箱等。

四、实验内容

1. 转录反应

注意：步骤（1）～（3）应严格按照 RNA 实验的操作要求进行操作；如果模板为真核生物来源，一般情况下首选 Oligo d(T)$_{23}$ VN 与真核生物 mRNA 的 3'端 poly（A）配对，可获得最高产量的全长 cDNA。此后的步骤均为常规 PCR 操作。

（1）RNA 模板变性

在 0.2mL 离心管（无 RNA 酶）中配制如下混合液：

总 RNA	1pg～5μg
Oligo d(T)$_{23}$ VN	1μL
ddH$_2$O（无 RNA 酶）	补足体积至 8μL

混匀，低速离心收集，65℃加热 5min，冰上骤冷 2min，再次离心收集。

注意：① RNA 模板变性有助于打开二级结构，可在很大程度上提高第一链 cDNA 的产量。
② 可以使用总 RNA 或 mRNA 作为反转录模板。
③ 冰上操作可使 RNA 维持变性状态，下同。

（2）配制第一链 cDNA 合成反应液

上一步的混合液	8μL
2×RT Mix	10μL
HiScript Ⅱ Enzyme Mix	2μL

用移液器轻轻吹打混匀，低速离心收集。

注意：在冰上操作。

（3）第一链 cDNA 合成反应

50℃	45min
85℃	5～10min

注意：① 如果模板具有复杂二级结构或 GC 含量高的区域，将反应温度提高至 55℃可有效打断 RNA 模板中复杂的二级结构，保证 cDNA 分子的完整性，同时有助于提高产量。
② 产物可立即用于 PCR，或在-20℃保存，并在半年内使用；长期存放需分装后在-70℃保存。cDNA 尽量避免反复冻融。
③ 反转录酶的失活温度范围为 70～85℃，具体取决于酶的热稳定性。酶失活通常需要 5～15min，温度越高，所需时间越短。

2. PCR 扩增获得目的片段

（1）配制 PCR 体系，在灭菌的 0.2mL 离心管中依次加入以下成分（总体积为 25μL）：

ddH$_2$O	18.3μL
10×PCR 缓冲液	2.5μL
dNTP	1.0μL
GSPF2	0.5μL
GSPR2	0.5μL
cDNA	2.0μL
Taq（5U/μL）	0.2μL

混匀，低速离心收集（注意事项参见实验五）。

（2）设置 PCR 热循环条件：

94℃，3min

94℃，20s
55℃，40s ｝30 次循环
72℃，60s

72℃，10min

10℃，保持

运行 PCR 热循环。

3. 琼脂糖凝胶电泳检测 PCR 产物

吸取 5μL PCR 产物，加入 6×DNA 上样缓冲液 1μL，混匀，用 1.2%琼脂糖凝胶进行电泳，100~120V，40~60min。EB 染色，用凝胶成像分析系统照相。

五、注意事项

（1）反转录 PCR 实质上与常规 PCR 方法类似，只是模板为 RNA 通过反转录而得到的 cDNA。

（2）由于组织或细胞中不是所有的基因都表达，因此在获得目的基因用于基因工程的表达时，在扩增特定的基因前，需提前做预实验确定所选用的材料中含有所需扩增的基因模板，否则实验将会失败。

（3）反转录 PCR 扩增过程中，模板量及所抽提的 RNA 质量极其重要。抽提的 RNA 质量如果不好，将会影响反转录合成 cDNA 的数量和长度。在提取 RNA 之后，需通过琼脂糖凝胶电泳来确定抽提的 mRNA 质量。

六、思考题

（1）RT-PCR 和普通 PCR 扩增的模板分别是什么？有什么区别？

（2）常用的反转录酶有哪些？其特点是什么？

| 实验七 | 目的基因的回收与纯化 | ▼ |

一、实验目的

(1) 掌握利用试剂盒法从琼脂糖凝胶中回收目的基因的方法；
(2) 掌握利用反复冻融法从琼脂糖凝胶中回收目的基因的方法；
(3) 掌握利用试剂盒法从 PCR 产物中回收目的基因的方法；
(4) 掌握利用乙醇沉淀法从 PCR 产物中回收目的基因的方法。

二、实验原理

1. 从琼脂糖凝胶中回收目的基因

PCR 扩增目的基因后，可以直接对其进行限制性酶切、连接等操作，但是由于 PCR 体系中 pH 值、残存离子等因素的影响，酶切或连接的效率往往不高，达不到理想的效果。对此，我们应当考虑对目的基因进行回收和纯化处理，主要采用两种方案：一种方案是对 PCR 产物进行琼脂糖凝胶电泳，然后从琼脂糖凝胶中回收和纯化目的基因；另一种方案是直接从 PCR 产物中纯化目的基因。

如果进行琼脂糖凝胶电泳后分析发现，PCR 产物中除了目的基因的条带之外，还存在非特异性扩增产物的条带，并且两者在电泳时能够彼此分离，那么可以考虑从琼脂糖凝胶中回收目的基因。通常的做法是，在紫外灯下把含有目的基因条带的凝胶块切割下来（见图 7-1），然后采用商品化的"琼脂糖凝胶回收试剂盒"进行回收，或者采用成本低廉的反复冻融法进行回收。

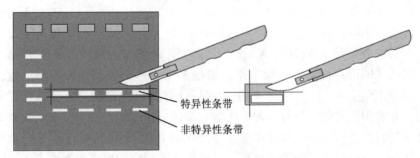

特异性条带

非特异性条带

图 7-1　切割凝胶中的目的基因条带

1) 试剂盒法

许多生物技术公司都推出"琼脂糖凝胶回收试剂盒"，试剂盒中主要包括溶胶液、DNA 吸附柱（见图 2-6）、清洗液等。溶胶液一般是 NaI 等高盐溶液，能在加热条件下溶解琼脂糖凝胶，使目的 DNA 从凝胶中释放出来，然后在酸性条件下，经高速离心，将目的 DNA 结合在吸附柱中的硅胶膜上，再用含 70% 左右乙醇的清洗液去除杂质，最后用无菌水或 TE 溶液（pH8.0）将纯的目的 DNA 从硅胶膜上洗脱下来。

2）反复冻融法

反复冻融法不需要购买相关试剂盒，也不需要使用溶解琼脂糖凝胶的试剂，它主要是采用"低温冰冻—室温融化"的方法对含有目的 DNA 的凝胶进行反复处理，也即进行反复冻融处理，破坏琼脂糖凝胶的结构，再进行高速离心，使 DNA 溶液与凝胶颗粒分离，最后采用乙醇沉淀的方法，将目的 DNA 从含有多种杂离子的溶液中纯化出来。该方法的关键是借助微孔滤膜将 DNA 溶液与凝胶颗粒分开。具体方法如下：将一张直径 25mm、孔径 0.22μm 的微孔滤膜对折两次，展开成漏斗状后放入一个 0.5mL 离心管中，用注射器针头在 0.5mL 离心管底部戳一个小孔，并把这个 0.5mL 离心管放入一个 1.5mL 离心管中，然后把反复冻融后的凝胶块放到微孔滤膜上，经过高速离心，凝胶颗粒被滤膜截留，而 DNA 溶液则被收集在 1.5mL 离心管中（见图 7-2）。

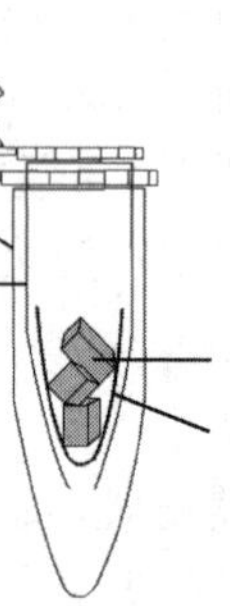

1.5mL 离心管
0.5mL 离心管（底部戳小孔）
经反复冻融的凝胶块
微孔滤膜

图 7-2 反复冻融法示意图

从琼脂糖凝胶中回收 DNA 的方法，不仅可用于 PCR 产物中目的基因片段的纯化，也可用于限制性内切酶消化后的载体片段或目的基因片段的纯化。例如，对酶切后的载体进行碱性磷酸酶处理时，为了不影响碱性磷酸酶的处理效率，通常需要对载体片段进行纯化。又如，把一个基因从某个载体转移到另一个载体上时，往往先对原来的载体进行酶切，经琼脂糖凝胶电泳分离后，将这个基因从凝胶中回收，然后再把它连接到另一个载体上。

在琼脂糖凝胶电泳后，能不能跳过"从琼脂糖凝胶中回收 DNA"这个步骤而直接对凝胶中的 DNA 进行 DNA 重组操作呢？实际上有这样的方法，但是要采用一种特殊的琼脂糖，即低熔点琼脂糖（low melting point agarose，agarose LMP）。低熔点琼脂糖是由琼脂糖经过化学修饰得到的衍生物，熔点为 62~65℃，融化后可以在 37℃下持续几小时保持液体状态，也可以在 16℃下维持一段时间。因此，用低熔点琼脂糖凝胶进行电泳后，将含有目的 DNA 的凝胶块切割下来，不需要进一步破碎凝胶并回收 DNA，只要稍微加热使之融化即可直接用于后续操作，如在 37℃下进行限制性内切酶消化，然后还能在 16℃下进行连接反应，连接产物经加热融化并适当冷却后，还可以直接用于转化大肠杆菌，筛选阳性克隆。虽然这种方法具有简便快速的特点，但是在低熔点琼脂糖存在的条件下进行的连接反应，其效率要比用纯化的 DNA 片段连接低 1~2 个数量级，且低熔点琼脂糖的价格要比琼脂糖昂贵得多。另外，不同公司生产的低熔点琼脂糖有所差异，使用时应查阅使用说明书。因此，在常规的基因操作中，一般利用普通的琼脂糖凝胶进行电泳，然后再用琼脂糖凝胶回收试剂盒回收目的 DNA。

2. 从 PCR 产物中回收目的基因

从琼脂糖凝胶中回收目的 DNA 的方法，适用于反应体系中有一个或多个 DNA 片段的情况。如果 PCR 扩增的特异性很高，只有目的 DNA 被扩增出来，这时没必要经电泳后再从凝胶中回收 DNA，可以直接从 PCR 产物中回收目的 DNA。直接回收 PCR 产物的方法有两种，一种是采用商品化的"PCR 产物回收试剂盒"，另一种是采用简单的乙醇沉淀法。

1）试剂盒法

"PCR 产物回收试剂盒"主要包括结合液、DNA 吸附柱、清洗液等。将结合液按一定比例添加到 PCR 产物中，可提供高盐、低 pH 值环境，使目的 DNA 结合到吸附柱中的硅胶膜上，后续的操作与"琼脂糖凝胶回收试剂盒"提供的方法类似，即用清洗液清洗，去除杂质后，再将无菌水或 TE 溶液（pH8.0）作为洗脱液，将目的 DNA 从硅胶膜上洗脱下来。

2）乙醇沉淀法

乙醇沉淀法，就是在 PCR 产物中加入高浓度的盐类物质，通常为 PCR 产物 1/10 体积的 3mol/L NaAc（pH5.2），同时加入 PCR 产物 2 倍体积的预冷的无水乙醇，NaAc 提供高浓度的 Na^+，可中和 DNA 所带的负电荷，减少 DNA 分子之间的静电排斥，使 DNA 在无水乙醇存在的条件下容易聚合沉淀，通过高速离心即可得到目的基因的沉淀物，然后用 70% 乙醇清洗去除各种杂离子。为了避免蛋白质（包括酶）杂质对后续操作的影响，在乙醇沉淀之前，还可以引入酚：氯仿：异戊醇（25：24：1）或氯仿：异戊醇（24：1）抽提步骤，以去除反应体系中的杂蛋白。采用乙醇沉淀法纯化目的 DNA，简单方便，成本低廉，不需要购买相关试剂盒。

采用 PCR 产物回收试剂盒法和乙醇沉淀法，不仅可以纯化 PCR 产物，还可以纯化酶切产物、经 Klenow 酶补平的双链 DNA 产物、第一链 cDNA 合成产物等，以去除上游反应体系中的杂蛋白、杂离子等，从而提高下游操作的效率。

三、实验材料

1. 生物材料

实验五获得的 PCR 产物。

2. 主要试剂

（1）用于琼脂糖凝胶电泳：琼脂糖，1×TAE 电泳缓冲液，6×DNA 上样缓冲液，EB 储存液（10mg/mL）等。

（2）用于从琼脂糖凝胶中回收目的基因：SanPrep 柱式 DNA 胶回收试剂盒（上海生工），微孔滤膜（直径 25mm、孔径 0.22μm），3mol/L NaAc（pH5.2），无水乙醇，70% 乙醇，无菌水或 TE 溶液（pH8.0）等。

（3）用于从 PCR 产物中回收目的基因：SanPrep 柱式 PCR 产物纯化试剂盒（上海生工）等。

3. 主要仪器

微量移液器，高速离心机，冰箱，–70℃ 超低温冰箱，水平电泳槽，电泳仪，脱色摇床，紫外分光光度计，凝胶成像分析系统等。

四、实验内容

1. 试剂盒法从琼脂糖凝胶中回收目的基因（方案一）

> **注意：** 该方法使用 SanPrep 柱式 DNA 胶回收试剂盒，从琼脂糖凝胶中回收目的 DNA 片段。

（1）用 5mm 宽的梳子制备 1.2% 琼脂糖凝胶，将 40μL PCR 产物与适量 6×DNA 上样缓冲液混匀后，点样于多个加样孔中，100~120V 电泳 40~60min，EB 染色。

> **注意：** 如果 PCR 片段较小，可以通过提高琼脂糖凝胶的浓度、增加凝胶长度、延长电泳时间等方法，尽量使目的 DNA 片段与其他 DNA 片段分开。

（2）用电子天平对一个空的无菌的 1.5mL 离心管进行称重，用干净的解剖刀割下含目的 DNA 片段的琼脂糖凝胶块，放入 1.5mL 离心管后，再次称重，计算凝胶块的质量。

> **注意：** ① 切割凝胶时尽量减少紫外线照射，以免 DNA 片段被破坏。
> ② 尽量减小凝胶体积，以提高 DNA 片段的回收效率。

（3）按每 100mg 凝胶加入 400μL Binding B2（结合液Ⅱ，即溶胶液）的比例计算，加入适量 Binding B2，在 50℃ 加热块上放置 5~10min，其间轻轻颠倒离心管数次，使凝胶完全溶解。

> **注意：** ① 凝胶不足 100mg 时，加入适量蒸馏水，使凝胶达到 100mg。
> ② 颠倒离心管有利于凝胶完全溶解，有利于 DNA 片段的回收。

（4）将 DNA 吸附柱放入样品收集管中，用微量移液器将溶解的凝胶全部转移到吸附柱中，室温放置 2min，10000r/min 离心 1min。

> **注意：** ① 当目的 DNA 片段 <500bp 时，应在步骤（3）得到的凝胶溶解液中加入 Binding B2 1/3 体积的异丙醇，混匀后再转移到吸附柱中。
> ② 在室温下放置数分钟可使硅胶膜充分润湿，提高结合 DNA 的效率。

（5）取下吸附柱，倒掉收集管中的废液，将吸附柱放入同一个收集管中，加入 500μL Washing Solution（清洗液），10000r/min 离心 1min。

> **注意：** 首次使用 Washing Solution 时，应按产品说明书加入适量的无水乙醇，以后不用再加。

（6）取下吸附柱，倒掉收集管中的废液，将吸附柱放入同一个收集管中，加入 500μL Washing Solution（清洗液），10000r/min 离心 1min。

> **注意：** 重复步骤（5），可进一步去除杂离子，提高目的 DNA 的纯度。

（7）取下吸附柱，倒掉收集管中的废液，将吸附柱放入同一个收集管中，12000r/min 离心 1min，去除少量残余液体。

> **注意：** 去除残留的液体，以免影响 DNA 片段的溶解。

（8）将吸附柱转入无菌的 1.5mL 离心管中，在 60℃加热块上静置 1min。

> **注意：** 去除残留的乙醇，以免影响 DNA 片段的溶解。

（9）在吸附柱的膜中央加入 40μL 经预热的 Elution Buffer（洗脱液），室温静置 1~2min，12000r/min 离心 1min，收集回收的 DNA 溶液。

> **注意：** ① 可使用微碱性（pH>7）的无菌水或 TE 溶液（pH8.0）作为洗脱液，替代 Elution Buffer。
> ② 使用预热至 50℃的洗脱液，可促进 DNA 的溶解。
> ③ 加入洗脱液时，必须加到硅胶膜中央，否则无法有效溶解 DNA。
> ④ 加入洗脱液时，不能使枪头戳到硅胶膜，以免破坏膜而影响 DNA 的回收。
> ⑤ 加入洗脱液后，将离心管静置于 60℃加热块上，可提高 DNA 的洗脱效率。

（10）分别取 5μL 纯化的目的基因和未纯化的 PCR 产物，与 1μL 6×DNA 上样缓冲液混匀，用 1.2%琼脂糖凝胶进行电泳，经凝胶成像分析系统照相后，借助 BandScan 软件分析目的基因的回收率。

> **注意：** BandScan 软件的使用方法可参见附录Ⅳ。

（11）将剩余的 DNA 溶液保存于-20℃冰箱中，备用。

2. 反复冻融法从琼脂糖凝胶中回收目的基因（方案二）

（1）用 5mm 宽的梳子制备 1.2%琼脂糖凝胶，将 40μL PCR 产物与适量 6×DNA 上样缓冲液混匀后，点样于多个加样孔中，100~120V 电泳 40~60min，EB 染色。

> **注意：** 可以通过提高琼脂糖凝胶的浓度、增加凝胶长度、延长电泳时间等方法，尽量将目的 DNA 片段与其他 DNA 片段分开。

（2）用干净的解剖刀割下含目的 DNA 片段的琼脂糖凝胶块，放入 1.5mL 离心管，在-20℃或-70℃超低温冰箱中放置 10~15min，冷冻凝胶块。

> **注意：** ① 切割凝胶时尽量减少紫外线照射，以免 DNA 片段被破坏。
> ② 尽量减小凝胶体积，以提高 DNA 片段的回收效率。

（3）取出装有冷冻凝胶块的离心管，室温下化冻。

（4）重复步骤（2）和（3），使凝胶反复冻融 3~5 次。

> **注意：** 反复冻融有助于破坏琼脂糖凝胶的结构，使 DNA 释放到溶液中。

（5）用注射器针头在一个无菌的 0.5mL 离心管底部戳一个小孔后，将这个 0.5mL 离心管放入一个无菌的 1.5mL 离心管中，然后将一张直径 25mm、孔径 0.22μm 的微孔滤膜对折两次，展开成漏斗状后放入 0.5mL 离心管中。

注意: ① 戳孔的 0.5mL 离心管充当离心管, 1.5mL 离心管充当收集管。

② 圆形滤膜的对折方式与漏斗过滤时滤纸的对折方式相同, 滤膜可截留颗粒物。

(6) 将反复冻融后的凝胶块转移到 0.5mL 离心管中的滤膜上, 10000r/min 离心 1min, 弃 0.5mL 离心管。

注意: ① 滤膜可截留琼脂糖凝胶颗粒。

② 经高速离心后, 在 1.5mL 离心管中收集到的溶液即含有目的 DNA, 但浓度较低, 且含有多种杂离子, 需用乙醇沉淀法进一步纯化。

(7) 计算用微量移液器吸取到的 DNA 溶液的体积, 补加适量无菌水, 将溶液的总体积调至 200μL, 加入 20μL 3mol/L NaAc (pH5.2)、400μL 预冷的无水乙醇, 轻轻颠倒混匀, 在 -20℃ 冰箱中放置 20~30min。

注意: ① 添加 NaAc 可在溶液中形成高盐环境, 这是乙醇沉淀 DNA 所必需的条件。

② 低温放置可提高 DNA 的沉淀效率。

(8) 13000r/min 离心 10min, 小心吸去上清液, 加入 400μL 70% 乙醇, 轻轻颠倒混匀, 13000r/min 离心 5min, 小心去尽上清液。

注意: ① 用微量移液器小心吸去上清液, 避免吸去 DNA 沉淀物。

② 70% 乙醇可去除杂离子, 提高后续的酶切效率。

(9) 在 50℃ 加热块上干燥 5~10min, 加入 40μL 无菌水或 TE 溶液 (pH8.0) 溶解 DNA。

(10) 分别取 5μL 纯化的目的基因和未纯化的 PCR 产物, 与 1μL 6×DNA 上样缓冲液混匀, 用 1.2% 琼脂糖凝胶进行电泳, 经凝胶成像分析系统照相后, 借助 BandScan 软件分析目的基因的回收率。

注意: BandScan 软件的使用方法可参见附录Ⅳ。

(11) 将剩余的 DNA 溶液保存于 -20℃ 冰箱中, 备用。

3. 试剂盒法从 PCR 产物中回收目的基因 (方案三)

注意: 该方法使用 SanPrep 柱式 PCR 产物纯化试剂盒, 从 PCR 产物中直接回收目的 DNA 片段。

(1) 将 40μL PCR 产物转入一个无菌的 1.5mL 离心管中, 加入其 5 倍体积的 Binding B3 (结合液Ⅲ), 混匀。

注意: 首次使用 Binding B3 时, 应按产品说明书加入适量异丙醇, 以后不用再加。

（2）将 DNA 吸附柱放入样品收集管中，用微量移液器将上述混合液全部转移到吸附柱中，室温放置 2min，10000r/min 离心 1min。

注意：在室温下放置数分钟可使硅胶膜充分润湿，提高结合 DNA 的效率。

（3）取下吸附柱，倒掉收集管中的废液，将吸附柱放入同一个收集管中，加入 500μL Washing Solution（清洗液），10000r/min 离心 1min。

注意：首次使用 Washing Solution 时，应按产品说明书加入适量无水乙醇，以后不用再加。

（4）取下吸附柱，倒掉收集管中的废液，将吸附柱放入同一个收集管中，加入 500μL Washing Solution（清洗液），10000r/min 离心 1min。

注意：重复步骤（3），可进一步去除杂离子，提高目的 DNA 的纯度。

（5）取下吸附柱，倒掉收集管中的废液，将吸附柱放入同一个收集管中，12000r/min 离心 1min，去除少量残余液体。

注意：去除残留的液体，以免影响 DNA 片段的溶解。

（6）将吸附柱转入无菌的 1.5mL 离心管中，在 60℃加热块上静置 1min。

注意：去除残留的乙醇，以免影响 DNA 片段的溶解。

（7）在吸附柱的膜中央加入 40μL 经预热的 Elution Buffer（洗脱液），室温静置 2min，12000r/min 离心 1min，收集回收的 DNA 溶液。

注意：① 可使用微碱性（pH>7.0）的无菌水或 TE 溶液（pH8.0）作为洗脱液，替代 Elution Buffer。
② 使用预热至 60℃的洗脱液，可促进 DNA 的溶解。
③ 加入洗脱液时，必须加到硅胶膜中央，否则无法有效溶解 DNA。
④ 加入洗脱液时，不能使枪头戳到硅胶膜，以免破坏膜而影响 DNA 的回收。
⑤ 加入洗脱液后，将离心管静置于 60℃加热块上，可提高 DNA 的洗脱效率。

（8）分别取 5μL 纯化的目的基因和未纯化的 PCR 产物，与 1μL 6×DNA 上样缓冲液混匀，用 1.2%琼脂糖凝胶进行电泳，经凝胶成像分析系统照相后，借助 BandScan 软件分析目的基因的回收效率。

注意：BandScan 软件的使用方法可参见附录Ⅳ。

（9）将剩余的 DNA 溶液保存于-20℃冰箱中，备用。

4. 乙醇沉淀法从 PCR 产物中回收目的基因（方案四）

（1）将 40μL PCR 产物转入一个无菌的 1.5mL 离心管中，补加适量无菌水，将溶液的总体积调至 200μL。

（2）加入 20μL 3mol/L NaAc（pH5.2）、400μL 预冷的无水乙醇，轻轻颠倒混匀，在 -20℃ 冰箱中放置 20~30min。

注意： ① 添加 NaAc 可在溶液中形成高盐环境，这是乙醇沉淀 DNA 所必需的条件。
② 低温放置可提高 DNA 的沉淀效率。

（3）13000r/min 离心 10min，小心吸去上清液，加入 400μL 70% 乙醇，轻轻颠倒混匀，13000r/min 离心 5min，小心去尽上清液。

注意： ① 用微量移液器小心吸去上清液，避免吸去 DNA 沉淀物。
② 70% 乙醇可去除杂离子，提高后续的酶切效率。

（4）在 60℃ 加热块上干燥 5~10min，加入 40μL 无菌水或 TE 溶液（pH8.0）溶解 DNA。

（5）分别取 5μL 纯化的目的基因和未纯化的 PCR 产物，与 1μL 6×DNA 上样缓冲液混匀，用 1.2% 琼脂糖凝胶进行电泳，经凝胶成像分析系统照相后，借助 BandScan 软件分析目的基因的回收率。

注意： BandScan 软件的使用方法可参见附录Ⅳ。

（6）将剩余的 DNA 溶液保存于 -20℃ 冰箱中，备用。

五、思考题

（1）从琼脂糖凝胶中切割 DNA 条带时应注意哪些问题？

（2）从琼脂糖凝胶中回收目的基因的方法有哪些？其原理各是什么？

（3）从 PCR 产物中直接回收目的基因的方法有哪些？其原理各是什么？

（4）在某次实验中，PCR 产物的特异性较高，但又存在很少的非特异性产物，并且该产物与目标产物（目的基因）的片段大小很接近，在进行琼脂糖凝胶电泳时很难将它们分开，请设计获得纯化的目的基因的方案。

第三部分

DNA 的酶切与载体的构建

实验八　目的基因与质粒 DNA 的酶切分析

一、实验目的

（1）掌握限制性内切酶的基本特性；

（2）掌握限制性内切酶消化 DNA 的方法；

（3）掌握 DNA 定量及计算 DNA 分子摩尔数的方法；

（4）掌握碱性磷酸酶防止载体自身环化的方法。

二、实验原理

1. 限制性内切酶

1）限制性内切酶及其命名

细菌体内存在着一套"限制–修饰"系统（R–M 系统），既能利用限制性内切酶来消化外来的遗传物质，防止受到噬菌体的侵染，又能通过甲基化酶的甲基化作用来修饰自身的遗传物质，使限制性内切酶无法对它进行切割，这样细菌自身的遗传物质就受到了保护。

限制修饰系统中的限制性内切酶（restriction enzyme，restriction endonuclease）是一类核酸内切酶，它能够特异性识别某种核苷酸序列，并对该序列进行特异性切割（绝大多数情况）或非特异性切割。目前已经发现了 4000 多种限制性内切酶，可识别 250 多种特异性序列，其中数百种限制性内切酶已得到开发和应用。美国的 NEB（New England Biolabs）是全球最知名的限制性内切酶供应商，可供应 240 多种内切酶，其中 180 多种是利用基因工程方法生产的重组酶。限制性内切酶是基因操作中最重要的工具酶之一，它相当于一把功能强大的分子剪刀，使目的基因在随后的操作中连接到载体上并形成重组质粒成为可能。

面对种类繁多的限制性内切酶，科学工作者建立了一套标准的命名法则：

酶来源细菌的属名首字母（拉丁文，斜体）+种名前两个字母（拉丁文，斜体）+
菌株的株系+发现的次序（罗马数字）

以 *Eco*R I 为例介绍限制性内切酶的命名原则与书写规则。*Eco*R I 发现于大肠杆菌（*Escherichia coli*）Ry13 菌株，"*E*"来自属名 *Escherichia* 的第一个字母，"*co*"来自种名 *coli* 的前两个字母，"R"来自菌株名 Ry13，"I"表示在该菌株中发现的第一种限制性内切酶。前三个字母用斜体，因为细菌属名和种名的拉丁文是斜体的，并且第一个字母大写，第二和第三个字母小写。如果种名的前两个字母相同，可用种名的第一和第三个字母表示。如果在这种菌株中首先发现一种限制性内切酶，则在名字的后面加罗马数字 I。如果多于一种，则按照发现顺序分别加上 II 或 III 等。因此，根据上述标准的命名法则，这种限制性内切酶被命名为 *Eco*R I（见图 8-1）。

图 8-1　限制性内切酶的命名原则与书写规则

2）II 型限制性内切酶

限制性内切酶主要分为三大类：I 型、II 型和 III 型，其中 93% 以上的限制性内切酶属于 II 型。在基因操作中，也主要利用 II 型限制性内切酶，因此，通常所说的限制性内切酶就是指 II 型限制性内切酶。I 型和 III 型限制性内切酶为双功能酶，而 II 型限制性内切酶与甲基化酶是分开的，不能结合成异源二聚体或异源多聚体，因此，II 型限制性内切酶仅能执行识别和切割功能，其核酸内切酶以镁离子（Mg^{2+}）为辅助因子。

II 型限制性内切酶能够特异性地识别具有 180° 旋转对称的回文序列（palindromic sequence）（IIs 型除外，这类 II 型限制性内切酶识别不对称的序列，并以一定的距离切割这些序列）。所谓"回文序列"，指在 DNA 双链中，DNA 的一条链从左至右读与另一条链从右至左读的碱基顺序一样，即两条链分别从 5' 往 3' 读和从 3' 往 5' 读，碱基序列完全一样（见图 8-2）。

Pst I 酶切位点

5'......CTGCAG......3'　旋转180°　5'......CTGCAG......3'
3'......GACGTC......5'　→　3'......GACGTC......5'

_Eco_R I 酶切位点

5'......GAATTC......3'　旋转180°　5'......GAATTC......3'
3'......CTTAAG......5'　→　3'......CTTAAG......5'

图 8-2　II 型限制性内切酶识别回文序列

II 型限制性内切酶不但能够特异性地识别回文序列（IIs 型除外），还能在回文序列内部或附近进行特异性的切割，使 DNA 片段产生两种末端：即平末端（blunt end）和黏性末端（sticky end）。由于黏性末端之间的连接效率远高于平末端之间的连接效率，在实验中一般优先考虑能够产生黏性末端的限制性内切酶。

实际上，黏性末端又可以分为两种：5'-突出（5'-overhang）的黏性末端和 3'-突出（3'-overhang）的黏性末端。比如，在利用 Klenow 酶作 DNA 末端标记的时候，应选择产生 5'-突出的黏性末端的限制性内切酶。常用的限制性内切酶的识别序列及切割方式等信息见表 8-1。

表 8-1　常用限制性内切酶

限制性内切酶	识别序列及切割位点	切割产生的两个末端	末端形式
EcoR I	--GAATTC-- --CTTAAG--	--G　　　AATTC-- --CTTAA　　　G--	黏性末端 （5'-突出）
Sac I	--GAGCTC-- --CTCGAG--	--GAGCT　　　C-- --C　　　TCGAG--	黏性末端 （3'-突出）
Kpn I	--GGTACC-- --CCATGG--	--GGTAC　　　C-- --C　　　CATGG--	黏性末端 （3'-突出）
Sma I	--CTGCAG-- --GACGTC--	--CTG　　　CAG-- --GAC　　　GTC--	平末端
BamH I	--GGATCC-- --CCTAGG--	--G　　　GATCC-- --CCTAG　　　G--	黏性末端 （5'-突出）
Xba I	--TCTAGA-- --AGATCT--	--T　　　CTAGA-- --AGATC　　　T--	黏性末端 （5'-突出）
Sal I	--GTCGAC-- --CAGCTG--	--G　　　TCGAC-- --CAGCT　　　G--	黏性末端 （5'-突出）
Pst I	--CTGCAG-- --GACGTC--	--CTGCA　　　G-- --G　　　ACGTC--	黏性末端 （3'-突出）
Sph I	--GCATGC-- --CGTACG--	--GCATG　　　C-- --C　　　GTACG--	黏性末端 （3'-突出）
Hind III	--AAGCTT-- --TTCGAA--	--A　　　AGCTT-- --TTCGA　　　A--	黏性末端 （5'-突出）

3）酶切反应

购买的限制性内切酶产品通常保存在−20℃冰箱中，使用时必须在冰上操作，以免酶失活。酶切反应在一定的温度下进行，大多数为37℃。实际上有不少限制性内切酶的最适反应温度不是37℃，例如，Sma I 的最适反应温度为25℃，Bcl I 的最适反应温度为50℃，Bsm I 的最适反应温度为65℃。对于初学者，在实验之前一定要参考所购买产品的说明书。酶切反应还需要一定的溶液环境，例如，需要一定的缓冲成分来维持比较恒定的 pH 值，需要一定的金属离子（主要是 Mg^{2+}）作为限制性内切酶的辅助因子，还需要一定强度的离子（如 Na^+、K^+）作为酶的激活剂。由于购买的商品化限制性内切酶的产品中已经附带了经过优化的酶切反应缓冲体系，通常叫作"缓冲液"（buffer），因此实验者只要根据产品说明书按比例稀释，加到反应体系中即可。需要指出的是，不同公司的产品有所不同，使用时应参照使用说明书进行。

在实现基因定向克隆的时候，往往需要对目的基因和载体进行双酶切处理，即使用两种不同的限制性内切酶在同一个反应体系中同时切割 DNA，形成两种不同的末端，此时需要查找商业公司的产品目录，查看两种酶的作用环境是否存在差异。如果没有差异，可以直接使用同一种缓冲液。如果存在差异，就必须折中处理，通常使用比较昂贵的限制性内切酶所需的缓冲液，同时适当加大便宜的酶的用量；或者先用一种限制性内切酶在其缓冲液中进行酶切，回收和纯化酶切产物；然后更换另一种缓冲液，再用第二种酶进行切割，只不过这样操作比较烦琐。

质粒 DNA 往往具有多克隆位点（MCS），是指载体上含有的一段人工合成的 DNA 片段，其上含有多个单一的限制性内切酶的酶切位点，是外源 DNA 的插入部位，如 pUC18 的多克隆位点（见图2-5）。这样切割目的基因时，可供选择的限制性内切酶更多，选择范围更大，有利于外源 DNA 片段的插入。而 PCR 产物的酶切位点，通常是在设计引物时添加在两条引物的 5' 端，这样扩增得到的目的基因两侧就会带有某种限制性内切酶的酶切位点（见图5-2）。

酶切反应完成之后，往往需要作进一步处理，以免残留的限制性内切酶及离子等影响随后的反应。比如，采用加热的方法灭活限制性内切酶（具体的灭活温度和灭活时间需查阅产品说明书）。另外，也可以利用苯酚抽提，再用乙醇沉淀法，将酶切后的 DNA 从反应体系中分离纯化出来，这样既能灭活体系中的限制性内切酶，又能去除酶切反应体系中的各种离子，以免影响后续反应的效率，如黏性末端的补平效率、加尾效率等。加热灭活法比较便捷，可以在后续反应要求不高时采用；苯酚抽提法比较烦琐，应尽量避免采用。但是，当原有的酶切体系确实会对后续操作产生比较严重的不利影响时，最好采用苯酚抽提法对酶切后的 DNA 进行纯化。

2. 连接效率与重组率问题

由于连接效率与重组率问题涉及连接和转化，因此在限制性内切酶切割目的基因和载体之前，应当考虑到这些问题，只有这样才能更好地设计实验的细节，获得最佳的实验结果。

经过限制性内切酶切割的载体，在与目的 DNA 片段连接时容易发生自身环化，即重新形成原来的空载体，这样就会使重组质粒的阳性率降低，即重组率低，导致筛选工作量增大，甚至无法产生足够的阳性克隆以满足实验要求，如构建 cDNA 文库或基因组文库尤其要有很高的重组率。对此，可以通过调整目的基因与载体分子之间的比例，达到最佳的连接效率，从而提高重组率。一般来说，目的基因与载体分子的摩尔数比值在 5∶1~10∶1 之间时，连接效率最高。因此，为了达到最佳的连接效率，在对目的基因和载体分子进行限制性内切酶消化之前，需对两者进行定量分析。采用紫外分光光度法可以得到两者的质量浓度（常以 μg/μL 表示），再根据各自的分子量大小，计算出两者的摩尔浓度（常以 pmol/μL 表示）（见附录Ⅱ）。在 DNA 定量的基础上进行酶切，连接时可以控制目的基因与载体分子的摩尔数比值，使之介于 5∶1~10∶1 之间，这样就可以得到理想的连接效率，保证转化相应的受体菌（通常为大肠杆菌）后得到较高的重组率。

采用碱性磷酸酶处理的方法，可以有效地避免载体的自身环化，从而提高重组率。碱性磷酸酶（alkaline phosphatase）是一种常用的修饰酶（modification enzyme），它可以使 DNA 的 5' 端产生去磷酸化效应，即使磷酸基团转变为羟基。当使用碱性磷酸酶处理经限制性内切酶消化的载体时，载体双链 DNA 的两个 5' 端就不再是正常的磷酸基团，而是羟基，这样，载体的四个末端均为羟基，自身无法形成磷酸二酯键，也就有效防止了载体的自身环化（见图 8-3）。值得注意的是，经过碱性磷酸酶处理的载体与目的基因连接时，在载体与目的基因之间只能形成两个磷酸二酯键，另外还有四个游离的羟基，这意味着形成的重组质粒不是闭环的质粒，而是开环的质粒。这种开环质粒转化大肠杆菌后，在一定程度上可由宿主系统修复为正常的闭环质粒，但仍有一部分开环质粒在宿主细胞中会被降解。因此，通过碱性磷酸酶处理，尽管可以提高重组率，但转化率会有所下降。

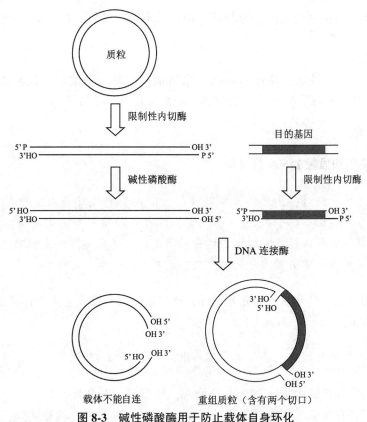

图 8-3　碱性磷酸酶用于防止载体自身环化

在进行常规的基因克隆实验时，如果对重组率没有太高的要求，一般不需要用碱性磷酸酶来防止载体自身环化。考虑更多的是调整目的基因与载体分子的摩尔数比值，从而提高连接效率和重组率，并借助后续的筛选工作获得阳性克隆。

对载体进行限制性内切酶消化后，还要考虑酶切是否完全，因为未经酶切的载体转化大肠杆菌后产生的必然是非重组子，不含有目的基因。因此，为了提高重组率，应对载体的酶切产物进行琼脂糖凝胶电泳，分析载体是否被完全切开。对质粒进行酶切后，质粒DNA就会由超螺旋分子转变为线状分子，与未经酶切的质粒（以超螺旋构型为主）相比，其迁移速率会减慢。因此，如果在泳道中只能看到线状质粒的DNA条带，那么说明载体已经被完全酶切；如果在泳道中能同时看到超螺旋质粒和线状质粒的DNA条带，那么说明酶切不完全，应延长酶切反应时间或增加酶量，以确保质粒被完全切开。

三、实验材料

1. 生物材料

人工质粒pUC18 DNA（实验二），PCR产物（实验五），纯化的目的基因（实验七）。

2. 主要试剂

（1）用于限制性内切酶酶切反应：10×H缓冲液，*Eco*R I（15U/μL），无菌水等。

（2）用于线性化载体DNA的去磷酸化与纯化：10×BAP缓冲液，BAP（bacterial alkaline phosphatase，0.5U/μL），3mol/L NaAc（pH5.2），无水乙醇，70%乙醇，无菌水或TE溶液（pH8.0）等。

（3）用于琼脂糖凝胶电泳：琼脂糖，1×TAE电泳缓冲液，6×DNA上样缓冲液，EB储存液（10mg/mL）等。

3. 主要仪器

微量移液器，制冰机，高速离心机，水浴锅，冰箱，微波炉，制胶板，水平电泳槽，电泳仪，脱色摇床，紫外分光光度计，凝胶成像分析系统等。

四、实验内容

1. 目的基因和质粒DNA的定量

> **注意：** 建立连接反应时，优化外源基因（目的基因）与载体分子的摩尔数比值，使之在5∶1~10∶1之间，可保证在后续实验中获得较高的重组率。因此，在对目的基因和载体进行限制性内切酶消化之前，就应对两者进行定量分析。DNA的定量分析，常用紫外分光光度法，具体方法可参见实验二。

（1）提前30min打开紫外分光光度计，使仪器完成自检，进入工作状态，将检测波长设定为260nm。

> **注意：** 在紫外光区检测时，必须使用石英比色皿。

（2）在石英比色皿中加入200μL蒸馏水，校零后，吸去蒸馏水。

（3）适当稀释实验二中得到的质粒pUC18 DNA，取200μL稀释液到石英比色皿中，

记录 OD_{260} 值，计算 pUC18 DNA 的浓度。

（4）适当稀释实验五中得到的 PCR 产物，取 200μL 稀释液到石英比色皿中，记录 OD_{260} 值，计算 PCR 产物中目的基因的浓度。或适当稀释实验七中得到的经纯化的 PCR 产物，取 200μL 稀释液到石英比色皿中，记录 OD_{260} 值，计算纯化后目的基因的浓度。

2. 目的基因的酶切

（1）在灭菌的 1.5mL 离心管中依次加入以下成分（总体积为 10μL）：

ddH_2O	YμL
10×H 缓冲液	1μL
目的基因	XμL
EcoR Ⅰ（15U/μL）	1μL

> **注意：**① 目的基因（target gene）可以是高特异性的 PCR 产物，也可以是经回收和纯化的 PCR 产物，其用量约为 1μg，大约相当于 2.2pmol（以目的基因长 700bp 为例，计算方法可参见附录Ⅱ），所取体积 X 可根据 DNA 定量分析的结果计算得到，则 $Y=8-X$。
> ② 在冰盒上加 EcoR Ⅰ，为了避免星号活性，酶用量不超过反应体积的 1/10。

（2）轻弹离心管使管中成分混匀，低速离心收集，在 37℃ 水浴锅中静置 2h。

（3）8000r/min 离心 1min，收集反应液。

（4）70℃，15min，灭活 EcoR Ⅰ。

> **注意：**彻底灭活限制性内切酶，可保证在后续操作中获得较高的连接效率。

（5）冰上放置 1min，8000r/min 离心 1min，收集反应液。

> **注意：**经过高温灭活，反应液有所蒸发，此步骤可以减少反应液的损失。

（6）建立连接反应，或放在 -20℃ 冰箱中保存，备用。

3. 质粒 DNA 的酶切

> **注意：**此步可与"目的基因的酶切"步骤同时进行。

（1）在 1.5mL 离心管中依次加入以下成分（总体积为 10μL）：

ddH_2O	Y'μL
10×H 缓冲液	1μL
pUC18 DNA	X'μL
EcoR Ⅰ（15U/μL）	1μL

> **注意：**① 质粒 pUC18 DNA 的用量约为 1μg，大约相当于 0.61pmol（计算方法可参见附录Ⅱ），所取体积 X' 可根据 DNA 定量分析的结果计算得到，则 $Y'=8-X'$。
> ② 在冰盒上加 EcoR Ⅰ，为了避免星号活性，酶用量不超过反应体积的 1/10。

（2）轻弹离心管使管中成分混匀，低速离心收集，在37℃水浴锅中静置2h。

> **注意：** 如果要对载体进行去磷酸化，可延长酶切时间，在完成"质粒DNA酶切产物的电泳"后，再进行后续的灭活处理，以保证质粒被完全酶切。

（3）8000r/min离心1min，收集反应液。

（4）70℃，15min，灭活 *EcoR* Ⅰ。

（5）冰上放置1min，8000r/min离心1min，收集反应液。

（6）建立连接反应，或放在-20℃冰箱中保存，备用。

4. 质粒DNA酶切产物的电泳

（1）1.0%琼脂糖凝胶的制备：称取1.0g琼脂糖于250mL三角瓶中，加入100mL 1×TAE电泳缓冲液，微波炉加热使之完全溶解，温度降至50℃左右时，倒于制胶板，完全冷却后，小心地拔出梳子，将带有凝胶的底板放置于电泳槽中，加入适量的1× TAE电泳缓冲液，使凝胶完全浸没。

> **注意：** ① 微波炉加热时防止溶液沸腾溢出。
> ② 在较低温度时倒胶，可避免制胶板变形，琼脂糖溶液冷却到50℃时，裸手已能承受，可据此判断琼脂糖溶液的温度。
> ③ 也可在倒胶前加2μL EB储存液（10mg/mL）到琼脂糖溶液中，制备EB胶。
> ④ 确保凝胶完全浸泡在电泳缓冲液中。

（2）点样：取5μL质粒DNA酶切产物于一个0.2mL离心管中，与1μL 6×DNA上样缓冲液混匀，低速离心收集后，小心加入加样孔内；同时取3μL未经酶切的质粒DNA点样作为对照；取6μL Supercoiled DNA Marker点样作为分子量对照。

> **注意：** ① 初次点样时手可能会抖动，可利用另一只手作为支撑。
> ② 枪头探入加样孔即可，不要伸入加样孔过深，以免戳破胶孔，导致样品渗漏。

（3）电泳：在1×TAE电泳缓冲液中，100~120V下电泳40~60min。

> **注意：** ① 正确连接正负极。
> ② 在溴酚蓝条带没有跑出凝胶之前停止电泳。

（4）染色：在盛有自来水的托盘中加入数滴EB储存液（10mg/mL），放于脱色摇床上轻轻摇动5~10min。

> **注意：** ① 如果步骤（1）中制备了EB胶，无须再染色，可在紫外灯下直接观察。
> ② 由于EB有致癌的嫌疑，操作时必须戴一次性塑料手套。
> ③ 禁止戴着一次性塑料手套接触非EB区，操作完毕，将手套扔在指定的垃圾篓中。

（5）在紫外灯下观察酶切是否完全，拍照，记录 DNA 条带。

注意： 紫外线会损伤眼睛和皮肤，操作时确保有机玻璃板挡住紫外线。

5. 质粒 DNA 酶切产物的去磷酸化

注意： 利用碱性磷酸酶处理酶切后的质粒 DNA，可减少载体的自身环化，提高重组率。

（1）在电泳后剩余的质粒酶切产物中，补加适量无菌水，将溶液的总体积调至 $200\mu L$，然后加入 $20\mu L$ 3mol/L NaAc（pH5.2）、$400\mu L$ 预冷的无水乙醇，轻轻颠倒混匀，在-20℃冰箱内放置 20~30min。

（2）13000r/min 离心 10min，小心吸去上清液，加入 $400\mu L$ 70%乙醇，轻轻颠倒混匀，13000r/min 离心 5min，小心去尽上清液。

（3）在 60℃加热块上干燥 5~10min，加入 $50\mu L$ TE 溶液（pH8.0）溶解线性化的质粒 DNA。

注意： ① 步骤（1）~（3）是用乙醇沉淀法纯化线性化的质粒 DNA，可参见实验七。
② 使用纯化的质粒 DNA 片段可提高去磷酸化的效率。

（4）在无菌的 1.5mL 离心管中，建立如下去磷酸化反应体系（总体积为 $50\mu L$）：

10×BAP 缓冲液	$5\mu L$
线性 pUC18 DNA	$44\mu L$
BAP（0.5U/μL）	$1\mu L$

体系建立后，于 65℃下放置 30min，冰上放置 1min，再离心收集反应液。

注意： ① 此时，线性化的 pUC18 DNA 约为 0.5μg，大约相当于 0.3pmol。
② BAP 为来源于大肠杆菌的碱性磷酸酶，操作时应放在冰盒上。

（5）在去磷酸化产物中补加适量无菌水，将溶液的总体积调至为 $200\mu L$，然后加入 $200\mu L$ 酚：氯仿：异戊醇（25:24:1），轻轻颠倒混匀，室温放置 5min。

注意： ① 由于 BAP 经高温加热不易失活，所以通常使用酚抽提的方法进行灭活。
② 对 DNA 进行操作时，应使用碱性酚，即 Tris 饱和酚（pH≥7.8）。
③ 使用挥发性有机溶剂时，应在通风橱中操作，下同。

（6）13000r/min 离心 10min，小心吸取上清液，将上清液转入一个新的 1.5mL 离心管中，加入 $200\mu L$ 氯仿：异戊醇（24:1），轻轻颠倒混匀，室温放置 5min。

注意： ① 吸取上清液时，宁可舍弃分界面处的少量上清液，也不要吸到有机溶剂，下同。
② 氯仿：异戊醇（24:1）抽提可进一步去除蛋白质。

（7）13000r/min 离心 10min，小心吸取上清液，将上清液转入一个新的 1.5mL 离心管中。

（8）加入 20μL 3mol/L NaAc（pH5.2）及 400μL 预冷的无水乙醇，轻轻颠倒混匀，在−20℃冰箱中放置 20~30min。

（9）13000r/min 离心 10min，小心吸去上清液，加入 400μL 70%乙醇，轻轻颠倒混匀，13000r/min 离心 5min，小心去尽上清液。

（10）在 60℃加热块上干燥 5~10min，加入 10μL TE 溶液（pH8.0）溶解线性化的质粒 DNA。

注意：① 步骤（8）~（10）是用乙醇沉淀法纯化线性化的质粒 DNA。
② 使用纯化的质粒 DNA 片段可提高后续连接反应的效率。

（11）建立连接反应，或放在−20℃冰箱中保存，备用。

五、思考题

（1）限制性内切酶有 Ⅰ、Ⅱ、Ⅲ 三种类型，常用的是哪种类型？其一般以什么作为辅助因子？

（2）什么是回文序列？Ⅱ型限制性内切酶有哪些基本特性？

（3）什么是限制性内切酶的星号活性？哪些因素会引起星号活性？星号活性对基因操作有何不利？应如何避免？

（4）在基因操作中，酶切位点能不能出现在目的基因内部？为什么？如果酶切位点出现在目的基因内部，应如何处理？

（5）目的基因两侧的酶切位点是用什么方法引入的？

（6）经消化后，残留的有活性的限制性内切酶会影响后续的连接反应效率，采用哪些方法可以使残留的内切酶失活？

实验九　目的基因与质粒载体的连接与转化

一、实验目的

（1）掌握将目的基因连接到载体的方法；

（2）掌握制备大肠杆菌感受态细胞的方法；

（3）掌握热击法转化大肠杆菌的方法；

（4）掌握电击法转化大肠杆菌的方法；

（5）掌握转化效率的评价方法；

（6）掌握利用蓝-白斑筛选重组子的原理和方法。

二、实验原理

1. DNA 连接酶

体外 DNA 重组实验，本质上是将不同来源的 DNA 片段连接在一起的过程，需要多种工具酶的参与，主要包括各种限制性内切酶（restriction enzyme）、修饰酶（modification enzyme）和 DNA 连接酶（ligase）等。当目的基因和质粒载体都经过适当的限制性内切酶消化之后，要么形成平末端，要么形成相同的黏性末端。要将这些末端连接起来形成重组质粒，这时就需要使用 DNA 连接酶。DNA 连接酶能催化一个双链 DNA 分子切口处的 5'-磷酸基因（—P）和另一个双链 DNA 分子切口处的 3'-羟基（—OH）生成磷酸二酯键，从而将两个不同来源的 DNA 分子连接在一起，形成完整的封闭的双链 DNA，也即形成含有外源基因的重组质粒。

在 DNA 重组操作中，常用的 DNA 连接酶有两种，一种是来源于大肠杆菌（*Escherichia coli*）的 DNA 连接酶，称为 *E. coli* DNA 连接酶；另一种是来源于大肠杆菌 T4 噬菌体的 DNA 连接酶，称为 T4 DNA 连接酶。这两种 DNA 连接酶的催化特性有所不同：*E. coli* DNA 连接酶，需 NAD^+ 提供能量，只能催化黏性末端的连接，不能催化平末端的连接；而 T4 DNA 连接酶，需 ATP 提供能量，不仅能催化黏性末端的连接，而且能催化平末端的连接（见图 9-1）。在常规的 DNA 重组操作中，主要使用 T4 DNA 连接酶。

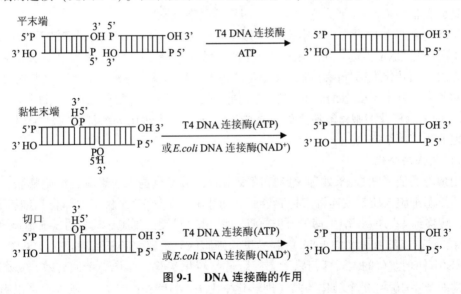

图 9-1　DNA 连接酶的作用

T4 DNA 连接酶所催化的 DNA 连接反应，可以分为三个步骤：首先，ATP 通过自身的磷酸基因与 T4 DNA 连接酶的赖氨酸的 ε-氨基结合成磷酸-氨基键，形成酶-AMP 复合物；其次，被激活的 AMP 从赖氨酸残基转移到 DNA 一条链的 5'端的磷酸基团上，形成磷酸-磷酸键；最后，DNA 链的 3'端的羟基对活跃的磷原子作亲核攻击，形成磷酸二酯键，并释放出 AMP，完成 DNA 之间的连接。*E. coli* DNA 连接酶的催化机制与 T4 DNA 连接酶基本相同，只是辅助因子不是 ATP 而是 NAD^+。

尽管 T4 DNA 连接酶既能催化黏性末端的连接，又能催化平末端的连接，但催化平末端连接的效率较低，大约只有黏性末端连接效率的 1/10。原因在于，在低温下，黏性末端与黏性末端之间可根据碱基配对的原则形成多个氢键，有利于连接反应的发生，而平末端分子之间难以形成相对稳定的结构。因此，在设计实验时，一般优先考虑使用产生黏性末端的限制性内切酶。但是，在有些情况下，没有太多的选择余地，只能使用产生平末端的限制性内切酶，这时要考虑如何提高平末端的连接效率。一般来说，可以通过增加 DNA 的浓度或增加 T4 DNA 连接酶的用量来提高平末端的连接效率；也可以在连接体系中加入终浓度为 3%～5% 的 PEG 4000（聚乙二醇 4000），增加 DNA 分子之间的碰撞机会，从而提高连接效率。如果有必要，还可以采用一些方法将平末端转变为黏性末端后再进行连接，如利用衔接物连接法、接头连接法、同聚物加尾法等。

2. 转化方法

在研究工作中，体外重组的 DNA 必须被转移到宿主细菌之后，才能进行大量复制或表达蛋白产物。这种由细菌获得外来 DNA 而导致遗传性状发生改变的过程，被称为细菌的转化（transformation）。细菌的转化现象，最早由 Frederick Griffith 在研究肺炎球菌时发现。实际上，在自然界中也会发生细菌的转化，如动植物死亡后细胞裂解所释放的 DNA，有时会转化到微生物体内，并为微生物提供新的遗传特性。但是，在自然条件下，发生细菌转化的概率极低。只有在实验条件下，细菌进入一种被称为感受态（competence）的特殊生理状态时，细菌才能以较高的概率捕获外来的 DNA，实现转化。这种具有吸收外来 DNA 能力的细胞，就叫作感受态细胞。

DNA 重组实验中最常用的宿主是大肠杆菌，其菌株往往具有限制修饰系统的缺陷，有利于所转化 DNA 稳定存在。在实验室转化大肠杆菌有热击法转化和电击法转化两种常用方法。在转化大肠杆菌之前，首先要制备大肠杆菌感受态细胞。根据转化方法的不同，制备大肠杆菌感受态细胞的方法也不同。热击法转化大肠杆菌时，采用 0.1mol/L $CaCl_2$ 处理大肠杆菌细胞，能使之处于感受态，而电击法转化大肠杆菌时，采用 10% 甘油处理大肠杆菌细胞。

1）热击法转化

用预冷的低浓度 $CaCl_2$ 处理大肠杆菌细胞后，由于渗透压的影响，细胞膨胀，将这样的感受态细胞与质粒或连接产物混合后共同冰浴，可使 DNA 稳定地结合到细胞表面，当突然转移到 42℃ 的水浴中作短暂的热刺激时，由于感受态细胞比较脆弱，细胞膜结构出现空隙，结合在细胞表面的 DNA 就容易进入细胞内，实现大肠杆菌的转化（见图 9-2）。用经 $CaCl_2$ 处理获得的大肠杆菌感受态细胞进行转化实验，操作简单而有效，每微克质粒通常能产生 10^5～10^6 个转化菌落（即转化率为 10^5～10^6/μg DNA），基本上可以满足常规的重组实验要求。然而，在构建 cDNA 文库等工作中，需要更高的转化效率，这时可以采用 Hanahan 法和 Inoue 法制备大肠杆菌感受态细胞，前者可产生高达 $5×10^8$ 个转化菌落，后者是前者的简化，也可产生 $1×10^8$～$3×10^8$ 个转化菌落。

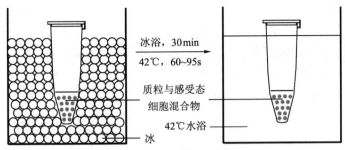

冰浴，30min
42℃，60~95s

质粒与感受态
细胞混合物

42℃水浴

冰

图 9-2　热击法转化示意图

2) 电击法转化

与 $CaCl_2$ 制备大肠杆菌感受态细胞相比，制备电击法转化的感受态细胞要容易得多，只需要用预冷的 10% 甘油多次清洗细胞，降低离子强度，就可以获得感受态细胞。当感受态细胞受到瞬时的高压电脉冲时，细胞膜形成小凹陷，并形成孔径为数纳米的疏水性孔洞，随着跨膜电压的增加，产生和维系疏水性孔洞所需的能量随之降低，一些较大的疏水性孔洞会转变为亲水性孔洞。在孔洞开放的时候，DNA 就很容易通过孔洞进入细胞内，实现大肠杆菌的转化

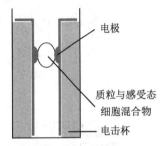

电极

质粒与感受态
细胞混合物

电击杯

图 9-3　电击法转化示意图

（见图 9-3）。通常，电击法的转化效率要比热击法高数十倍，甚至数百倍，但需要昂贵的电转化仪及相关的辅助设备。

3. 蓝-白斑筛选

经过热击法转化或电击法转化后，不管有没有吸收外来的质粒 DNA，所有的细胞都会在 LB 平板上生长，这样就会产生成千上万，甚至几百万个菌落，实际上大多数菌落不含有质粒，因此需要一种有效的筛选机制，先将含有质粒（不管其是否含有目的基因）的菌落筛选出来。这个比较容易实现，具体做法是根据质粒上的抗生素抗性基因，在配制 LB 平板时加入相应的抗生素，不含有质粒或重组质粒的菌落会被抑制生长或杀死，而含有质粒或重组质粒的菌落会正常地生长。

接下来的工作就是要进一步筛选出含有目的基因的重组质粒，这可以通过多种方法实现，包括菌体电泳、菌落 PCR 和限制性内切酶酶切等（见实验十）。但对于一般的克隆实验，有一个更简单的筛选方法，即蓝-白斑筛选（blue-white selection），该方法可根据菌落的颜色（蓝色或白色），比较直观地判断其是否含有重组质粒，是否是阳性克隆。

在大肠杆菌宿主细胞中，*lacZ* 基因编码 β-半乳糖苷酶，可催化乳糖降解成葡萄糖和半乳糖，也可催化人工化合物 X-Gal（5-溴-4-氯-3-吲哚基-β-D-半乳糖苷）发生分解，使它由无色转变为蓝色的 5-溴-4-氯-靛蓝（见图 9-4），这种产物能在大肠杆菌中积累，使大肠杆菌菌落在外观上呈现出蓝色，这就是蓝-白斑筛选的机理。正常的大肠杆菌经过遗传修饰，原有的 *lacZ* 基因发生了缺失，即缺少了编码 β-半乳糖苷酶 N 端的序列（该序列称为 *lacZ*，编码 α-肽段），而只保留了编码 C 端的序列（该序列编码 ω-肽段），这种缺失使得大肠杆菌不能产生完整的 β-半乳糖苷酶，也就缺乏相应的功能。

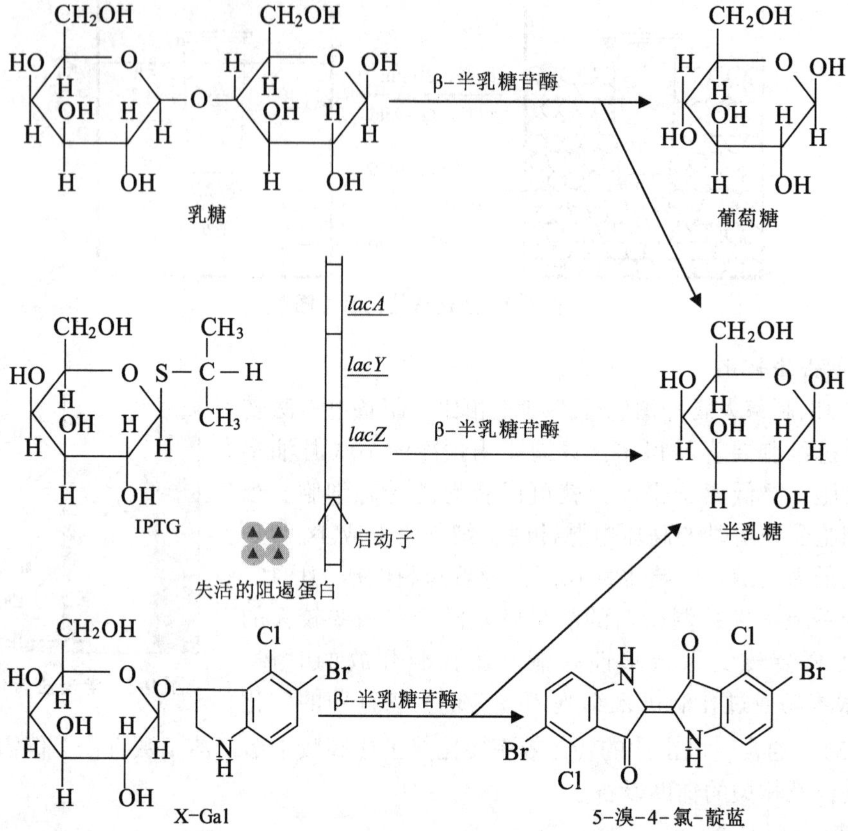

图 9-4　β-半乳糖苷酶的功能

　　想要弥补 β-半乳糖苷酶的功能，就必须在大肠杆菌细胞中表达出 α-肽段，而其编码序列 *lacZ* 就构建在基因工程载体上。在同一个细胞中，由宿主提供 ω-肽段，由载体提供 α-肽段，这两个肽段结合在一起就可以形成具有完整功能的 β-半乳糖苷酶，这就是所谓的"α-互补（α-complementation）"。当然，*lacZ* 编码产生 α-肽段是有特定条件的，其启动子受到调节基因 *lacI* 产生的阻遏蛋白和诱导物 IPTG（isopropyl-β-D-thio-galactoside，异丙基-β-D-硫代半乳糖苷）的控制，当培养基中含有 IPTG 时，阻遏蛋白失活，诱导 α-肽段的表达。

　　为了在 DNA 重组操作中实现阳性克隆的筛选，科学工作者把方便外源 DNA 插入的多克隆位点（MCS）引入 *lacZ* 的第4个密码子之后。有趣的是，MCS 的插入并没有引起移码突变，而且编码出来的多肽仍然具有正常的 α-肽段的互补功能。于是，当没有外源 DNA 插入载体上时，就能编码正常的 α-肽段，与宿主自身产生的 ω-肽段结合，形成具有完整功能的 β-半乳糖苷酶。当有外源 DNA 插入时，就会导致载体上 *lacZ* 发生重大的结构变异，不能产生具有正常功能的 α-肽段（见图9-5）。

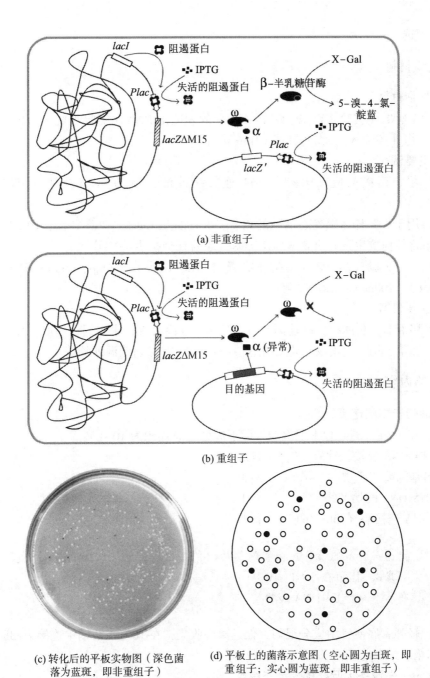

(a) 非重组子

(b) 重组子

(c) 转化后的平板实物图（深色菌落为蓝斑，即非重组子）

(d) 平板上的菌落示意图（空心圆为白斑，即重组子；实心圆为蓝斑，即非重组子）

图 9-5 蓝-白斑筛选

因此，我们只要将转化的大肠杆菌涂布到含有 X-Gal 和 IPTG 的培养基上，就可以使菌落在外观上呈现不同的颜色，其中蓝色菌落为阴性克隆，不含有外源 DNA，而白色菌落为阳性克隆，含有携带外源 DNA 的重组质粒（见图 9-5）。

常用的克隆载体（如 pUC18/pUC19）和 T-载体（如 pGEM-T 载体、pMD18-T 载体）等，都能够利用蓝-白斑筛选系统方便地筛选阳性克隆。但值得注意的是，这些载体必须与有 lacZ 缺陷的大肠杆菌菌株（如 DH5α、JM109 等）联合使用，才能够实现蓝-白斑筛选。

三、实验材料

1. 生物材料

pUC18 DNA（实验二），经 *Eco*R Ⅰ消化的 pUC18 DNA（实验八），经 *Eco*R Ⅰ消化的 PCR 产物（实验八），大肠杆菌 DH5α 菌株。

2. 主要试剂

（1）用于连接反应：10×T4 DNA 连接缓冲液，T4 DNA 连接酶（350U/μL），ddH$_2$O等。

（2）用于大肠杆菌感受态细胞的制备：0.1mol/L CaCl$_2$，70%甘油，10%甘油，LB 平板（不含任何抗生素），LB 液体培养基（不含任何抗生素）等。

（3）用于大肠杆菌的转化与蓝-白斑筛选：LB 平板（含 Amp，100μg/mL），X-Gal（50mg/mL），100mmol/L IPTG 等。

3. 主要仪器

微量移液器，制冰机，高速离心机，高速冷冻离心机，水浴锅，超净工作台，恒温摇床，恒温培养箱，电击仪（电穿孔仪），冰箱，-70℃超低温冰箱等。

四、实验内容

1. 酶切产物的连接

（1）在 1.5mL 离心管中依次加入以下成分（总体积为10μL）：

10×T4 DNA 连接缓冲液	1μL
目的基因酶切产物	XμL
pUC18 DNA 酶切产物	YμL
T4 DNA 连接酶（350U/μL）	1μL

> **注意**：① 根据实验八的设计，调整酶切后目的基因和载体的体积，使目的基因与载体的摩尔数比值在 5∶1~10∶1 之间，且保证 $X+Y=8$。
> ② 在冰上操作 T4 DNA 连接酶。

（2）轻弹管底使管中成分混匀，低速离心收集，在 16℃水浴锅中连接 2~3h 后，转入 4℃冰箱，过夜连接。

2. CaCl$_2$法制备大肠杆菌感受态细胞

> **注意**：该方法制备的感受态细胞，仅用于热击法转化。由于不使用任何抗生素，在制备感受态细胞过程中，应当特别注意无菌操作。此外，冰上或低温操作也很重要。

（1）从-70℃超低温冰箱中取出大肠杆菌 DH5α 菌株的甘油菌，于冰上解冻后，用接种环划线接种于 LB 平板（不含任何抗生素）上，在 37℃恒温培养箱中静置培养 12~15h。

（2）挑取单菌落到 3mL LB 液体培养基（不含任何抗生素）中，37℃，220r/min 振荡培养 10h 左右。

（3）吸取 50μL 菌液转入 5mL 新鲜的 LB 液体培养基（不含任何抗生素）中，37℃，220r/min 振荡培养 2~3h，使细菌生长至对数期，$OD_{600} \approx 0.4$。

> **注意：** ① 使用对数生长期的大肠杆菌，可制备高质量的感受态细胞。
> ② 在 $OD_{600} \approx 0.4$ 时，大肠杆菌的细胞密度大约为 4×10^7 个/mL。

（4）将 1.5mL 细菌培养物移至 1.5mL 离心管中，于冰上放置 10min。

（5）4℃，4000r/min 离心 10min，小心弃去上清液。

（6）加入 1mL 冰上预冷的 0.1mol/L $CaCl_2$，用微量移液器轻轻吸打，使细菌重新悬浮，于冰上放置 30min。

（7）4℃，4000r/min 离心 10min，弃去上清液，加入 100μL 冰上预冷的 0.1mol/L $CaCl_2$，用微量移液器轻轻吸打，使细菌重新悬浮。

（8）置于 4℃ 冰箱中暂时保存备用，16~24h 时转化效率最高；或者加入适量 70% 甘油，使之终浓度为 15%，放在 -70℃ 超低温冰箱中长期保存，备用。

3. 甘油法制备大肠杆菌感受态细胞

> **注意：** 该方法制备的感受态细胞，仅用于电击法转化。由于不使用任何抗生素，在制备感受态细胞过程中，应当特别注意无菌操作。此外，冰上或低温操作也很重要。

（1）取 1.5mL 对数生长期（$OD_{600} \approx 0.4$）的大肠杆菌菌液至 1.5mL 离心管中，冰上放置 10min。

（2）4℃，4000r/min 离心 10min，小心弃去上清液后，加入 1mL 冰上预冷的 10% 甘油，用微量移液器轻轻吸打，使细菌重新悬浮。重复此步骤一次。

（3）按每管 40μL 的量，将感受态细胞分装于冰上预冷的 1.5mL 离心管中，在 4℃ 冰箱中暂时保存，或放在 -70℃ 超低温冰箱中长期保存，备用。

4. 转化效率的评价

> **注意：** 制备感受态细胞后，可用一定量的载体进行转化，以评价转化效率，通常以转化率表示。所谓转化率，就是指每微克载体中进入受体细胞的分子数。例如，pUC18 DNA 对大肠杆菌的转化效率为 10^8，其含义为：用 1μg pUC18 DNA 转化大肠杆菌时，有 10^8 个 pUC18 DNA 分子能进入大肠杆菌细胞，全部涂布于 LB 平板（含 Amp，100μg/mL）上可长出 10^8 个抗性菌落。此处以热击法为例介绍转化效率的评价方法。

（1）从 4℃ 冰箱或 -70℃ 超低温冰箱中，取出备用的大肠杆菌 DH5α 感受态细胞，于冰上放置 5~10min。

（2）加入 1μg pUC18 DNA，轻轻吸打混匀，于冰上放置 30min。

（3）42℃水浴 60~95s，立即于冰上放置 2min。

注意：温度和时间都很重要。

（4）加入 700μL LB 液体培养基（不含任何抗生素），37℃，120r/min 振荡培养 40min。

注意：此步骤中不施加选择压，以使受损细胞能够恢复活力。

（5）适当稀释细菌培养物，取 50μL 稀释液均匀涂布于 LB 平板（含 Amp，100μg/mL）上，将平板倒扣于 37℃恒温培养箱，静置培养 12~15h。

注意：涂布平板时设置 3 个重复。

（6）统计平板上长出的菌落数，计算转化率。

注意：转化率=平板上的菌落数×稀释倍数×细菌培养物体积/用于涂布平板的菌液体积。

5. 热击法转化大肠杆菌感受态细胞

注意：热击法转化大肠杆菌时，应使用 $CaCl_2$ 法制备的感受态细胞。

（1）从 4℃冰箱或−70℃超低温冰箱中，取出备用的大肠杆菌 DH5α 感受态细胞，于冰上放置 5~10min。

（2）加入 10μL 连接产物，轻轻吸打混匀，于冰上放置 30min。

（3）42℃水浴 60~95s，立即于冰上放置 2min。

注意：温度和时间都很重要。

（4）加入 700μL LB 液体培养基（不含任何抗生素），37℃，120r/min 振荡培养 40~60min。

注意：此步骤中不施加选择压，以使受损细胞能够恢复活力。

（5）在 LB 平板（含 Amp，100μg/mL）的表面，加入 15μL X-Gal（50mg/mL）和 5μL 100mmol/L IPTG，并用涂布棒均匀涂布。

注意：①此步骤可在步骤（4）的振荡培养期间完成。
②添加 X-Gal 和 IPTG 后可以进行蓝-白斑筛选，初步鉴定出含有外源 DNA 片段的阳性克隆。

（6）离心步骤（4）中的细菌培养物，3000r/min 离心 3min，去除大部分上清液，使剩余液体的体积约为 50μL，用微量移液器反复吸打，重新悬浮细胞。

（7）将重新悬浮的细胞均匀涂布于加有 X-Gal 和 IPTG 的 LB 平板（含 Amp，100μg/mL）上，将平板倒扣于 37℃恒温培养箱，静置培养 12~15h。

（8）统计平板上长出的蓝色菌落和白色菌落的数目，计算重组率。

注意：重组率＝白色菌落数/（白色菌落数+蓝色菌落数）×100%。

6. 电击法转化大肠杆菌感受态细胞

注意：电击法转化大肠杆菌时，应使用甘油法制备的感受态细胞。

（1）用 70%乙醇浸泡电击杯 3~5min，取出后放在超净工作台上，用鼓风机吹干。

注意：应对电击杯进行消毒处理。

（2）从 4℃冰箱或-70℃超低温冰箱中，取出备用的大肠杆菌 DH5α 感受态细胞，于冰上放置 5~10min。

（3）在感受态细胞中加入 10μL 连接产物，轻轻吸打混匀后，将混合液加入电击杯的两极之间，再将电击杯放入电击仪。

注意：确保细胞悬浮液位于两极之间。

（4）调节电击仪参数：电脉冲为 25μF，电压为 2.5kV，电阻为 200Ω，进行电击。

注意：按说明书设置电击仪参数，并正确使用电击仪。

（5）用 1mL LB 液体培养基（不含任何抗生素）清洗电击杯，将清洗液转移到一个无菌的 1.5mL 离心管中，37℃，120r/min 振荡培养 40~60min。

注意：此步骤中不施加选择压，以使受损细胞能够恢复活力。

（6）用蒸馏水清洗电击杯，在 70%乙醇中浸泡电击杯，消毒，取出后用鼓风机吹干。

（7）在 LB 平板（含 Amp，100μg/mL）的表面，加入 15μL X-Gal（50mg/mL）和 5μL 100mmol/L IPTG，并用涂布棒均匀涂布。

注意：① 此步骤可在步骤（5）的振荡培养期间完成。
② 添加 X-Gal 和 IPTG 后可以进行蓝-白斑筛选，初步鉴定出含有外源 DNA 片段的阳性克隆。

（8）取 50μL 步骤（5）中的细菌培养物，均匀涂布于加有 X-Gal 和 IPTG 的 LB 平板（含 Amp，100μg/mL）上，将平板倒扣于 37℃恒温培养箱，静置培养 12~15h。

（9）统计平板上长出的蓝色菌落和白色菌落的数目，计算重组率。

注意：重组率＝白色菌落数/（白色菌落数+蓝色菌落数）×100%。

五、思考题

(1) DNA 连接酶有哪两种？各有什么作用特点？

(2) T4 DNA 连接酶的最适反应温度为 37℃，在实际操作时，为什么采用 16℃ 或 4℃ 进行连接？

(3) 根据经验，DNA 片段与载体的摩尔数比值在 5：1~10：1 时，连接效率较高，在实验中，如何确定连接反应体系中目的 DNA 片段与载体的用量？

(4) 大片段 DNA 连入载体时，连接效率往往较低，采用哪些措施可以提高其连接效率？

(5) 什么是转化？什么是感受态细胞？热击法和电击法转化大肠杆菌感受态细胞的原理各是什么？构建基因文库时，通常采用哪种方法？为什么？

(6) 什么是转化效率？有哪些影响因素？

(7) 利用蓝-白斑筛选系统筛选重组子的原理是什么？在筛选过程中，IPTG 和 X-Gal 各起什么作用？

实验十　　重组质粒的鉴定

一、实验目的

(1) 掌握菌体电泳法鉴定重组质粒的方法；

(2) 掌握菌落 PCR 法鉴定重组质粒的方法；

(3) 掌握酶切法鉴定重组质粒的方法；

(4) 掌握大肠杆菌菌种的保藏方法；

(5) 学会综合应用分子生物学实验技术。

二、实验原理

1. 蓝-白斑筛选系统的局限

利用蓝-白斑筛选系统筛选阳性克隆比较直观、方便，虽然结果比较可靠，但也不是万无一失。比如，在 X-Gal 和 IPTG 质量不好或者在平板上涂布不均匀的情况下，阴性克隆不能显示出蓝色，导致假阳性结果。此外，外源 DNA 的插入并不一定会造成 α-肽段的互补活性的丧失。如果插入的 DNA 片段较短，特别是当插入的片段为小于 100bp 的 DNA 片段时，可能在插入后并不破坏开放阅读框，也不影响其互补活性，这时阳性克隆将呈现出蓝色，从而导致假阴性结果。因此，为了保证实验的严谨性，还有必要在蓝-白斑筛选的基础上，进一步利用其他方法对阳性克隆进行验证。

另外，蓝-白斑筛选系统往往仅用于 T-载体（如 pMD18-T 载体）或其他一些克隆载体（如 pUC18/pUC19）。许多载体，特别是表达载体，如 pET 系列，都没有应用这个系统。因此，我们也必须利用其他方法来筛选阳性克隆，如菌体电泳法、菌落 PCR 法和酶切法，这里对这三种方法作简单介绍。

2. 菌体电泳法

在《分子克隆实验指南》（贺福初主译，原书第 4 版）中描述了"牙签法小量制备质粒 DNA"，即用牙签从平板上挑取直径为 2~3mm 的大菌落，直接用于质粒 DNA 的小量制备，不过所得质粒 DNA 的杂质较多，不能作为限制性内切酶的作用底物。但是，这些少量的质粒 DNA 足以被琼脂糖凝胶电泳检出，从而估计出质粒 DNA 分子的大小或拷贝数。

菌体电泳法，就是在从单菌落出发小量制备质粒 DNA 的基础上，根据质粒 DNA 分子的大小鉴定重组质粒的方法（见图 10-1）。尽管该方法涉及质粒 DNA 的制备，但不需要获得纯净的质粒 DNA，只要对含质粒的菌体进行裂解处理，然后以裂解物为样品进行琼脂糖凝胶电泳，从而检测其中的质粒 DNA。应用菌体电泳法的前提是外源 DNA 较大，使重组质粒和非重组质粒在电泳时的迁移速率存在明显的区别。由于不需要使用 PCR 技术和酶切技术，菌体电泳法具有简便、快速的特点，能实现重组质粒的高通量筛选，即在一次操作中，能对成批的菌落样品进行筛选。

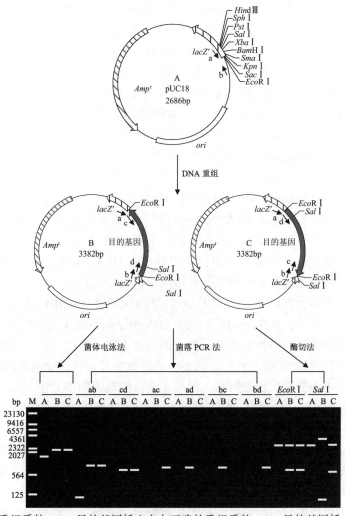

A—非重组质粒；B—目的基因插入方向正确的重组质粒；C—目的基因插入方向不正确的重组质粒；a、b—通用引物；c、d—基因特异性引物。

图 10-1　重组质粒的鉴定及目的基因插入方向的判断

3. 菌落 PCR 法

进行 PCR 时，要经过高温过程，此时的细菌会发生裂解，释放出细胞内的质粒 DNA，这样的质粒 DNA 就可以作为 PCR 的模板。也就是说，细菌培养物（菌液）也可以作为验证阳性克隆时的 PCR 模板。这种直接以菌液作为 DNA 模板的 PCR 技术，就是所谓的"菌落 PCR（colony PCR）"。

由于载体的序列是已知的，我们可以根据多克隆位点（MCS）两侧的载体序列设计一对引物（常称为"通用引物"），再进行 PCR 扩增。外源 DNA 片段往往是利用一对特异性引物进行 PCR 获得并插入载体上的，因此，我们也可以利用原有的那对特异性引物进行菌落 PCR。

进行菌落 PCR 后，通过琼脂糖凝胶电泳，检测到符合理论分子量大小的 DNA 条带，就意味着得到了阳性克隆，否则说明样品是假阳性克隆（见图 10-1 中的 ab、cd）。当然，细菌的基因组成分是比较复杂的，有可能会获得与理论分子量大小一致的非目的片段。因此，在进行菌落 PCR 时，最好设置一个阴性对照，即以转化前的空菌为对照，以排除假阳性结果。在实际应用中，由于 PCR 过程还会遇到某些不稳定因素，即使得到了阳性克隆，最好还应采用酶切法作进一步的验证，或者进行测序验证。

由于菌落 PCR 可直接以菌液为模板，因此，只要经过简单的细菌培养就可以进行 PCR，而无须提取质粒 DNA，操作起来相对简单方便，可以快速筛选大量的菌落。而且，利用方向合适的一对引物（其中一条为特异性引物，另一条为通用引物）进行菌落 PCR，还可以快速地判断目的基因在载体上的插入方向（见图 10-1 中的 ac、ad、bc、bd），这对外源基因的转录和翻译研究极为重要。

4. 酶切法

酶切法，就是利用限制性内切酶对质粒 DNA 进行酶切，检测是否有外源 DNA 片段被释放出来，如果能检测到相应大小的释放片段，就说明筛选到了重组质粒，如果没有，则说明是非重组质粒，不含有外源基因（见图 10-1 中的 *Eco*R Ⅰ）。

酶切法鉴定阳性克隆包括三大步骤：提取质粒 DNA、限制性内切酶消化和电泳检测。一般来说，外源基因通过一种或两种限制性内切酶切割后连到载体上，对应的酶切位点在重组质粒中将会重新形成，利用原来使用的限制性内切酶可以把外源 DNA 切下来。但是在有些情况下，如采用同尾酶切割后再进行重组形成所谓的"杂合位点"，往往不能被原来采用的任何一种酶切割，或只能被其中的一种酶切割。这时，可以考虑针对外源 DNA 两侧的其他酶切位点进行切割，也即选择其他限制性内切酶进行酶切鉴定。

酶切法鉴定出来的结果比较可靠，科技论文一般都采用该方法。不过，由于酶切法首先要提取质粒 DNA，所以，与菌落 PCR 法相比，花费的时间较长，在重组率低、筛选量大时，实验者的工作量也就很大，不利于快速地进行高通量筛选。因此，在实际应用中，可以考虑将菌落 PCR 法（或菌体电泳法）与酶切法结合起来，即先用菌落 PCR 法（或菌体电泳法）从较大的菌落中初步筛选到阳性克隆，再用酶切法针对少数阳性克隆作进一步的鉴定，这样就可以大大减少筛选的工作量。

酶切法不但可以鉴定阳性克隆，还可以判断目的基因插入的方向。在构建各类表达载体时，目的基因的插入方向对于基因的表达至关重要，只有以特定的方向插入启动子下游，目的基因才有可能得以正确转录和翻译，因此需要进行"定向克隆"（directional cloning)。利用两种限制性内切酶对目的基因进行切割，即进行双酶切，可以实现目的基因的定向克隆。

但在有些情况下，由于载体上的多克隆位点或目的基因内部序列组成这两方面因素的限制，难以采用双酶切的方式构建表达载体，而只能采用单酶切的方式克隆。目的基因的单酶切产物，能以两种方向插入载体，且插入方向是随机的，大约各占 50%，然而对基因的表达来说，只有其中的一种插入方式才是正确的，我们必须把含有这种插入方向正确的阳性克隆筛选出来。

酶切法判断目的基因插入方向的方法如下：首先，选择一种限制性内切酶，其酶切位点在载体和目的基因上都仅出现一次，而且这个酶切位点在目的基因上的位置是偏向目的基因的一个末端（不能接近中间）；然后，对提取的不同质粒 DNA 进行酶切分析，目的基因的插入方向不同，质粒被切割后释放出来的 DNA 片段长度也不同，根据理论推算就可以知道，如果插入方向正确，就应该释放出特定分子量大小的 DNA 片段，否则释放出来的 DNA 片段分子量大小不对。因此，如果某个质粒经酶切、电泳后，能检测一个与理论分子量大小一致的 DNA 条带，说明这个质粒就是含有目的基因的重组质粒，且插入方向正确（见图 10-1 中的 *Sal* Ⅰ）。

三、实验材料

1. 生物材料

经转化并经蓝-白斑筛选得到的大肠杆菌 DH5α 菌株的白色菌落（实验九）。

2. 主要试剂

（1）用于细菌培养：LB 液体培养基（不含任何抗生素），氨苄青霉素（Amp，100mg/mL）等。

（2）用于菌体电泳法检测：10mmol/L EDTA（pH8.0），0.4mol/L NaOH，40% 蔗糖，10% SDS，4mol/L KCl 等。

（3）用于菌落 PCR 法检测：10×PCR 缓冲液，dNTP，*Taq* DNA 聚合酶（5U/μL），无菌水，通用引物（M13）和基因特异性引物（GSP）等。M13 和 GSP 的序列如下：

M13F：5'-CAGGAAACAGCTATGAC-3'

M13R：5'-GTAAAACGACGGCCAGT-3'

GSPF1：5'-GGGGAATTCTCCGATGAAGGTGTTCG-3'

GSPR1：5'-TTTGAATTCTTAGAAGGCCGCGCGCATAC-3'

（4）用于酶切法检测：溶液Ⅰ，溶液Ⅱ，溶液Ⅲ，Tris 饱和酚（≥pH7.8），氯仿：异戊醇（24：1），异丙醇，70% 乙醇，TE 溶液（pH8.0），RNase A（10mg/mL），10×H 缓冲液，*Eco*R Ⅰ（15U/μL），*Sal* Ⅰ（15U/μL）等。

（5）用于琼脂糖凝胶电泳检测：琼脂糖、1×TAE 电泳缓冲液、6×DNA 上样缓冲液、EB 储存液（10mg/mL）等。

（6）用于大肠杆菌的保藏：70% 甘油等。

3. 主要仪器

恒温培养箱，恒温摇床，微量移液器，制冰机，超净工作台，高速离心机，加热块，微波炉，制胶板，水平电泳槽，电泳仪，脱色摇床，凝胶成像分析系统，PCR 仪，水浴锅，冰箱，-70℃超低温冰箱等。

四、实验内容

1. 菌体电泳法鉴定重组质粒（方案一）

注意：《分子克隆实验指南》（贺福初主译，原书第4版）中描述了"牙签法小量制备质粒DNA"的方法，本实验采用的"菌体电泳法"对其进行了部分改进。

（1）加500μL LB液体培养基（含Amp，100μg/mL）于无菌的1.5mL离心管中，用无菌枪头或牙签挑取一个白色单菌落于LB液体培养基中，轻轻刷洗后丢弃枪头或牙签，37℃，220r/min振荡培养2~4h。可一次准备10~20个单菌落的培养物。

注意：之前有研究者直接从平板上挑取2~3mm的单菌落进行后续操作，但是为了得到这么大的菌体，需要在37℃下培养18~24h，这容易使抗生素失活，导致卫星菌落的产生。因此，可从平板上挑取小菌落，经一段时间的液体培养后再进行后续操作。

（2）配制1mL细菌裂解液NSS。

注意：NSS溶液必须现用现配，具体配方参见附录I。

（3）取100μL细菌培养物于一个无菌的1.5mL离心管中，12000r/min离心1min，用微量移液器去尽上清液。

（4）加入25μL 10mmol/L EDTA（pH8.0），用微量移液器轻缓地反复吸打，重新悬浮细胞。

（5）加入10μL新配的NSS溶液，混匀，低速离心收集，在70℃加热块上加热5min，取出离心管，在室温下冷却。

注意：利用NSS溶液进行SDS碱裂解，并结合加热处理，可使菌体充分裂解，质粒DNA释放到溶液中。

（6）加入1μL 4mol/L KCl，混匀，于冰上放置5min。

（7）加入7μL 6×DNA上样缓冲液，混匀，12000r/min离心3min。

注意：通过高速离心，细胞碎片、大部分蛋白质和基因组DNA都能沉淀下来，质粒DNA处于可溶状态。

（8）取10μL上清液点样，并在相邻泳道中点入空载体样品作为对照，用1.2%琼脂糖凝胶进行电泳（100~120V，40~60min）。

注意：① 菌体裂解物高度黏稠，点样时尽量吸取上清液部分。
② 设置空载体对照对于重组质粒的判断非常重要。

（9）EB 染色后，在紫外灯下观察，用凝胶成像分析系统照相，比较待测样品和空载体中超螺旋 DNA 条带的大小，筛选出阳性克隆。

2. 菌落 PCR 法鉴定重组质粒（方案二）

（1）加 500μL LB 液体培养基（含 Amp，100μg/mL）于无菌的 1.5mL 离心管中，用无菌枪头或牙签挑取一个白色单菌落于 LB 液体培养基中，轻轻刷洗后丢弃枪头或牙签，37℃，220r/min 振荡培养 2~4h。可一次准备 4~6 个单菌落的培养物。

（2）直接以上述单菌落的培养物（菌液）为模板进行 PCR。选用适当量程的微量移液器及与之配套的枪头，在无菌的 0.2mL 离心管中依次加入以下成分（总体积为 25μL）：

ddH$_2$O	15.3μL
10×PCR 缓冲液	2.5μL
dNTP	2.0μL
正向引物	1.0μL
反向引物	1.0μL
菌液	3.0μL
Taq（5U/μL）	0.2μL

> **注意：** 正向引物/反向引物可以是通用引物 M13F/M13R，也可以是基因特异性引物 GSPF1/GSPR1，或者是通用引物和基因特异性引物的组合。

（3）轻弹离心管使管中成分混匀，低速离心收集，在 PCR 仪上执行以下程序：

94℃，3min
94℃，20s
55℃，30s　}　32 次循环
72℃，60s
72℃，5min
10℃，保持

（4）扩增结束后，在 PCR 产物中加入 5μL 6×DNA 上样缓冲液，混匀后低速离心收集，取 10μL 混合物点样，用 1.2% 琼脂糖凝胶进行电泳（100~120V，40~60min），EB 染色后，在紫外灯下观察 DNA 条带，并记录和分析实验结果，筛选出阳性克隆。

3. 酶切法鉴定重组质粒（方案三）

（1）加 3mL LB 液体培养基（含 Amp，100μg/mL）于无菌的 10mL 离心管，用无菌枪头或牙签挑取一个白色单菌落于 LB 液体培养基中，轻轻刷洗后丢弃枪头或牙签，37℃，220r/min 振荡培养 12~15h。可一次准备 4~6 个单菌落的培养物。

（2）取 1.5mL 上述细菌过夜培养物于 2.0mL 离心管中，采用 SDS 碱裂解法或柱式抽提法提取质粒 DNA（参见实验二）。

（3）在无菌的 0.2mL 离心管中，建立如下酶切反应体系（总体积为 10μL）：

ddH$_2$O	5μL
10×H 缓冲液	1μL
质粒 DNA	3μL
*Eco*R I（15U/μL）	1μL

注意： 在冰盒上加 *Eco*R Ⅰ。

（4）轻弹离心管使管中成分混匀，低速离心收集，在37℃水浴锅中静置2h。

（5）在酶切产物中加入2μL 6×DNA上样缓冲液，混匀后低速离心收集，取10μL混合物点样，用1.2%琼脂糖凝胶进行电泳（100~120V，40~60min），EB染色后，在紫外灯下观察DNA条带，并记录和分析实验结果，筛选出阳性克隆。

4. 酶切法鉴定重组质粒中外源基因的插入方向

注意： 用酶切法进一步鉴定方案一至方案三中的重组质粒，筛选出插入方向正确的重组质粒。根据设计，如果插入方向正确，外源基因能与 *lacZ* 基因形成融合表达。

（1）采用SDS碱裂解法或柱式抽提法提取质粒DNA（参见实验二）。

（2）在无菌的0.2mL离心管中，建立如下酶切反应体系（总体积为10μL）：

ddH$_2$O	5μL
10×H 缓冲液	1μL
质粒 DNA	3μL
Sal Ⅰ （15U/μL）	1μL

注意： 在冰盒上加 *Sal* Ⅰ。

（3）轻弹离心管使管中成分混匀，低速离心收集，在37℃水浴锅中静置2h。

（4）在酶切产物中加入2μL 6×DNA上样缓冲液，混匀后低速离心收集，取10μL混合物点样，用1.2%琼脂糖凝胶进行电泳（100~120V，40~60min），EB染色后，在紫外灯下观察DNA条带，并记录和分析实验结果，筛选出插入方向正确的阳性克隆。

注意： 已知目的基因长690bp，*Sal* Ⅰ的酶切位点GTCGAC位于100bp处。

5. 阳性菌落的保存

（1）加500μL LB液体培养基（含Amp，100μg/mL）于无菌的1.5mL离心管中。

（2）取10μL阳性菌落的菌液接种于LB液体培养基，37℃振荡培养3~4h，使菌落生长至对数期。

（3）加入约140μL无菌的70%甘油，混匀，放在-70℃超低温冰箱中长期保存。

注意： 在甘油菌中，甘油的终浓度约为15%。

五、思考题

（1）菌体电泳法鉴定重组质粒是基于什么原理？它的应用前提是什么？

（2）菌落PCR法鉴定重组质粒是基于什么原理？它的应用前提是什么？

（3）酶切法鉴定重组质粒是基于什么原理？它的应用前提是什么？

（4）在本实验使用的三种鉴定重组质粒的方法中，哪种方法最简便快速且成本最低？哪些方法能实现快速的高通量筛选？哪些方法能判断重组质粒中外源 DNA 的插入方向？

（5）如何保藏含有重组质粒的大肠杆菌菌种？

第二篇

外源基因在大肠杆菌中的表达与检测

实验十一　大肠杆菌表达载体的设计与构建

一、实验目的

（1）掌握大肠杆菌表达载体的组成元件；

（2）掌握设计与构建大肠杆菌表达载体的整体流程；

（3）掌握分析目的基因的酶切位点的方法；

（4）学会综合应用分子生物学实验技术构建含有目的基因的大肠杆菌表达载体。

二、实验原理

1. 外源基因表达系统

DNA 是绝大部分生物的遗传物质，基因是 DNA 上具有遗传信息的片段。经 RNA 聚合酶的转录之后，基因的遗传信息转移到 mRNA 中，再由核糖体翻译成蛋白质，执行相应的生物学功能。mRNA 的遗传信息体现在 64 种密码子中，它们共编码 20 种氨基酸。尽管有些密码子存在着简并性，但三联密码子系统几乎在所有生物中都是通用的。正是由于遗传物质 DNA 和三联密码子存在通用性，因而从一个物种中获得的基因（外源基因）可以转移到另一个物种中进行表达，产生相应的蛋白质，使经过遗传修饰的生物（genetically modified organism, GMO）获得新的性状。

这种经过遗传修饰的生物体，特别是离体的细胞，包括单细胞微生物、离体的动物细胞和植物细胞，就是外源基因表达系统，它由携带外源基因的载体和特定的宿主细胞两个部分组成。根据细胞来源的不同，外源基因表达系统可分为原核表达系统和真核表达系统，原核表达系统主要包括大肠杆菌表达系统和枯草芽孢杆菌表达系统等，真核表达系统主要包括酵母表达系统、哺乳动物细胞表达系统、杆状病毒-昆虫细胞表达系统和植物细胞表达系统等（见图 11-1）。其中，大肠杆菌表达系统、酵母表达系统、杆状病毒-昆虫细胞表达系统、哺乳动物细胞表达系统被称为基因工程的四大表达系统。

在研究或生产时，一种表达系统的选定，需要考虑多方面的因素，包括宿主细胞的生长特性、重组蛋白的表达水平、重组蛋白的翻译后加工、重组蛋白的生物活性等。一般来说，在不需要考虑重组蛋白的翻译后加工的情况下，大肠杆菌表达系统以其高效表达的特点成为首选的表达系统。如果一种重组蛋白需要经过特定的翻译后加工才具有生物活性，就需要选择真核表达系统。酵母表达系统的生产方式简单、成本低廉，但重组蛋白的糖基化程度与天然蛋白存在着一定差异，如果不需要复杂的翻译后加工，就可以选择该系统表达外源基因。哺乳动物细胞表达系统，如中国仓鼠卵巢细胞（Chinese hamster ovary cell, CHO cell），可以实现重组蛋白的分泌表达，并进行正确的翻译后加工，包括糖基化等，是生产糖基化重组蛋白类药物的首选系统，不过培养离体的动物细胞要求苛刻，生产成本也很高。此外，杆状病毒-昆虫细胞表达系统具有高产的特点，重组蛋白的翻译后加工方式也与天然蛋白基本相同，并且能表达异源多聚体蛋白，是一种比较独特的表达系统，日益受到重视（见实验二十三~二十五）。

$$
外源基因\atop表达系统
\begin{cases}
原核表达系统
\begin{cases}
大肠杆菌表达系统 * \\
枯草芽孢杆菌表达系统
\end{cases} \\
真核表达系统
\begin{cases}
酵母表达系统 * \\
哺乳动物细胞表达系统 * \\
杆状病毒-昆虫细胞表达系统 * \\
植物细胞表达系统
\end{cases}
\end{cases}
$$

*表示基因工程的四大表达系统。

图 11-1　外源基因表达系统的分类

2. 大肠杆菌表达系统

大肠杆菌表达系统是外源基因能够高效表达的原核表达系统。无论是基础研究，还是生产应用，大肠杆菌表达系统都是表达不需要经过翻译后加工就具有生物活性的重组蛋白的首选系统，即使生产出来的重组蛋白没有生物活性，也能用于制备抗体，进而用于 Western 杂交等基本操作。

与其他表达系统相比，大肠杆菌表达系统具有以下明显的优越性。

① 遗传背景清晰：经过长期的研究，大肠杆菌已经成为原核生物中的模式生物，人们掌握了其丰富的基础生物学、遗传学、分子生物学等方面的背景知识，特别是对基因表达调控的分子机理的揭示，为外源基因在大肠杆菌中的高效表达奠定了基础。

② 基因操作简便：基因的重组操作和表达，最初就是在大肠杆菌中实现的，经过三十多年的发展，完成基因工程操作的方法简单而成熟。此外，大肠杆菌已经被改造成为一种安全的基因工程实验体系，并开发出种类繁多的表达载体系列及对应的宿主菌株，以满足不同的生产需要。

③ 实现高效表达：由于大肠杆菌在发酵时能够达到很高的细胞密度，外源基因在大肠杆菌中表达时具有较高的产量。利用基因工程技术对表达载体和宿主菌株进行改造，以及利用诱导物或诱导因素对生产过程进行二阶段控制，更有利于提高重组蛋白的产量。实践表明，许多真核生物的基因，包括人的基因，如人胰岛素基因、人生长素基因等，都能够在大肠杆菌中实现高效表达。

④ 易于工业化生产：大肠杆菌属于原核微生物，可以进行不同规模的发酵生产，培养方便，操作简单，成本低廉，易于扩大发酵规模，易于工业化批量生产重组蛋白。

不过，大肠杆菌表达系统也有自身的不足之处：

① 不能表达具有内含子的断裂基因；

② 不能识别真核基因的转录信号；

③ 缺乏高效的分泌能力；

④ 缺乏重组蛋白的翻译后加工功能；

⑤ 宿主自身的蛋白酶容易降解外源蛋白等。

尽管大肠杆菌表达系统存在以上不足，但是通过对表达载体或宿主细胞进行改良，可以克服上述若干问题。例如，使用 cDNA 来源的不含内含子的基因进行表达，将原核系统的转录信号、信号肽编码序列构建到表达载体上，使宿主自身的蛋白酶基因缺失等。至于重组蛋白的翻译后加工，需要更换真核表达系统才能解决。

3. 大肠杆菌表达载体

1）常用表达载体

一个外源基因表达系统，是由表达载体和宿主细胞两部分组成的。大肠杆菌表达载体种类繁多，常用的有 Novagen 公司的 pET 系列，Pharmacia 公司的 pGEX 系列和 pKK223-3，Qiagen 公司的 pQE 系列，Invitrogen 公司的 pRSET 系列，中国预防医学科学院病毒学研究所的 pBV220 等。不同公司或机构开发的表达载体各具特色，同一系列的不同载体也有不同的特点。另外，不同的表达载体可能需要在特定的宿主菌株中才能有效地表达外源基因。

由于本教程使用 pET-28a，这里仅介绍 pET 系列载体（见图 11-2）。目前，pET 系列共包括几十种载体、宿主菌，以及用于检测和分离纯化重组蛋白的相关产品，已经成为大肠杆菌表达重组蛋白的常用系统。

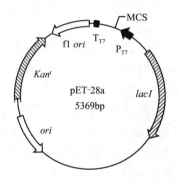

Bgl Ⅱ		T7 启动子		lac 操纵基因

AGATCTCGATCCCGCGAAATTAATACGACTCACTATAGGGGAATTGTGAGCGGATAACAATTCC

Xba I		rbs	Nco I

CCTCTAGAAATAATTTTGTTTAACTTTAAGAAGGAGATATACCATGGGCAGCAGCCATCATCAT
　　　　　　　　　　　　　　　　　　　　　　　　MetGlySerSerHisHisHis
　　　　　　　　　　　　　　　　　　　　　　　　　　　　　　His 标签

	Nde I	Nhe I

CATCATCACAGCAGCGGCCTGGTGCCGCGCGGCAGCCATATGGCTAGCATGACTGGTGGACAG
HisHisHisSerSerGlyLeuValProArgGlySerHisMetAlaSerMetThrGlyGlyGln
　　　　　　　　　凝血酶　　　　　　　　　　　　　　　T7 标签

BamH I	EcoR I	Sac I	Sal I	Hind Ⅲ	Not I	Xho I

CAAATGGGTCGCGGATCCGAATTCGAGCTCCGTCGACAAGCTTGCGGCCGCACTCGAGCACCA
GlnMetGlyArgGlySerGluPheGluLeuArgArgGlnAlaCysGlyArgThrArgAlaPro

CCACCACCACCACTGAGATCCGGCTGCTAACAAAGCCCGAAAGGAAGCTGAGTTGGCTGCTGC
ProProProProLeuArgSerGlyCysEnd
His 标签

	T7 终止子

CACCGCTGAGCAATAACTAGCATAACCCCTTGGGGCCTCTAAACGGGTCTTGAGGGGTTTTTTG

图 11-2　pET-28a 图谱及表达盒

pET 系列具有以下突出的优点：

① 基因操作方便：每种类型的 pET 载体都有 a、b、c 三个型号，如 pET-28a、pET-28b、pET-28c，三者的区别仅在于多克隆位点处存在开放阅读框的移码，具体操作时要根据实际情况选择合适的类型，以保证插入的外源基因读码正确。

② 重组蛋白表达效率高：pET 载体采用 T7 RNA 聚合酶特异性识别的 T7 启动子，T7 RNA 聚合酶基因受乳糖或 IPTG 诱导，T7 RNA 聚合酶合成 mRNA 的速率远高于宿主自身的 RNA 聚合酶，可使重组蛋白占细胞总蛋白的 50%。

③ 重组蛋白分离纯化方便：pET 载体上具有多种亲和标签的编码序列，可以根据不同需要进行选择，使重组蛋白与亲和标签融合表达，这样就可以采用高分辨率的亲和层析法分离纯化重组蛋白。

④ 释放真正的目的蛋白：进行融合表达后，亲和标签等并不是天然蛋白的组成部分，可能会对目的蛋白的生物活性等产生不利影响，这时需要将亲和标签切除，使真正的目的蛋白释放出来。在亲和标签和目的蛋白之间具有凝血酶（thrombin）、凝血因子 Ⅹa（factor Ⅹa）、肠激酶（enterokinase）等蛋白酶的切割位点，可以用相应的蛋白酶进行切割。

⑤ 具有特殊用途的专用载体和宿主菌株：pET 系列还提供能够生产可溶性蛋白、正确形成二硫键、蛋白质分泌表达等的专用载体和宿主菌株。

2）表达载体的组成元件

根据研究目的的不同，载体可分为克隆载体（cloning vector）和表达载体（expression vector），其中表达载体主要用于外源基因的表达，以得到目的蛋白产物。前文已介绍了克隆载体应具备的主要元件（见图 2-3），此处将分析表达载体的主要元件（见图 11-3）。

① 满足外源基因克隆的元件：作为表达载体，首先应该能够实现外源基因的克隆，然后再对外源基因进行诱导表达，因此需要具备普通的克隆载体应当具有的基本元件，包括复制起点、多克隆位点和筛选标记基因，但在表达

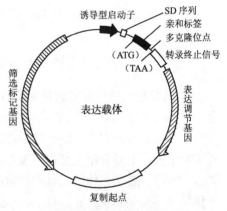

图 11-3　表达载体的主要元件

载体上，筛选标记基因只有一种。例如，pET-28a 载体采用 pBR322 的复制起点，筛选标记为卡那霉素抗性基因（Kan^r），除多克隆位点之外，还有其他酶切位点，如 Xba Ⅰ、Nco Ⅰ等，以满足不同实验的需要，进行融合表达或非融合表达。

② 满足外源基因转录的元件：根据中心法则，要实现外源基因的表达，首先要转录出目的 mRNA，因此需要转录相关的序列，主要包括启动子、转录调控基因、转录终止信号。大肠杆菌表达载体上的启动子主要有 lac、tac、trp、T7、T5 和 P$_R$P$_L$等，一般为可调控的强启动子，可以通过化学诱导物（如乳糖或 IPTG）或物理诱导因素（如温度），控制阻遏蛋白的活性，从而控制启动子的转录活性。作为调节基因的阻遏蛋白基因可以由宿主细胞自身基因组提供，也可以作为一个基本元件构建到表达载体上，例如，pET-28a 载体上就携带有阻遏蛋白基因 lacI。外源基因的转录一旦开始，如果没有

转录终止信号，就会造成通译，浪费细胞资源，不利于外源基因的高效表达。因此，表达载体还应该具有强转录终止信号，可以采用两个串联的强转录终止信号，以增强转录终止的效果。

③ 满足外源基因翻译的元件：转录出来的目的 mRNA 要能被有效翻译，需要核糖体结合位点、翻译起始密码子及终止密码子。核糖体结合位点（rbs），又叫 SD 序列（Shine – Dalgarno sequence），位于起始密码子 AUG 上游 3~10bp 处，是一段富含嘌呤核苷酸的序列（长 3~9bp），核糖体上 16S rRNA 的 3' 端序列恰好与之互补，从而实现核糖体对 mRNA 的识别和翻译（见图 11-4）。SD 序列与起始密码子之间的距离会影响蛋白质的翻译效率，一般认为，两者之间的距离以 5~13bp 为宜。因此，在表达载体上除了要有 SD 序列，还要保证 SD 序列和起始密码子之间有恰当的距离。翻译时的起始密码子可以由表达载体提供，也可以由外源基因提供。终止密码子通常三个串联起来，以避免通读。

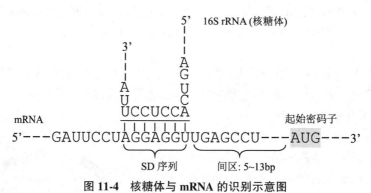

图 11-4 核糖体与 mRNA 的识别示意图

④ 满足重组蛋白分离纯化的元件：使用 pET 系列载体尽管可以实现高效表达，使重组蛋白占细胞总蛋白的 50%，但还是存在大量的宿主蛋白，为有效地分离纯化出重组蛋白，可以借助具有高分辨率的亲和层析法。要利用亲和层析法分离纯化重组蛋白，就要求重组蛋白上具有宿主蛋白所没有的亲和标签，也就是要求目的蛋白与亲和标签融合表达。因此，表达载体应当具有特定的亲和标签，如 pGEX 系列的载体使用谷胱甘肽硫转移酶（glutathione-S-transferase，GST）作为亲和标签，可用结合有谷胱甘肽（gluta-thione，GSH）的层析柱分离纯化重组蛋白；pET 系列的载体一般具有包括 His 标签（His-tag）在内的多种亲和标签，使用时有更多的选择性，如果融合有 His 标签，可用镍离子亲和层析法方便地分离纯化出重组蛋白（见实验十三）。

⑤ 满足目的蛋白释放的元件：目的蛋白与亲和标签的融合表达，有利于重组蛋白的分离纯化，但也有不利的一面，即亲和标签并不是目的蛋白固有的组成部分，可能会影响目的蛋白的生物活性，或者具有免疫原性，影响目的蛋白作为药物的应用价值。因此，分离纯化出重组蛋白后，有必要通过化学切割或蛋白酶切割的方式使真正的目的蛋白释放出来。有些化学试剂可以特异性地切割某种肽键，有些蛋白酶可以特异性地识别某种氨基酸序列并进行切割，因此，在表达载体上，即在亲和标签的编码序列和外源基因之间，引入能编码特殊氨基酸序列的 DNA 序列，就可以在亲和标签和目的蛋白之间引入化学试剂或蛋白酶切割位点，实现目的蛋白的释放。例如，在 pET-28a 载体上引入

了凝血酶的切割位点。

3）表达方式

按照表达方式的不同，外源基因在大肠杆菌中的表达可以分为非融合表达和融合表达，两者需要的表达载体不同，也具有不同的特点。

① 非融合表达：实现目的蛋白的非融合表达，需要使用非融合表达载体，如 pKK223-3、pBV220 等，它们可以表达出非融合蛋白，即除了目的蛋白的肽段，不含有任何其他氨基酸序列。非融合蛋白与天然的蛋白质在结构、功能、免疫原性等方面基本一致，这有利于重组蛋白的研究与应用。但是，由于要表达的基因克隆到载体上后，SD 序列与起始密码子之间的距离等因素没有经过优化，翻译起始区（translation initiation region，TIR）组织不合理，所以很可能达不到理想的表达效率，甚至得不到外源蛋白产物。另外，真核生物的基因在原有的生物体内或真核表达系统中表达后，蛋白质的第一个甲硫氨酸会被切除，但是在大肠杆菌中表达时，目的蛋白的第一个甲硫氨酸会被保留下来，而这个甲硫氨酸残基具有一定的免疫原性，往往使重组蛋白药物进入人体后引起过敏现象。这时可以采用化学切割的方式去除这个甲硫氨酸，或者改换融合表达方式。

② 融合表达：实现目的蛋白的融合表达，需要使用融合表达载体，如 pGEX 系列、pRSET 系列、pET 系列的载体等，它们可以表达出融合蛋白，即除了目的蛋白的肽段，还具有一段跟目的蛋白没有任何关系的融合肽段，可能会影响目的蛋白的生物活性，或者引起人体的过敏反应。由于融合表达载体上的 SD 序列与起始密码子之间的距离已经得到优化，翻译起始区组织合理，有利于外源基因的高效表达。至于与目的蛋白不相关的融合肽段，往往有利于外源基因的高效表达或分泌表达，或者可作为一种亲和标签，有利于重组蛋白的检测和分离纯化。融合肽段上还会具有某些蛋白酶的切割位点，有利于目的蛋白的释放，恢复目的蛋白的生物活性，同时也可以消除融合肽段或第一个甲硫氨酸残基引起的免疫原性。

本教程使用的 pET-28a 载体，既可以用于外源基因的非融合表达，也可以用于外源基因的融合表达，可以根据具体的实验要求选择最佳的表达方式，这是因为在 pET-28a 上，除了多克隆位点之外，在多克隆位点上游还具有其他酶切位点（Xba I、Nco I）。如果选择在多克隆位点处克隆外源基因，就可以实现融合表达；如果选择在多克隆位点上游的酶切位点处克隆外源基因，就可以实现非融合表达。在进行非融合表达时，可以采用外源基因自身的 5' 非翻译区（5'-untranslated region，5'-UTR），也可以采用载体上原有的经优化的翻译起始区。

4. 大肠杆菌表达载体的构建

这里以采用 pET-28a 构建重组质粒实现融合表达为例，介绍设计和构建表达载体时应当考虑的关键问题。

1）目的基因酶切位点的分析

目的基因必须经过限制性内切酶消化之后，才能连接到表达载体上，但是目的基因的内部不能出现对应的酶切位点，否则目的基因受到切割后就会断裂，不能保证以完整的基因连接到表达载体上。最便捷的方法就是将目的基因不具有的酶切位点引入 PCR 引物的 5' 端，经过 PCR 扩增后，目的基因的两侧就会带有这样的酶切位点（见

图 5-2），切割反应只发生在目的基因的两侧，这样既保护了目的基因的完整性，又可以直接对目的基因进行操作。

因此，较为关键的问题就是寻找到在目的基因内部不出现的酶切位点。由于目的基因最终要通过黏性末端连接到表达载体上，所以只需分析表达载体上多克隆位点处的酶切位点是否出现在目的基因内部。如果一种酶切位点在目的基因内部出现，就意味着对应的限制性内切酶能够破坏目的基因，这种酶切位点就不能引入 PCR 引物；反之，如果一种酶切位点没有出现在目的基因内部，这种酶切位点就可以引入 PCR 引物。利用 NEBcutter V2.0 等在线软件，可以快速地分析出目的基因内部的酶切位点的分布情况，包括目的基因内部具有的酶切位点和目的基因内部没有的酶切位点。

2）定向克隆

在表达载体上，启动子的方向是固定的，目的基因必须以正确的方向插入启动子下游，才能得到其表达产物。因此，在构建表达载体时，要考虑目的基因的"定向克隆（directional cloning）"。

双酶切的方式可以方便地实现一个基因的定向克隆。其方法是，在 PCR 的两条引物的 5'端分别引入一种不能切割目的基因内部序列的限制性内切酶的酶切位点，这样就能使 PCR 产物的两个末端具有不同的酶切位点，用对应的两种限制性内切酶切割后，就产生两种不同的黏性末端，而表达载体也用同样的两种限制性内切酶切割，也会产生这样两种不同的黏性末端，在 DNA 连接酶的作用下，PCR 产物和表达载体上相同的黏性末端就可以连接在一起，从而将 PCR 产物（也就是目的基因）以特定的方向连接到载体上（见图 11-5）。

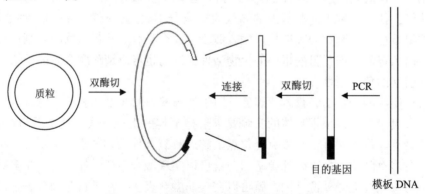

图 11-5　双酶切实现目的基因的定向克隆

有些实验受到限制性内切酶种类的限制不能利用双酶切的方式，这时只能考虑单酶切的方式。此时，目的基因两侧的黏性末端和表达载体两侧的黏性末端都是相同的，目的基因就会以两种方向随机地插到表达载体上，但是只有其中一种插入方向是正确的，需要利用酶切鉴定的方法（见实验十）将具有正确插入方向的重组载体筛选出来。

3）开放阅读框分析

对外源基因进行融合表达时，除了要保证目的基因的完整性和实现定向克隆，还要考虑第三个问题：目的基因插入表达载体上编码亲和标签的 DNA 序列的下游后，目的基因的密码子必须与亲和标签所对应的密码子处于同框状态，这样才能使目的蛋白与亲和标签之间有效融合，保证目的蛋白的序列完全正确，否则，由于移码变化，根本得不到序列正确的表达产物（见图 11-6A）。

在表达载体上，酶切位点多为 6bp，这有利于保证插入的目的基因具有正确的阅读框，因为这 6bp 的序列刚好对应了两个密码子。因此，选择合适的酶切位点，可保证阅读框正确（见图 11-6B）。pET-28 载体有 pET-28a、pET-28b（在 pET-28a 的 *Bam*H Ⅰ位点前缺失 1 个 C 碱基）、pET-28c（在 pET-28a 的 *Bam*H Ⅰ位点前缺失 G、C 两个碱基）三个类型，这为保证插入目的基因的阅读框正确提供了便利，因为不管采用哪两种限制性内切酶对目的基因进行切割，在这三个类型中总有一个类型的表达载体能保证阅读框正确（见图 11-6C）。但是，如果实验者没有三个类型的表达载体，例如只有 pET-28a，那么需要仔细核对目的基因上游的酶切位点能否保证阅读框正确。在设计引物时，应当将能保证阅读框正确的酶切位点引入目的基因的上游引物中，或者在上游引物的酶切位点与目的基因之间添加 1~2 个碱基，以调整出正确的阅读框（见图 11-6D）。对于下游引物，在引入酶切位点时，则不需要考虑这个问题。

pET-28a　*Bam*H Ⅰ　*Eco*R Ⅰ　*Sac* Ⅰ　*Sal* Ⅰ　*Hind* Ⅲ　*Not* Ⅰ　*Xho* Ⅰ
ATG---C**GC**GGATCCGAATTCGAGCTCCGTCGACAAGCTTGCGGCCGCACTCGAGCA---
Met------GlySerGluPheGluLeuArgArgGlnAlaCysGlyArgThrArgAla---

pET-28a　*Bam*H Ⅰ　*Eco*R Ⅰ　*Sac* Ⅰ　*Sal* Ⅰ　*Hind* Ⅲ
A　ATG---C**GC**GGATCCGAATTCGAGCTCCGTCGACAAGCTT**TCTCCGATGAAGGTGTT**---
Met------GlySerGluPheGluLeuArgArgGlnAlaPheSerAspGluGlyVal---
不同框，移码，蛋白质序列不正确

pET-28a　*Bam*H Ⅰ　*Eco*R Ⅰ
B　ATG---C**GC**GGATCCGAATTC**TCTCCGATGAAGGTGTTCGGGCACCCGATGCTGACA**---
Met------GlySerGluPheSerProMetLysValPheGlyHisProMetLeuThr---
同框，蛋白质序列正确

pET-28b　*Bam*H Ⅰ　*Eco*R Ⅰ　*Sac* Ⅰ　*Sal* Ⅰ　*Hind* Ⅲ
C　ATG----C**G**GGATCCGAATTCGAGCTCCGTCGACAAGCTT**TCTCCGATGAAGGTGTTC**---
Met-------AspProAsnSerSerSerValAspLysLeuSerProMetLysValPhe---
改用 pET-28b，同框，蛋白质序列正确

pET-28a　*Bam*H Ⅰ　*Eco*R Ⅰ　*Sac* Ⅰ　*Sal* Ⅰ　*Hind* Ⅲ
D　ATG---C**GC**GGATCCGAATTCGAGCTCCGTCGACAAGCTTGC**TCTCCGATGAAGGTG**---
Met------GlySerGluPheGluLeuArgArgGlnAlaCysSerProMetLysVal---
增加 2 个碱基，同框，蛋白质序列正确

图 11-6　构建载体确保开放阅读框正确

4）引物设计

设计引物的一般原则可参见实验五，此处不再赘述。但需要注意的是，在利用 PCR 技术扩增目的基因以构建表达载体时，往往不能兼顾每一条经典原则，因为我们只需扩增目的基因的开放阅读框（ORF），而一个基因的开放阅读框边界的 DNA 序列是特定的，在设计引物时没有过多的选择余地，最多只能改变引物的长度。但是在改变引物长度时，首先要保证 PCR 扩增的高度特异性，也就是要考虑引物与模板 DNA 的退火温度较高，通常为 50~60℃。在此基础上，还应尽量避免引物的 3’端出现相同碱基堆积或

发夹结构。不过，由于受目的基因具体序列的限制而实在设计不出理想的引物时，可以接受和使用较差的引物，许多时候也能得到比较好的结果。

在设计出引物中的基因特异性序列后，需要进一步在两条引物的 5' 端引入相关的酶切位点。同时为了保证限制性内切酶的切割效率，还要在酶切位点的最外侧（即引物的 5' 端）引入 2~3 个保护性碱基（见图 11-7），其可以是任何序列，但一般会考虑平衡引物的 GC 含量，例如，引物的 GC 含量偏低时，保护性碱基只用 G 或 C，以提高引物的 GC 含量。

5'-GGGGAATTCTCTCAGATGAAGATGTTCA-3'

保护性碱基　　酶切位点　　　　基因特异性序列

图 11-7　引物的构成

5）选择合适的菌株进行基因操作与表达

根据上述原则完成设计后，就可以送生物技术公司合成含有恰当的限制性内切酶酶切位点的引物，然后完成 PCR 扩增、酶切、连接等相关的基因操作。将连接产物转化大肠杆菌时，需要选择合适的菌株。在一般的基因克隆时，通常转化大肠杆菌 DH5α 菌株，该菌株的转化效率高，而且 *lacZ* 基因有缺陷，支持蓝-白斑筛选。在构建 pET 系列的表达载体时，尽管不能使用蓝-白斑筛选，但还是选择转化 DH5α 菌株，因为 pET 载体在该菌株中具有较高的拷贝数，有利于重组质粒的提取和鉴定。

从 DH5α 菌株中鉴定出含有目的基因的阳性克隆后，并不能直接在 DH5α 菌株中实现外源基因的表达，这是因为 pET 载体采用的是 T7 启动子，它必须由 T7 RNA 聚合酶特异性识别，而 DH5α 菌株不含有 T7 RNA 聚合酶基因，也就不能产生 T7 RNA 聚合酶。但是，大肠杆菌 BL21（DE3）菌株因携带有溶源化的噬菌体 DE3 而具有 T7 RNA 聚合酶基因，在乳糖或 IPTG 的诱导下能够表达出 T7 RNA 聚合酶，从而识别 T7 启动子，实现外源基因的表达。此外，BL21（DE3）菌株的蛋白酶活性较低，有利于外源蛋白的稳定积累。

pET 系列的载体也能在 BL21 的衍生菌株 BL21（DE3）pLysS 菌株和 Rosetta（DE3）菌株中实现高效表达（菌株信息见附录Ⅲ）。BL21（DE3）pLysS 菌株中携有 pLysS 质粒，能表达 T7 溶菌酶，降低目的基因的本底表达水平，有利于毒性蛋白的表达。Rosetta（DE3）菌株携有 pRARE 质粒，能产生大肠杆菌的六种稀有密码子对应的 tRNA，有利于克服密码子偏倚（codon bias），提高真核基因在原核表达系统中的表达水平。

需要指出的是，随着现代分子生物学技术的快速发展，当前已开发出多种载体构建的方法，如 Gibson 拼接技术、Gateway 法、Golden Gate 克隆技术、重组融合 PCR 法等，这些方法均已广泛应用。其中，Gibson 克隆是一种 DNA 无缝克隆技术，可将插入片段定向克隆到载体的任意位点，可以简单快速地实现多个 DNA 片段的一次性无缝组装，而且组装尺度非常可观，现已成功组装的最大的 DNA 分子大小为 1.08Mb。

三、实验材料

1. 生物材料

重组质粒 pSPORT1-*Dvgst* DNA、pFB-*egfp* DNA、枯草芽孢杆菌 168 菌株基因组

DNA、原核表达载体 pET-28a、大肠杆菌 DH5α 菌株。

2. 主要试剂

（1）用于细菌培养：LB 液体培养基（不含任何抗生素），LB 平板（含 Kan，50μg/mL），卡那霉素（Kan，50mg/mL）（使用前加入 LB 液体培养基中）等。

（2）用于 PCR 扩增：10×PCR 缓冲液，dNTP，*Taq* DNA 聚合酶（5U/μL），无菌水，引物等。引物序列如下：

GSTF：5'－TTTGGATCCTCTCCGATGAAGGTGTTCG－3'

GSTR：5'－TTTAAGCTTCTAGAAGGCCGCGCGCATAC－3'

EGFPF1：5'－ATTGGATCCGTGAGCAAGGGCGAGGA－3'

EGFPR1：5'－CGCAAGCTTTTTACTTGTACAGCTCGTCCAT－3'

LipAF：5'－GGGGGATCCAAATTTGTAAAAAGAAGGATCA－3'

LipAR：5'－GGGAAGCTTCATTAATTCGTATTCTGGC－3'

（3）用于琼脂糖凝胶电泳及目的片段回收：琼脂糖，1×TAE 电泳缓冲液，6×DNA 上样缓冲液，EB 储存液（10mg/mL），SanPrep 柱式 DNA 胶回收试剂盒等。

（4）用于酶切反应和连接反应：10×K 缓冲液，*Bam*H Ⅰ（15U/μL），*Hind* Ⅲ（15U/μL），10×T4 DNA 连接缓冲液，T4 DNA 连接酶（350U/μL）等。

（5）用于质粒 DNA 的提取：溶液Ⅰ，溶液Ⅱ，溶液Ⅲ，Tris 饱和酚，氯仿：异戊醇（24：1），异丙醇，70%乙醇，TE 溶液（pH8.0），RNase A（10mg/mL）等。

3. 主要仪器

微量移液器，制冰机，超净工作台，高速离心机，PCR 仪，加热块，微波炉，制胶板，水平电泳槽，电泳仪，脱色摇床，恒温摇床，紫外分光光度计，凝胶成像分析系统，水浴锅，冰箱，-70℃超低温冰箱等。

四、实验内容

1. 重组表达载体的设计——酶切位点的选择

> **注意：**"重组表达载体的设计"包括"酶切位点的选择"和"引物的设计与合成"这两部分内容，为设计性实验，需要使用电脑及网络资源；教学时，以构建重组质粒 pET-28a-*gst* 并实现融合表达为例，讲解和演示设计的全过程，学生完成重组质粒 pET-28a-*egfp* 或 pET-28a-*BslipA* 的设计，并递交设计报告。

（1）登录 NCBI 网站（https：//www.ncbi.nlm.nih.gov），输入基因登录号检索目的基因，从 GenBank 数据库中获得目的基因的 DNA 序列。

> **注意：** ① 簇毛麦谷胱甘肽硫转移酶基因（*Dvgst*）登录号为 EU070904，690bp（CDS）。
> ② 增强型绿色荧光蛋白基因（*egfp*）登录号为 U76561，720bp（CDS）。
> ③ 枯草芽孢杆菌脂肪酶基因（*BslipA*）登录号为 AL009126，639bp（CDS）。
> ④ 本教程以上述三个基因为例，也可选择其他基因，方法相同。

（2）根据基因注释信息中的"CDS（coding sequence，编码序列）"，或利用 NCBI 网站上的在线软件 ORFinder，获得并保存目的基因开放阅读框（ORF）部分的 DNA 序列。

（3）利用在线软件 NEBcutter 2.0，分析目的基因开放阅读框内的限制性内切酶的酶切位点，获得不能切割目的基因 ORF 序列的限制性内切酶的列表。

注意：在基因操作时，保证目的基因的完整性很重要。

（4）查看表达载体 pET-28a 的多克隆位点（MCS）上分布的酶切位点（见图 11-2），分析每个酶切位点对应的限制性内切酶是否在步骤（3）得到的列表中出现，如果出现，它们就有可能应用于重组载体的构建。

注意：① 不能切割目的基因的限制性内切酶会有很多，但载体上能用的酶却很少。
② 在 pET-28a 的 MCS 中，*Bam*H Ⅰ、*Eco*R Ⅰ、*Sac* Ⅰ、*Hind* Ⅲ、*Not* Ⅰ 和 *Xho* Ⅰ 这 6 种限制性内切酶不能切割 *Dvgst* ORF。

（5）进一步分析步骤（4）中得到的限制性内切酶，查看哪些酶的识别位点引入目的基因的 ORF 上游后，能够保证目的基因的阅读框与载体上融合部分序列的阅读框一致。这些酶可以用于重组载体的构建，选定一种酶即可，在随后设计引物时把它的酶切位点引入上游引物的 5' 端。

注意：① 保证目的基因与融合标签的阅读框一致，是融合表达成功的关键。
② 引入 *Bam*H Ⅰ、*Eco*R Ⅰ 和 *Sac* Ⅰ 的识别位点都能保证两者的阅读框一致，例如可选定价格便宜的 *Eco*R Ⅰ。

（6）选定目的基因上游的酶切位点之后，从 pET-28a 的多克隆位点上查看处于它下游的酶切位点，此时可能还有几种可供选择的内切酶，选定其中的一种，在随后设计引物时把它引入下游引物的 5' 端。

注意：① 选择双酶切的方式有利于目的基因的定向克隆。
② 对下游引物中的酶切位点没有特殊要求，一般选择价格较便宜、酶切条件与切割目的基因上游的限制性内切酶尽量一致的酶。
③ 在 *Eco*R Ⅰ 位点之后，有 4 种酶（*Sac* Ⅰ、*Hind* Ⅲ、*Not* Ⅰ 和 *Xho* Ⅰ）的酶切位点都可以引入下游引物，例如，可以选择价格便宜的 *Hind* Ⅲ，也可以选择酶切条件与 *Eco*R Ⅰ 一致的 *Xho* Ⅰ。

2. 重组表达载体的设计——引物的设计与合成

注意：本教程使用"Primer Primier 5.0"软件设计引物，详见附录Ⅳ。

（1）在 Windows 环境下，安装并运行"Primer Primier 5.0"。
（2）复制并粘贴目的基因完整的开放阅读框（ORF）DNA 序列。

（3）根据反义链（antisense strand）DNA 序列，设计出正向引物（forward primer）中的"基因特异性序列"部分（见图 11-7），记录下正向引物的解链温度（T_m）和 GC 含量。

> 注意：① 反义链是指能转录形成 mRNA 的模板链。
> ② 目的基因的正向引物也叫上游引物。
> ③ PCR 时的退火温度与引物的解链温度（T_m）有关，一般将退火温度设置为 $(T_m-5)\sim(T_m-2)$℃，在设计引物时，两条引物的 T_m 值应尽量接近，下同。

（4）根据"酶切位点的选择"中的分析结果，在正向引物的 5' 端引入 *Bam*H I 或 *Eco*R I 酶切位点，并根据平衡 GC 含量的原则，在酶切位点外侧（也就是引物 5' 端的最外侧）引入 2~3 个保护碱基。

（5）记录完整的正向引物序列，并保存在 Word 文档或文本文档中。

（6）根据正义链（sense strand）DNA 序列，设计出反向引物（reverse primer）中的"基因特异性序列"部分，记录下反向引物的解链温度（T_m）和 GC 含量。

> 注意：① 正义链是指序列与 mRNA 一致的模板链。
> ② 目的基因的反向引物也叫下游引物。

（7）根据"酶切位点的选择"中的分析结果，在反向引物的 5' 端引入 *Hind* III 或 *Xho* I 酶切位点，并根据平衡 GC 含量的原则，在酶切位点外侧引入 2~3 个保护碱基。

（8）记录完整的反向引物序列，并保存在 Word 文档或文本文档中。

> 注意：认真核对引物序列，特别是反向引物序列与基因序列的互补关系、反向关系、反向互补关系。

（9）通过 E-mail 将正向引物和反向引物的序列发送到有关生物技术公司，3~5 个工作日即可合成出所需引物。

> 注意：每条引物通常合成 2 个 OD，并分装于两个离心管中，每管 1 个 OD（1 个 OD 值的合成引物 DNA 的质量约为 33μg）。

（10）将装有引物的 1.5mL 离心管放入离心机中，12000r/min 离心 1min，将透明的薄膜状的引物离心到离心管底部。

> 注意：合成的引物为固形物，在运输过程中，引物可能不在离心管底部，如果不离心就打开离心管盖，引物很可能会丢失。

（11）加入适量无菌的 TE 溶液（pH8.0）或无菌水溶解，使两条引物的浓度均为 10μmol/L，置于 4℃或-20℃冰箱中保存，备用。

> 注意：在 60℃加热块上加热 5~10min，可促进引物的溶解。

3. 重组表达载体的构建

（1）pET-28a 质粒的提取：在 LB 平板（含 Kan，50μg/mL）上复苏含有 pET-28a 质粒的甘油菌，挑取单克隆，接种于 5mL LB 液体培养基（含 Kan，50μg/mL）中，37℃ 过夜振荡培养，采用 SDS 碱裂解法或柱式抽提法提取质粒 DNA（参见实验二）。

> **注意：** ① pET-28a 上携有卡那霉素抗性基因。
> ② 由于 pET-28a 在大肠杆菌 DH5α 菌株中的拷贝数比 pUC18 的拷贝数低得多，所以可用少量的 TE 溶液（pH8.0）或洗脱液溶解质粒 DNA，以提高质粒 DNA 的浓度。

（2）PCR 扩增目的基因 *Dvgst*、*egfp*、*BslipA*：以 pSPORT1-*Dvgst* DNA 为模板，用引物 GSTF 和 GSTR 进行 PCR 扩增，获得目的基因 *Dvgst*；以 pFB-*egfp* DNA 为模板，用引物 EGFPF1 和 EGFPR1 进行 PCR 扩增，获得目的基因 *egfp*；以枯草芽孢杆菌 168 菌株基因组 DNA 为模板，用引物 LipAF 和 LipAR 进行 PCR 扩增，获得目的基因 *BslipA*。反应体系用通式表述为

ddH$_2$O	39.6μL
10×PCR 缓冲液	5μL
dNTP	2μL
正向引物	1μL
反向引物	1μL
模板 DNA	1μL
Taq（5U/μL）	0.4μL

反应条件为

94℃，3min
94℃，30s ⎫
50℃，40s ⎬ 30 次循环
72℃，60s ⎭
72℃，5min
10℃，保持

> **注意：** ① 最好使用高保真的耐高温 DNA 聚合酶，如 *Pfu* DNA 聚合酶，使 PCR 产物中的目的基因序列与原始序列完全一致。
> ② 将退火温度设置为 $(T_m-5)\sim(T_m-2)$℃，具体数值可通过预实验优化得到。

（3）PCR 产物的检测与回收：用 5mm 宽的梳子制备 1.2% 琼脂糖凝胶，将 50μL PCR 产物与适量 6×DNA 上样缓冲液混匀后，点样于 2~3 个加样孔中，100~120V 电泳 40~60min，EB 染色后在紫外灯下观察，确定扩增产物片段的大小正确后，采用 SanPrep 柱式 DNA 胶回收试剂盒回收目的基因。

（4）质粒和目的基因的定量：采用紫外分光光度法检测质粒 DNA 和目的基因 DNA 的浓度，也可用 NanoDrop 或 OneDrop 直接测定。

（5）质粒 pET-28a 及目的基因的双酶切：建立如下酶切体系（20μL），在 37℃ 水浴锅中酶切 2~3h，70℃ 处理 15min，灭活 *Bam*H Ⅰ 和 *Hind* Ⅲ。

ddH$_2$O	Y/Y' μL
10×K 缓冲液	2μL
pET-28a DNA／目的基因	X/X' μL
*Bam*H Ⅰ（15U/μL）	1μL
Hind Ⅲ（15U/μL）	1μL

注意：① 质粒 pET-28a DNA 的用量约为 1μg，大约相当于 0.31pmol，所取体积 X 可根据步骤（4）中 DNA 定量分析的结果计算得到，那么 $Y=16-X$。
② 目的基因（target gene）的用量约为 1μg，大约相当于 2.2pmol *Dvgst* 基因、2.1pmol *egfp* 基因、2.4pmol *BslipA* 基因，所取体积 X' 可根据步骤（4）中 DNA 定量分析的结果计算得到，那么 $Y'=16-X'$。

（6）目的基因与表达载体 pET-28a 的连接：建立如下连接反应体系（10μL），然后在 16℃ 水浴锅中连接 2~3h，转入 4℃ 冰箱中过夜连接。

10×T4 DNA 连接缓冲液	1μL
目的基因酶切产物	X'' μL
pET-28a DNA 酶切产物	Y'' μL
T4 DNA 连接酶（350U/μL）	1μL

注意：根据步骤（4）~（6）的设计，调整酶切后目的基因和载体的体积，使目的基因与载体的摩尔数比值在 5∶1~10∶1 之间，且保证 $X''+Y''=8$。

（7）连接产物转化 DH5α 菌株：采用热击法将连接产物转化至大肠杆菌 DH5α 菌株感受态细胞，将其涂布于 LB 平板（含 Kan，50μg/mL）上，在 37℃ 恒温养箱中静置培养 12~15h。

（8）菌落 PCR 法验证阳性克隆：挑取 5~10 个生长出来的菌落，分别接种于 500μL LB 液体培养基（含 Kan，50μg/mL）中，37℃ 振荡培养 2~4h，按步骤（2）中的反应条件进行 PCR，不同之处在于反应体系改为 25μL，以 3μL 菌液为扩增模板，采用 1.2% 琼脂糖凝胶电泳检测，初步筛选出阳性克隆。

（9）酶切法验证阳性克隆：将 2~3 个阳性克隆转接于 3mL LB 液体培养基（含 Kan，50μg/mL）中，37℃ 振荡培养 12~15h，采用 SDS 碱裂解法或柱式抽提法提取质粒 DNA，按步骤（5）中的条件进行双酶切，不同之处在于，所有成分的用量都减半以节约酶，采用 1.2% 琼脂糖凝胶电泳检测，进一步鉴定阳性克隆。

（10）将重组表达载体 pET-28a-*Dvgst*、pET-28a-*egfp* 和 pET-28a-*BslipA* 保存于 −20℃ 冰箱中，可用于随后的原核表达分析。

五、思考题

（1）大肠杆菌表达系统具有哪些优点？

（2）大肠杆菌表达载体应具备哪些基本元件？各起什么作用？

（3）构建大肠杆菌表达载体时，一般应考虑哪些问题？

（4）什么是定向克隆？如何保证目的基因以正确的方向插入启动子下游？

（5）在构建 pET-28a 表达载体时，为什么目的基因与 pET-28a 的连接产物先转化 DH5α 菌株，再转化 BL21 菌株，而不直接转化 BL21 菌株获得重组子？

实验十二　重组蛋白的诱导表达与 SDS-PAGE 检测

一、实验目的

（1）掌握 IPTG 诱导外源基因表达的方法；

（2）掌握 SDS-PAGE 的原理和方法；

（3）掌握重组蛋白分子量的测定方法。

二、实验原理

1. 外源基因的诱导表达

外源基因的表达会消耗宿主细胞大量能量，影响宿主细胞的生命活动与增殖，这反过来又将影响重组蛋白的产量。因此，在科学研究或工业化生产中，一般采用两阶段培养方式（见图 12-1）。在第一阶段，先不让外源基因表达，旨在大量繁殖宿主细胞，为提高重组蛋白的表达量奠定基础；在第二阶段，即在宿主细胞大量增殖的基础上诱导外源基因的转录，可在较短的时间内翻译和积累大量的重组蛋白。

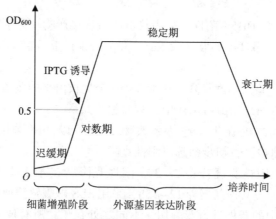

图 12-1　基因工程菌的两阶段培养

两阶段培养是实现重组蛋白高效表达的理想模式，其关键是将外源基因构建在可控制的强启动子下游，利用化学诱导物或物理诱导因素对启动子的转录活性进行严格控制。在大肠杆菌表达载体上，目前常用的启动子主要有 *lac* 启动子、*trp* 启动子、*tac* 启动子、T7 启动子、P_RP_L启动子等。这里介绍 *lac* 启动子、T7 启动子和 P_RP_L启动子。

1）*lac* 启动子

Pharmacia 公司的 pKK223-3 载体采用了 *lac* 启动子。*lac* 启动子来源于大肠杆菌的乳糖操纵子（lactose operon）。当培养基中没有诱导物时，调节基因 *lacI* 编码的阻遏蛋白（repressor protein）具有活性，可以结合在 *lac* 启动子的操作子（operator）上，使 *lac* 启动子关闭，不能表达出目的蛋白。当培养基中加入诱导物后，诱导物可以与阻遏蛋白结合，使阻遏蛋白失活，从而使 *lac* 启动子开放，转录出目的 mRNA，进而翻译出目的蛋白。

lac 启动子的诱导物为乳糖或其类似物异丙基-β-D-硫代半乳糖苷（IPTG）。使用乳糖作为诱导物时，乳糖会在一定程度上被大肠杆菌消耗，不能持续地诱导外源基因表达，而使用 IPTG 作为诱导物时，由于 IPTG 是异源性物质，不能参与大肠杆菌的代谢，所以能够稳定存在，可起到持续诱导的作用。可见，乳糖诱导外源基因表达的效率不如 IPTG。因此，无论是基础研究，还是生产应用，IPTG 被广泛应用于诱导外源基因高效表达。但是，IPTG 的价格比乳糖昂贵得多，大规模生产时成本较高。另外，由于 IPTG 对大肠杆菌细胞和人体细胞都有一定的毒性，所以，在生产重组蛋白类药物时，应尽量避免使用 IPTG 作为诱导物。

2）T7 启动子

Novagen 公司的 pET 系列载体采用了 T7 启动子，并在其后引入乳糖操纵子中的操作子，使之受到 *lacI* 基因产物的控制。T7 启动子是来源于 λ 噬菌体的强启动子，受到 T7 RNA 聚合酶的高度专一性识别。T7 RNA 聚合酶具有很强的转录活性，合成 mRNA 的速率比大肠杆菌自身的 RNA 聚合酶快 5 倍，可以使外源基因的转录水平远远高于宿主自身基因的转录水平，并使大部分的宿主细胞资源都用于目的蛋白的表达。通常的情况是，只需几小时就可以使目的蛋白的表达量占宿主总蛋白的 50%。

由于大肠杆菌自身不能产生 T7 RNA 聚合酶，所以需要将外源的 T7 RNA 聚合酶基因引入大肠杆菌中。引入的方式是使大肠杆菌 BL21 菌株成为噬菌体 DE3 溶源化的菌株，即形成 BL21（DE3）菌株。噬菌体 DE3 是 λ 噬菌体的衍生株，携带有 T7 RNA 聚合酶基因和阻遏蛋白基因（*lacI*），而且 T7 RNA 聚合酶基因受 *lacUV5* 启动子的控制，*lacUV5* 启动子可以像 *lac* 启动子一样受到乳糖或 IPTG 的诱导。因此，将 pET 系列的表达载体导入大肠杆菌 BL21（DE3）菌株后，用乳糖或 IPTG 诱导就能实现外源基因的高效表达（见图 12-2）。

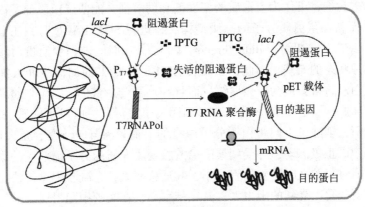

图 12-2　目的基因的诱导表达

3）$P_R P_L$启动子

中国预防医学科学院病毒学研究所开发的 pBV220 载体采用了 $P_R P_L$ 启动子。$P_R P_L$ 启动子是由 λ 噬菌体的 P_R 启动子和 P_L 启动子串联而成的强启动子，受 λ 噬菌体产生的阻遏蛋白（CI）的负调控。研究发现，突变的阻遏蛋白（CIts857）对温度比较敏感，容易变性失活。当培养温度为 30℃ 时，突变的阻遏蛋白具有活性，可以与 $P_R P_L$ 启动子的操作子结合，从而抑制 $P_R P_L$ 启动子的转录活性。当培养温度升高到 42℃ 时，突变的阻遏蛋白由于对温度敏感而变性失活，从而使 $P_R P_L$ 启动子开放，能够转录外源基因。也就是说，$P_R P_L$ 启动子的转录活性受到培养温度这一物理因素的控制。在细菌增殖阶段，采用较低的培养温度，此时外源基因是不表达的，不会影响细菌本身的增殖；一旦细菌增殖到一定程度，就可以提高培养温度，诱导外源蛋白的大量表达。

采用热诱导的方式生产重组蛋白时，不需要添加额外的诱导物，节约了生产成本。但是，在发酵过程中，加热升温的速度比较慢，会影响诱导效果。另外，热诱导本身会使大肠杆菌对环境温度升高产生热激应答，产生大量热休克蛋白，其中有些热休克蛋白具有蛋白酶活性，会影响外源蛋白的积累水平。对此，有些公司的表达载体改用冷诱导（冷休克）启动子，如 TaKaRa 公司的 pCold 系列载体采用大肠杆菌冷休克基因 *CspA* 的启动子。

2. SDS-PAGE

聚丙烯酰胺凝胶电泳（PAGE）是以丙烯酰胺单体和甲叉双丙烯酰胺单体聚合形成的凝胶作为介质进行电泳的技术，既可以用于 DNA、RNA 的分离和鉴定，又可以用于蛋白质的分离和鉴定。其基本原理与实验四类似，对蛋白质进行 PAGE 时，可以采用非变性 PAGE（native PAGE）和变性 PAGE（denaturing PAGE）。非变性 PAGE，是在不加变性剂和还原剂的条件下，对天然蛋白质进行聚丙烯酰胺凝胶电泳，经过电泳之后，蛋白质或酶仍能保持生物活性，因此，非变性 PAGE 主要用于具有生物活性的蛋白质或酶的分离和鉴定。变性 PAGE，是指在蛋白质变性剂和还原剂存在的条件下，对解聚的蛋白质亚基进行聚丙烯酰胺凝胶电泳。因此，变性 PAGE 主要用于蛋白质亚基的分离鉴定和分子量的测定。

SDS-PAGE 就是以十二烷基硫酸钠（SDS）为变性剂的聚丙烯酰胺凝胶电泳。SDS 是一种阴离子去污剂，可作为蛋白质的变性剂和助溶剂，能使蛋白质分子内和分子间的氢键断裂，从而破坏蛋白质分子的高级结构。在进行 SDS-PAGE 时，还会使用强还原剂 β-巯基乙醇或二硫苏糖醇（dithiothreitol, DTT），它们能进一步使蛋白质上的二硫键断裂，形成还原状态的巯基。因此，在用含有 SDS 和 DTT 的加样缓冲液加热处理样品后，多聚体蛋白质将解聚成为多条肽链，而且 SDS 可与肽链的氨基酸侧链结合，形成蛋白质-SDS 复合物（见图 12-3）。由于 SDS 为阴离子去污剂，所以蛋白质-SDS 复合物带有大量的负电荷，消除了不同蛋白质分子原有的电荷量差异。于是，蛋白质-SDS 复合物可以在电场中向正极泳动，并受到聚丙烯酰胺凝胶介质的分子筛效应的影响，即分子量小的蛋白质通过凝胶孔时受到的阻力小，其迁移率大，在凝胶中跑得快，而分子量大的蛋白质通过凝胶孔时受到的阻力大，其迁移率小，在凝胶中跑得慢。

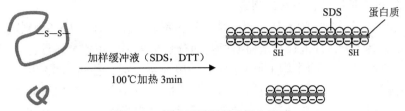

图 12-3 蛋白质样品的变性和还原

在分离不同蛋白质时，SDS-PAGE 具有很高的分辨率，这一方面是由聚丙烯酰胺凝胶介质的特性决定的，另一方面也是由使用的特殊的方法系统决定的，即在电泳时还采用了三个不连续系统，对样品具有浓缩效应，从而提升蛋白质的分离效果。

1) 凝胶浓度的不连续性

采用的凝胶介质分为两层，下层为分离胶，浓度较高，一般为 10%~20%，上层为浓缩胶，浓度较低，一般为 3%~5%（见图 12-4）。在进行 SDS-PAGE 时，样品中的蛋白质首先进入浓缩胶，由于低浓度的凝胶具有较大的孔径，蛋白质没有受到明显的阻碍作用，迁移得快，但是在浓缩胶与分离胶的交界处，由于高浓度的分离胶具有较小的孔径，样品中的蛋白质受到的阻力增大，被压缩在一个很窄的区带，使不同分子量的蛋白质在进入分离胶时处于同一水平线，从而提升分离胶对不同蛋白质的分离效果。

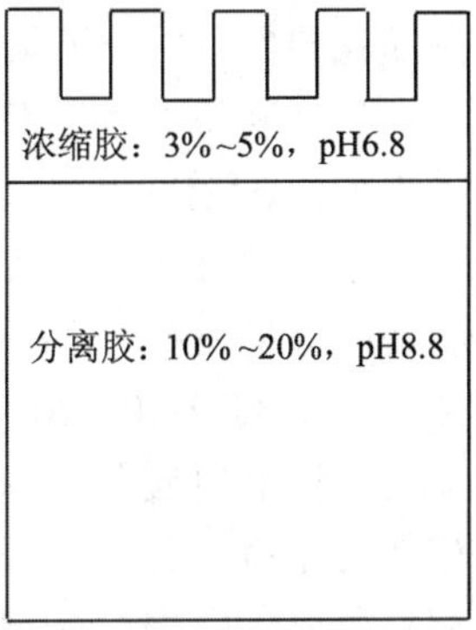

2) pH 值的不连续性

在浓缩胶和分离胶中都含有 Tris-HCl，但 pH 值有所不同，在浓缩胶中使用 pH 值为 6.8 的 Tris-HCl，在分离胶中使用 pH 值为 8.8 的 Tris-HCl（见图 12-4）。Tris 能维持溶液的电中性，并能维持溶液 pH 值的稳定性。HCl 在不同的 pH 值下都极易解离出氯离子（Cl⁻），氯离子在电场中迁移得快，称为快离子（或前导离子）。而电泳缓冲液中的甘氨酸在 pH6.8 的浓缩胶中解离度很小（0.1%~1%），甘氨酸离子（Gly⁻）在电场中迁移得很慢，称为慢离子（或尾随离子）。蛋白质-SDS 复合物带有大量负电荷，但分子量很大，在 pH6.8 的浓缩胶中的迁移率介于快离子和慢离子之间，因此在快离子和慢离子间形成的离子界面处被浓缩成极窄的区带。当蛋白质进入 pH8.8 的分离胶后，甘氨酸的解离度增大，迁移率大大超过蛋白质-SDS 复合物，使不同分子量的蛋白质远远落在氯离子（Cl⁻）和甘氨酸离子（Gly⁻）的后面，并在高浓度的分离胶中实现分离。

3) 电位梯度的不连续性

在浓缩胶中，快离子（Cl⁻）快速迁移时，在后面形成一个离子浓度较低的低电导区，产生较高的电位梯度，致使快离子后面的蛋白质-SDS 复合物和慢离子（Gly⁻）的泳动速度加快。当快离子、慢离子和蛋白质-SDS 复合物的迁移率与电位梯度的乘积相等时，三者的泳动速度相等，但是蛋白质-SDS 复合物的有效迁移率在快离子和慢离子之间，因此，蛋白质被压缩成一个狭小的中间层。

图 12-4 SDS-PAGE 的不连续胶

浓缩胶：3%~5%, pH6.8

分离胶：10%~20%, pH8.8

3. 蛋白质（亚基）分子量的测定

由于 SDS 是与蛋白质的氨基酸侧链结合的，不同的蛋白质-SDS 复合物呈现为直径基本相同的长链分子，其链长与蛋白质亚基的分子量大小成正比。另外，由于结合在肽链上的大量 SDS 消除了不同蛋白质分子原有的电荷量差异，使蛋白质-SDS 复合物在聚丙烯酰胺凝胶中的迁移率只与蛋白质亚基的分子量大小有关。当蛋白质亚基的分子量在 15~200kDa 之间时，其电泳迁移率与亚基分子量的对数呈线性关系。因此，SDS-PAGE 不仅可以用于分离蛋白质，还可以用于测定蛋白质亚基的分子量。与凝胶过滤和超速离心相比，SDS-PAGE 不需要昂贵的仪器设备，操作简便快速，能在几个小时内得到重复性较高的结果，是最常用的蛋白质亚基分子量的检测方法。

与分析 DNA 片段大小相似，在检测蛋白质亚基的分子量时，也需要使用已知分子量的标准物作为参照，这就是"蛋白质分子量标记"（protein molecular weight marker）。商品化的蛋白质分子量标记是由一系列纯化的、具有不同分子量的蛋白质组成的，这些蛋白质之间不会发生相互作用，在进行 SDS-PAGE 时具有良好的线性关系。例如，本教程使用的蛋白质分子量标记为 TaKaRa 公司产品（Protein Molecular Weight Marker-Low），由磷酸酶 b（兔子肌肉）、牛血清蛋白（牛）、卵清蛋白（鸡）、碳酸酐酶（牛）、胰蛋白酶抑制剂（大豆）、溶菌酶（鸡蛋白）六种蛋白质组成，其分子量依次为 97.2，66.4，43.3，29.0，20.1，14.3kPa。在电泳时，将蛋白质分子量标记点入与样品相邻的泳道，各蛋白质组分在分离胶中相互分离。根据分子量相近的蛋白质具有相近的迁移率这一原则，可以借助蛋白质分子量标记初步确定目的蛋白的分子量，如图 12-5 中的目的蛋白的分子量约为 28kDa。为了在电泳时即时观察蛋白质的分离情况，还可采用已经预先染有不同颜色的蛋白质分子量标记，其通常被称为"彩虹"预染蛋白质分子量标记。

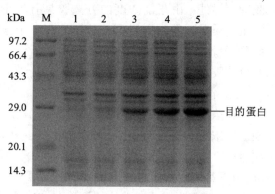

M—蛋白质分子量标记；1—含空载体的大肠杆菌的诱导产物；2~5—含外源基因的大肠杆菌的诱导产物，诱导时间依次为 0，1，2，3h。

图 12-5　SDS-PAGE 结果

另外，我们还可以根据蛋白质分子量标记中各种蛋白质的相对迁移率，作出标准曲线，从而更精确地测定目的蛋白的分子量。蛋白质的迁移距离，是指从分离胶的上沿至蛋白质条带中央的距离，可以用直尺直接测得，而蛋白质的相对迁移率（R_f）可用每个蛋白质条带的迁移距离除以溴酚蓝的迁移距离得到，用公式表述为

$$R_f = \frac{蛋白质条带的迁移距离}{溴酚蓝的迁移距离}$$

由于凝胶在染色、脱色和保存过程中会发生膨胀或收缩，所以必须测量固定前和固定后凝胶的尺寸来消除这种误差，即计算蛋白质的相对迁移率的更精确的公式可表述为

$$R_f = \frac{蛋白质条带的迁移距离 \times 固定前的凝胶长度}{溴酚蓝的迁移距离 \times 固定后的凝胶长度}$$

用每个标准蛋白的分子量的对数（纵坐标）对它的相对迁移率（横坐标）作图，就能得到一条直线。测量出目的蛋白的迁移距离，计算出相对迁移率，就可以根据标准曲线计算出目的蛋白的分子量。不过，这样的标准曲线只在对同一块凝胶上的样品的分子量进行测定时才具有可靠性。

此外，使用凝胶图像分析软件（如 BandScan 等），不仅能很快地判读出目的蛋白的分子量，还能分析目的蛋白的表达效率，估算出目的蛋白占细菌总蛋白的百分比。

外源基因在大肠杆菌中受诱导表达后，利用 SDS-PAGE 可检测出积累的蛋白质的分子量，将检测结果与重组蛋白分子量的理论值比较，就可以初步鉴定出积累的蛋白质是不是目的蛋白。另外，收集不同的蛋白质样品，如发酵液中的蛋白质、细胞破碎后的可溶性蛋白质，或不溶性蛋白质，进行 SDS-PAGE 检测，还可以分析重组蛋白的表达特性，如重组蛋白是不是被分泌到发酵液中，如果重组蛋白在细胞内积累，那么它是以可溶性形式存在，还是以包涵体形式存在，等等。

三、实验材料

1. 生物材料

重组质粒 pET-28a-*Dvgst*（实验十一）、pET-28a-*egfp*（实验十一）、pET-28a-*BslipA*（实验十一）、大肠杆菌 BL21（DE3）菌株。

2. 主要试剂

（1）用于细菌培养与外源基因表达：LB 液体培养基（不含任何抗生素），卡那霉素（Kan，50mg/mL），LB 平板（不含任何抗生素），LB 平板（含 Kan，50μg/mL），100mmol/L IPTG，8M 尿素等。

（2）用于聚丙烯酰胺凝胶的制备：30%丙烯酰胺凝胶储存液（Acr∶Bis = 29∶1），10% SDS，1.5mol/L Tris-HCl（pH8.8），1.0mol/L Tris-HCl（pH6.8），10%过硫酸铵（AP），四甲基乙二胺（TEMED），去离子水等。

（3）用于 SDS-PAGE：1.0mol/L Tris-HCl（pH6.8），10% SDS，二硫苏糖醇（DTT），溴酚蓝，甘油，Tris 碱，甘氨酸，2×SDS 加样缓冲液等。

（4）用于聚丙烯酰胺凝胶的考马斯亮蓝染色：甲醇，乙酸，考马斯亮蓝 R-250 等。

（5）用于聚丙烯酰胺凝胶的硝酸银染色：乙醇，乙酸，乙酸钠，25%戊二醛，硫代硫酸钠，硝酸银，甲醛，碳酸钠，EDTA 等。

3. 主要仪器

微量移液器，超净工作台，制冰机，高速离心机，水浴锅，普通冰箱，-70℃超低温冰箱，恒温摇床，玻璃制胶板，垂直电泳槽，电泳仪，脱色摇床，凝胶成像分析系统等。

四、实验内容

1. 重组质粒转化大肠杆菌 BL21（DE3）菌株（热击法）

（1）采用 CaCl₂法制备大肠杆菌 BL21（DE3）菌株的感受态细胞。

（2）从 4℃冰箱或-70℃超低温冰箱中取出 3 管备用的大肠杆菌 BL21（DE3）感受态细胞，于冰上放置 5~10min。

（3）分别加入 1μL 重组质粒 pET-28a-*Dvgst*、pET-28a-*egfp* 和 pET-28a-*BslipA*，轻轻吸打混匀，于冰上放置 30min。

（4）42℃水浴 60~95s，立即置于冰上 2min。

（5）分别加入 700μL LB 液体培养基（不含任何抗生素）中，37℃，120r/min 振荡培养40~60min。

（6）3000r/min 离心 3min，去除上清液，剩余约 50μL 液体，用微量移液器反复吸打，重新悬浮细胞。

（7）分别将 3 管重悬细胞均匀涂布于 LB 平板（含 Kan，50μg/mL）上，将 LB 平板倒扣于 37℃恒温培养箱，静置培养 12~15h。

2. 外源基因在大肠杆菌中的诱导表达

（1）用无菌枪头分别挑取含有重组质粒 pET-28a-*Dvgst*、pET-28a-*egfp* 和 pET-28a-*BslipA* 的 BL21（DE3）菌落，接种于 2mL LB 液体培养基（含 Kan，50μg/mL）中，37℃振荡培养，过夜，作为种子液。

（2）取 150μL 种子液于 5mL LB 液体培养基（含 Kan，50μg/mL）中，振荡培养2~3h（$OD_{600} \approx 0.5$）。

（3）取 1.0mL 细菌培养物于 1.5mL 离心管中，作为 IPTG 诱导前的样品（0h），其余培养物中添加 40μL 100mmol/L IPTG 至终浓度为 1mmol/L，继续振荡培养。

> **注意**：IPTG 对细菌具有毒性，在细菌达到一定密度（$OD_{600} \approx 0.5$）后才加入，诱导外源基因的表达。

（4）分别在 1，2，3，4h 时，取 1.0mL 细菌培养物于 1.5mL 离心管中。

> **注意**：步骤(1)~(4)的相关操作均在超净工作台(无菌条件)上完成。

（5）室温下 8000r/min 离心 2min，弃尽上清液。

> **注意**：接下来按照步骤（6）或（7）进行操作。

（6）在各沉淀物中加入 200μL 1×SDS 加样缓冲液，用微量移液器反复吸打至混匀，100℃加热 3min 后，立即放在冰上冷却，然后在 4℃或-20℃冰箱中保存，备用。

> **注意**：高温加热处理能够裂解细菌，使蛋白质变性。

（7）在各沉淀物中加入 500μL 去离子水，重悬细胞，超声（200W，10s）破碎细胞（间隔 10s），处理 10~20 次。10000r/min 离心 10min，将上清液转移到一个新的1.5mL 离心管中，加入等体积的 2×SDS 加样缓冲液；沉淀物中加入 200μL 8M 尿素，充分溶解沉淀物后，加入等体积的 2×SDS 加样缓冲液。将两种处理得到的蛋白质样品放在加热块上，100℃加热 3min，立即放在冰上冷却，然后在 4℃或-20℃冰箱中保存，备用。

注意: 该步骤可用于判断表达的重组蛋白是以可溶性形式还是包涵体形式存在。

3. SDS-PAGE 凝胶的制备

注意: 由于丙烯酰胺具有一定的神经毒性,在聚丙烯酰胺凝胶的制备过程中,戴一次性手套进行操作。

(1) 先后用自来水和去离子水清洗玻璃制胶板,晾干后正确安装在制胶架上。

注意: 对于一些垂直电泳系统,可能需用琼脂糖凝胶密封底部及侧面,以免凝胶泄漏。

(2) 在 150mL 三角瓶中配制 50mL 12% 分离胶,依次加入以下成分:

ddH$_2$O	16.5mL
30% Acr-Bis (29∶1)	20mL
1.5mol/L Tris-HCl (pH8.8)	12.5mL
10% SDS	0.5mL
10% AP	0.5mL
TEMED	20μL

注意: ① Acr-Bis (29∶1) 为丙烯酰胺凝胶储存液。
② 使用正确浓度和 pH 值的 Tris-HCl 缓冲液。
③ 加入 TEMED 前,轻轻混匀,避免产生气泡。
④ TEMED 具有挥发性,有毒性,应在通风橱中加入。
⑤ 气温过低时,凝胶聚合缓慢,可适当多加 10% AP 和 TEMED,以加快凝胶聚合;而气温过高时,凝胶聚合过快,可适当少加 10% AP 和 TEMED,以减缓凝胶聚合,提升聚合效果。

(3) 轻轻混匀,将分离胶沿玻璃制胶板边缘缓缓加入制胶槽,加至距梳齿约 1cm 处,留出浓缩胶的空间。

注意: 混匀和加入分离胶时动作要轻缓,以免产生气泡。

(4) 用微量移液器缓慢加入适量去离子水,作为覆盖层,静置约 30min 使凝胶完全聚合。

注意: ① 水或正丁醇作为覆盖层可使凝胶表面变得平整,并可防止氧气对凝胶聚合反应产生抑制作用。
② 聚合时间随气温变化而不同,遇到异常气温时可按照步骤 (2) 中的方法处理,也可将加入凝胶的制胶槽放在 25℃ 左右的恒温箱中静置 30min。

(5) 倒出覆盖层中的水,用去离子水洗涤凝胶顶部数次,以去除未参与聚合反应的丙烯酰胺，用滤纸吸尽残留液体。

（6）在 50mL 三角瓶中配制 10mL 5%浓缩胶，依次加入以下成分：

ddH$_2$O	6.8mL
30% Acr-Bis（29∶1）	1.7mL
1.0mol/L Tris-HCl（pH6.8）	1.25mL
10% SDS	0.1mL
10% AP	0.1mL
TEMED	10μL

注意：同分离胶的配制。

（7）轻轻混匀，将浓缩胶沿玻璃制胶板边缘缓慢加在分离胶上面，插入梳子，静置约 30min，使凝胶完全聚合。

注意：插入梳子时，避免在梳齿下方产生气泡。

（8）在垂直电泳槽中加入适量 1×Tris-Gly 电泳缓冲液（配制方法参见附录Ⅱ），使之完全浸泡凝胶，轻轻拔出梳子，用胶头滴管或微量移液器轻轻冲洗加样孔，去除未聚合的丙烯酰胺和凝胶碎片，并用细针拨直凝胶齿，备用。

注意：① 确保电泳缓冲液完全浸泡凝胶顶部。
② 去除加样孔中未聚合的丙烯酰胺和凝胶碎片，可避免蛋白条带变形。

4. 点样与电泳

注意：聚丙烯酰胺无毒性，由于残留的未聚合的丙烯酰胺仍具有毒性，所以在点样、电泳和取胶时，需戴一次性手套进行操作。

（1）点样：在加样孔中依次加入 10~15μL 样品，并在样品的相邻泳道点入蛋白质分子量标记（Marker）。

（2）电泳：接通电源，起始电压 80V；当染料前沿进入分离胶后，提高电压至 120V，电泳 2~5h。

注意：若电泳时间较长，可在凝胶侧面挂上冰盒或放置于 4℃冰箱中，避免电泳过程中产生的热量导致 Smile 效应。

（3）待溴酚蓝前沿到达电泳槽底部时，切断电源，戴手套取出玻璃制胶板，小心从玻璃制胶板上剥下凝胶以免破损，去除浓缩胶，在分离胶右下角切去一小片，作为定位标记。

（4）测量并记录此时分离胶的长度和溴酚蓝的迁移距离。

注意：此时的凝胶长度即为固定前的凝胶长度。

5. 考马斯亮蓝染色（方案一）

注意： 在考马斯亮蓝染色过程中，需戴一次性手套进行操作，一是避免被未聚合的丙烯酰胺和乙酸损害，二是避免手部被染色。

（1）配制考马斯亮蓝染色所需的染色液和脱色液。

注意： 配制方法见附录 I。

（2）将分离胶放入染色液，置摇床上缓慢摇动，染色 4h 以上或过夜。

注意： 低速摇动可避免溅出染色液，也可避免凝胶破损。

（3）取出分离胶，用蒸馏水漂洗数次，将分离胶转入脱色液，置摇床上缓慢摇动 2~4h，直至背景蓝色褪淡，蛋白质条带清晰可见，其间应更换脱色液 3~4 次。

注意： 回收染色液，可反复使用多次。

（4）测量并记录此时的凝胶长度，测量并记录蛋白质分子量标记中各蛋白质和重组蛋白的迁移距离，计算它们的相对迁移率 R_f。

注意： 此时的凝胶长度即为固定后的凝胶长度。

（5）利用蛋白质分子量标记中各蛋白质的相对迁移率 R_f 和各蛋白质的分子量作标准曲线，并得到线性方程，再根据该方程推算重组蛋白的分子量。

（6）利用 BandScan 5.0 软件，估算重组蛋白的分子量，并分析重组蛋白在宿主总蛋白中所占的比例。

注意： BandScan 5.0 软件的使用方法可参见附录 IV。

（7）判断重组蛋白是可溶性形式，还是包涵体形式。如果两种形式都有，那么判断以哪种形式的产物为主，并分析各自所占的大致比例。

6. 硝酸银染色（方案二）

注意： 在硝酸银染色过程中，需戴一次性手套进行操作，一是避免被未聚合的丙烯酰胺和硝酸银的毒性损害，二是避免手部被染色；用各溶液处理凝胶时，应保证凝胶完全浸没。

（1）配制硝酸银染色所需的固定液、浸泡液、渗透液、显色液和终止液。

注意： 配制方法见附录 I。

（2）将分离胶浸泡于固定液中，在摇床上缓慢摇动至少 30min，倒尽固定液。

（3）加入浸泡液，在摇床上缓慢摇动 30min，用去离子水漂洗 3 次，每次 5min，倒尽去离子水。

（4）加入渗透液，在摇床上缓慢摇动 20min，倒尽渗透液。

（5）加入显色液，在摇床上缓慢摇动 2~10min。

注意：仔细观察蛋白质条带，至深棕色时立即加入终止液。

（6）蛋白质条带为深棕色时，立刻加入终止液，使显色反应及时终止，用去离子水漂洗 3 次，每次 5min。

（7）测量并记录此时的凝胶长度，测量并记录蛋白质分子量标记中各蛋白质和重组蛋白的迁移距离，计算它们的相对迁移率 R_f。

注意：① 此时的凝胶长度即为固定后的凝胶长度。
　　　② 用保鲜膜包裹后，染色的凝胶可长期保存。

（8）利用蛋白质分子量标记中各蛋白质的相对迁移率 R_f 和各蛋白质的分子量作标准曲线，并得到线性方程，再根据该方程推算重组蛋白的分子量。

（9）利用 BandScan 5.0 软件，估算重组蛋白的分子量及重组蛋白在宿主总蛋白中所占的比例。

注意：BandScan 5.0 软件的使用方法可参见附录Ⅳ。

（10）判断重组蛋白是可溶性形式，还是包涵体形式。如果两种形式都有，那么判断以哪种形式的产物为主，并分析各自所占的大致比例。

五、思考题

（1）在 DNA 重组操作中常用大肠杆菌 DH5α 菌株等，在表达外源基因时为什么不使用 DH5α 菌株，而选用 BL21（DE3）菌株？

（2）IPTG 诱导外源基因表达的原理是什么？能不能用乳糖替代 IPTG 诱导外源基因的表达？使用乳糖诱导的效果可能会有什么不同？

（3）SDS 在蛋白质的电泳中起什么作用？

（4）什么是浓缩效应？进行 SDS-PAGE 时，为什么蛋白质能被浓缩？

（5）重组蛋白分子量的测定方法有哪些？

实验十三　　重组蛋白的分离纯化 ▼

一、实验目的

（1）掌握破碎大肠杆菌细胞的方法；

（2）掌握常用的分离纯化重组蛋白技术的原理；

（3）掌握镍离子亲和层析法分离带有 His 标签的可溶性重组蛋白的原理和方法；

（4）掌握镍离子亲和层析法分离带有 His 标签的包涵体重组蛋白的原理和方法。

二、实验原理

1. 大肠杆菌细胞的破碎

1）重组蛋白的积累部位

由于大肠杆菌的细胞膜具有内、外两层，在内膜和外膜之间的空间被称为周质，于是大肠杆菌细胞可分为胞外、周质和胞内三个部分（见图 13-1）。因此，外源基因在大肠杆菌中表达后，重组蛋白可能被分泌到细胞外，也可能被分泌到细胞周质中，或者直接在细胞质中积累。

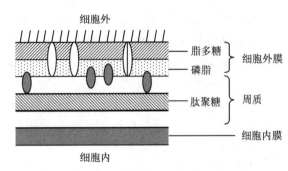

图 13-1　大肠杆菌细胞的空间结构组成

① 胞外：在大肠杆菌的细胞外，也即在培养基中，宿主自身分泌出来的蛋白质很少，有利于重组蛋白的分离纯化，而且不需要经过细胞破碎等步骤，但起始的操作体积很大。细胞外的蛋白酶活性很低，重组蛋白不易被降解，有利于重组蛋白的稳定积累。若重组蛋白要被分泌到细胞外，就必须有信号肽，含有信号肽的重组蛋白才能够先后穿越细胞内膜和外膜，但是大肠杆菌分泌蛋白的能力有限，所以重组蛋白的产量较低。

② 周质：细胞周质是一个比较特殊的部位，宿主的蛋白质种类不多（100 种左右），采用特殊的细胞破碎工艺可以尽量减少宿主杂蛋白，有利于重组蛋白的浓缩和分离纯化。周质中的蛋白酶活性也较低，有利于保持重组蛋白的稳定性。周质具有氧化环境，有利于重组蛋白正确折叠。另外，表达产物在向周质转运的过程中，信号肽在细胞内被切割，有利于形成具有正确 N 端的重组蛋白。

③ 胞内：外源基因在大肠杆菌细胞内容易实现高效表达，重组蛋白通常以可溶性形式或不溶的包涵体形式存在。当重组蛋白以可溶性形式存在时，胞内较高的蛋白酶活性不利于产物的稳定积累，而且重组蛋白与大量宿主杂蛋白混杂在一起，不利于产物的分离纯化。但是，可以通过融合表达的方式生产重组蛋白，这样就可以采用高分辨率的亲和层析等方法将重组蛋白有效分离出来。重组蛋白在细胞质中大量积累时，很容易产生错误折叠，聚集形成不溶于水的包涵体（inclusion body）（见图 13-2），这

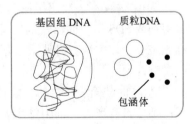

图 13-2　大肠杆菌细胞内的包涵体

是外源基因高效表达时经常会遇到的问题。当重组蛋白以包涵体形式存在时，有利于重组蛋白的分离纯化，并且不易被蛋白酶降解。但是，由于存在大量错误折叠，重组蛋白不具有生物活性，不会对宿主细胞造成毒害。从包涵体中分离的没有生物活性的重组蛋白，可直接作为抗原制备抗体。要想得到具有生物活性的重组蛋白，需要经过烦琐的变性、复性过程，并且得率不高。对此，在外源基因的表达过程中，可以采用低温诱导、

与分子伴侣共表达等方式，尽量避免包涵体的形成，提高重组蛋白的可溶性，从而提高具有生物活性的重组蛋白的得率。

2) 大肠杆菌细胞的破碎方法

无论细胞质中的重组蛋白以何种形式存在，分离纯化重组蛋白时，首先要破碎大肠杆菌细胞，使重组蛋白从细胞中释放出来。

破碎细胞的主要原则是保持重组蛋白的生物活性，不能使蛋白质变性失活。对于包涵体中的重组蛋白，由于其本身就没有生物活性，破碎细胞时一般不需要特别考虑生物活性。

大肠杆菌具有比较坚固的细胞壁，要采取专门的细胞破碎方法才能使之破裂。破碎大肠杆菌细胞的方法主要有机械破碎法、物理破碎法、化学破碎法和酶促破碎法。

① 机械破碎法：包括研磨法、匀浆法、捣碎法等。采用研磨或匀浆的方式破碎，作用比较温和，有利于保证重组蛋白的生物活性；捣碎法需要使用高速运转的组织捣碎器将细胞打碎，为了防止机械能转变为热能使蛋白质变性，通常采用间歇式的工作方式，或引入冷凝系统防止温度升高。

② 物理破碎法：包括反复冻融法、溶胀法、压榨法、超声波破碎法等。反复冻融法，先将收集的大肠杆菌放在$-20 \sim -15℃$下冷冻，然后放于室温或$40℃$下使之迅速融化，反复冻融多次，借助冰晶及增高盐浓度引起细胞溶胀，从而破碎细胞。在低渗溶液中，由于细胞膜内外存在渗透压差，溶剂分子会大量进入细胞，导致细胞膜胀破而释放出胞内的蛋白质，此即溶胀法。溶胀法与反复冻融法都比较温和，但破碎作用有限，一般与酶溶法联合使用。压榨法，是指在高压下使细胞悬液通过小孔进入常压区，造成细胞破碎。这也是一种比较温和的方法，能彻底破碎细胞，但仪器费用较高，细胞处理量较小。超声波破碎法，是指借助具有高能量的超声波的高速剪切力、碰撞力及产生的空穴效应，实现细胞破碎（见图13-3），破碎效果与样品的浓度和使用的超声波频率有关，使用时最好在冰上操作，防止产生的热量使重组蛋白变性失活。

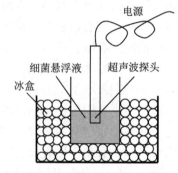

图13-3　超声波破碎示意图

③ 化学破碎法：使用氯仿、甲苯、丙酮等脂溶性有机溶剂或SDS等表面活性剂处理细胞，也可与研磨法联合使用，将细胞膜溶解，从而使细胞破裂。该方法容易使重组蛋白变性失活，引入的化学试剂对后续分析可能造成不利的影响。

④ 酶促破碎法：包括自溶法和酶溶法。自溶法，就是在适当的pH和温度条件下，借助细菌自身产生的细胞壁水解酶、蛋白酶、脂酶等发挥作用，破坏细胞壁和细胞膜，使重组蛋白释放出来，但细菌释放的蛋白酶也会引起重组蛋白的降解。酶溶法，就是在细胞悬液中添加各种水解酶，如溶菌酶、纤维素酶、蜗牛酶和酯酶等，然后在$37℃$下温育，借助这些水解酶的作用破坏细胞壁和细胞膜，释放出重组蛋白，该方法作用温和，所使用的酶专一性强，不会造成重组蛋白的降解，但酶制剂的价格较高。

各种破碎细胞的方法各有其优点，也有其不足，仅使用一种方法往往难以达到理想的效果，因此需要联合使用两种或两种以上的方法，才能有效地破碎细胞。在破碎大肠杆菌细胞时，通常联合使用酶溶法和超声波破碎法。由于大肠杆菌具有细胞壁，与破碎动物细胞相比，采用超声波破碎法时需要更长的处理时间，或者使用更高的频率，这样在操作过程中会产生更多的热量，容易使重组蛋白变性失活。在超声波处理之前，先用溶菌酶降解大肠杆菌的细胞壁成分（见图 13-4），使细胞膜失去保护，然后采用较低功率的超声波进行处理，就可以有效地破碎细胞。但是，只采用酶溶法破碎时，除了添加溶菌酶之外，还要添加其他多种酶才能有效破碎细胞，这样就会增加实验或工艺成本。因此，将酶溶法和超声波破碎法两种方法结合使用，可以充分发挥这两种方法的优点，并避免其不足，既有效地破碎了大肠杆菌细胞，又有效地保留了重组蛋白的生物活性，而且简便快速，并可节约实验或工艺成本。

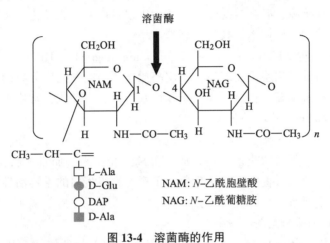

图 13-4　溶菌酶的作用

3）细胞破碎后的固液分离

破碎大肠杆菌细胞后，通过高速离心的方法，就可以实现固液分离，将细胞碎片和其他固形物沉淀下来。如果重组蛋白以可溶性形式存在，那么重组蛋白就被释放到溶液中，移取上清液就可以用于随后的分离纯化。如果重组蛋白以包涵体的形式存在，那么水不溶性的包涵体就会与细胞碎片等一起沉淀下来，接下来就要考虑将包涵体从大量的固形杂质中分离出来。

包涵体的纯化，通常使用含有 0.5% Triton X-100 或 2mol/L 尿素的溶液。当洗涤沉淀物时，包涵体仍然处于不溶状态，而细胞碎片中的杂蛋白可以被有效溶解，高速离心后，包涵体就可以沉淀下来。经过反复洗涤可以去除大部分的可溶性细菌蛋白，得到纯度很高的包涵体，其主要成分就是重组蛋白，纯度通常可以达到 90% 以上。包涵体中往往含有大量的 DNA 和 RNA，可加入 DNA 酶和 RNA 酶进行消化。包涵体经纯化之后，使用高浓度的尿素（6~8mmol/L）可以溶解包涵体，溶解的包涵体能直接用于重组蛋白的分离纯化。

2. 重组蛋白的分离纯化

1）层析技术概述

层析技术，又称色谱技术（chromatography），是根据物质的物理、化学、生物学特性的不同，如溶解性、疏水性、分子量、带电性质、亲和力等方面的差异，使待分离的物质在流动相与固定相之间的分配系数不同，达到彼此分离的目的。

根据分离原理的不同，分离重组蛋白的层析技术主要包括以下几种：

①　离子交换层析：包括阳离子交换层析和阴离子交换层析，是根据蛋白质所带电荷种类和性质的差异，以离子交换剂为固定相，实现重组蛋白的分离纯化。

②　反相层析、疏水层析：根据蛋白质的疏水基团与层析介质上的疏水基团的疏水作用，在非极性的固定相和极性的流动相之间不断分配，实现重组蛋白的分离。

③　凝胶过滤层析：以具有一定孔径的网络结构的凝胶颗粒为固定相，根据蛋白质的分子量大小分离纯化重组蛋白。凝胶过滤层析又称分子筛层析，主要用于脱盐、蛋白质的分级分离、蛋白质分子量大小的测定。

④　亲和层析：根据蛋白质与固定化的配体之间的特异性亲和力，如酶与底物、酶与抑制剂、抗体与抗原、激素与受体等，实现重组蛋白的分离纯化。亲和层析是分离生物大分子最为有效的层析技术，具有很高分辨率。

⑤　高效液相层析（high performance liquid chromatography，HPLC）：是在经典的液相层析的基础上，引进气相层析的理论，采用高操作压力实现物质分离的一种方法。其具有纯化速度快、分辨率高的特点，并且重复性好，易于自动化，常用于对纯度要求很高的小分子活性肽和 DNA 片段的分离。

层析技术种类繁多，涉及不同的分离机制，分辨率高，选择性强，能快速有效地把重组蛋白从宿主的杂蛋白和非蛋白类杂质中分离纯化出来，而且层析技术的设备简单，便于自动化控制，分离过程中无发热现象，不影响重组蛋白的生物活性。因此，重组蛋白的分离纯化，主要依赖于各种层析技术。

2）重组蛋白的亲和层析

无论验证基因产物的功能，还是生产重组蛋白用于制备抗体，或开发重组蛋白产品，都只需分离纯化出少量重组蛋白就可以满足实验要求，此时往往希望采用快速高效的层析技术进行重组蛋白的分离纯化。在各种层析技术中，亲和层析以其操作简便快速、选择性强、分辨率高等特点，成为首选方法。

外源基因在大肠杆菌中表达时，通常采用非融合表达和融合表达两种策略（见实验十一）。采用非融合表达策略可以表达出天然蛋白，不含有任何不相关的氨基酸序列，这对于某些药物的生产至关重要。但是以这种方式表达出来的重组蛋白与大量宿主杂蛋白混合在一起，其分离纯化工艺难度很大。另一种策略就是采用融合表达，产生融合蛋白，即目的蛋白与另一段非相关的氨基酸序列融合在一起表达。为了方便重组蛋白的分离纯化，这段非相关序列往往是一种亲和标签，如 His 标签、GST 标签、FLAG 标签、C-myc 标签，还有纤维素结合结构域、麦芽糖结合结构域、壳聚糖结合结构域、钙调蛋白结合肽等标签。借助于这些亲和标签，就可以利用亲和层析的方法分离纯化重组蛋白。当然，这种融合蛋白并不是天然蛋白，在随后的操作中，可以进一步利用特异性蛋白酶将亲和标签切除，以释放出真正的目的蛋白。正是由于分离纯化方便，在科学研究和生产实践中，一般多采用融合表达的方式生产重组蛋白。

不同的大肠杆菌表达载体可能采用不同的亲和标签，因此，重组蛋白的分离纯化可能涉及不同的亲和原理或方法，这里仅介绍两种常用的亲和标签。

①　GST 标签：Pharmacia 公司的 pGEX 系列表达载体，被广泛用于大肠杆菌中重组蛋白的表达和生产。pGEX 载体能够在大肠杆菌细胞内高效地表达外源基因，采用谷胱甘肽硫转移酶（GST）作为亲和标签，该标签由来源于日本血吸虫的谷胱甘肽硫转移酶

基因编码，能够方便、高效地纯化大肠杆菌中表达的重组蛋白。融合了 GST 的重组蛋白，可以用交联有谷胱甘肽（GSH）的层析介质（如 GSH-sepharose）进行纯化。GST 标签纯化重组蛋白的原理是，借助 GST 与 GSH 之间存在的酶与底物的特异性亲和力，吸附带有 GST 标签的重组蛋白，然后利用游离的 GSH 与固定在层析介质上的 GSH 竞争性地结合 GST 标签，从而将重组蛋白洗脱下来。经纯化的重组蛋白，可用凝血酶或凝血因子Ⅹa 切除 GST 部分。该系统主要存在以下两个缺点：第一，重组蛋白的分离纯化依赖于 GST 的正确折叠，以形成能与 GSH 结合的分子构象；第二，GST 标签分子量很大（具有 220 个氨基酸残基），可能影响重组蛋白的可溶性，形成不具有生物活性的包涵体，不利于后续研究，不过重组蛋白产物仅用于制备抗体时，这一点并不是问题。

　　② His 标签：Novagen 公司的 pET 系列表达载体常采用多聚组氨酸作为亲和标签，即 His 标签（His tag）。His 标签是由表达载体上的序列编码产生的 6 个组氨酸的肽段，分子量很小，在 pH 值为 8.0 时不带电，无免疫原性。因此，His 标签对重组蛋白的分泌、折叠、功能等方面基本上没有不利影响，是最常用的分离纯化标签之一。组氨酸是具有杂环的氨基酸，组氨酸含有一个咪唑基，这个化学结构带有较多的额外电子，对带正电的化学物质具有静电吸引作用，镍离子金属螯合亲和层析就是利用这个原理进行重组蛋白的分离纯化的（见图 13-5 和图 13-6）。该层析法通常使用琼脂糖凝胶作为介质，在其颗粒上连接亚氨基二乙酸（IDA）或氮基三乙酸（NTA）作为金属螯合剂，这些螯合剂能够与镍离子结合，而镍离子与融合蛋白上的 His 标签之间产生静电吸引力。这样，在低浓度的咪唑（imidazole）溶液中，经螯合的镍离子就可以吸附带有 His 标签的重组蛋白，使之与宿主的杂蛋白区分开，然后使用高浓度的咪唑溶液进行洗脱，溶液中游离的咪唑就与重组蛋白上 His 标签的咪唑基竞争性地结合金属螯合剂，从而将重组蛋白从凝胶介质上洗脱下来。

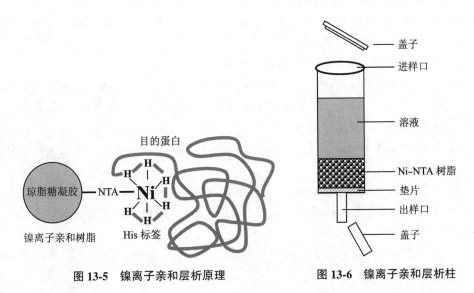

图 13-5　镍离子亲和层析原理　　　　　　图 13-6　镍离子亲和层析柱

三、实验材料

1. 生物材料

基因工程菌：含有重组质粒 pET-28a-*Dvgst*，pET-28a-*egfp* 和 pET-28a-*BslipA* 的大

肠杆菌BL21（DE3）菌株。

2. 主要试剂

（1）用于细菌培养：LB 液体培养基（不含任何抗生素），卡那霉素（Kan，50mg/mL），LB 平板（不含任何抗生素），LB 平板（含 Kan，50μg/mL），100mmol/L IPTG 等。

（2）用于重组蛋白的分离纯化：NaH_2PO_4，NaCl，咪唑，5mol/L NaOH，浓盐酸，尿素，0.5mol/L Tris-HCl（pH8.0），溶菌酶（10mg/mL），DNase Ⅰ（1mg/mL），Ni-NTA 树脂（resin），层析柱，去离子水，PMSF（蛋白酶抑制剂）等。

（3）用于Ni-NTA树脂的再生：50mmol/L EDTA（pH8.0），0.5mol/L NaOH，0.5% $NiSO_4$，20%乙醇，0.02%叠氮化钠等。

3. 主要仪器

电子天平，pH 计，微量移液器，超净工作台，恒温摇床，旋转混合仪，制冰机，高速离心机，冰箱，超声破碎仪，电泳仪，垂直电泳槽等。

四、实验内容

1. 溶液的配制

注意：配制方法见附录 Ⅰ。

（1）配制分离纯化可溶性重组蛋白所需的各种试剂：结合液 A（pH8.0）、清洗液 A（pH8.0）和洗脱液 A（pH8.0）。

（2）配制分离纯化包涵体中重组蛋白所需的各种试剂：细胞破碎液、包涵体清洗液、结合液 B（pH8.0）、清洗液 B（pH6.3）和洗脱液 B（pH4.5）。

（3）配制树脂再生所需的各种试剂：50mmol/L EDTA、0.5mol/L NaOH、0.5% $NiSO_4$、20%乙醇或 0.02%叠氮化钠。

2. 基因工程菌的发酵与细菌裂解物的制备

（1）将基因工程菌，即含有重组质粒 pET-28a-*Dvgst*、pET-28a-*egfp* 和 pET-28a-*BslipA* 的 BL21（DE3）菌株，分别接种于 2mL LB 液体培养基（含 Kan，50μg/mL）中，37℃振荡培养，过夜，制备种子液。

（2）分别取 1mL 种子液接种于 50mL LB 液体培养基（含 Kan，50μg/mL）中，培养 2~3h，至 $OD_{600}\approx0.5$。

（3）分别加入 500μL 100mmol/L IPTG 至终浓度为 1mmol/L，诱导培养 3h。

（4）取 50mL 离心管，称量并记录空管的质量，然后倒入发酵液，6000r/min 离心 10min，倒尽上清液。

（5）加入 50mL 去离子水重悬细胞，清洗，再次离心收集，倒尽上清液，称量并记录离心管的质量，可得菌体湿重。

注意：对重组蛋白进行定量后，可根据此处的菌体湿重计算重组蛋白的产量。

（6）在含 pET-28a-*Dvgst*、pET-28a-*egfp* 的菌体中加入 8mL 结合液 A（pH8.0），重悬细胞。

注意： 采用结合液 A 重悬细胞，提供可溶性重组蛋白与树脂结合的微环境。

（7）在含 pET-28a–*BslipA* 的菌体中加入 8mL 包涵体细胞破碎液，重悬细胞。

注意： 分离纯化包涵体中重组蛋白和分离纯化可溶性重组蛋白的方案不同，包涵体还需进一步清洗。

（8）分别加入 200μL 溶菌酶（10mg/mL），于冰上放置 30min。

注意： ① 加入溶菌酶可破坏细胞壁，有利于细菌的破碎，有利于重组蛋白释放到胞外。
② 也可加入 8μL 100mmol/L PMSF，抑制宿主蛋白酶的活性，操作时应戴手套。

（9）超声（100W，10s）破碎细胞（间隔 10s），处理 10~20 次。

注意： 采用低功率超声破碎有利于可溶性重组蛋白保持生物活性。

（10）4℃，10000r/min 离心 10min，对于 pET-28a–*Dvgst*、pET-28a–*egfp* 来源的样品，将上清液分别转移到新的离心管中，放置于冰上。

（11）对于 pET-28a–*BslipA* 来源的样品，去除上清液，加入 10mL 包涵体清洗液，重悬细胞，加入 20μL DNase Ⅰ（1mg/mL），在 37℃下静置 10~30min。

注意： DNase Ⅰ 可消化释放出来的宿主基因组 DNA，降低溶液的黏稠度。

（12）6000r/min 离心 10min，倒尽上清液，加入 10mL 包涵体清洗液，室温放置 10~20min，离心，反复清洗包涵体 3~5 次。

注意： ① 反复清洗可尽量去除混杂在包涵体中的宿主蛋白。
② 结合超声波处理可提高包涵体的纯化效率。

（13）取步骤（10）中的上清液和步骤（12）中的沉淀物各 10μL，用于 SDS–PAGE 检测（详见实验十二）。

注意： 确定上清液中含有可溶性重组蛋白，确定沉淀物为包涵体且含有重组蛋白，然后再进行分离纯化操作。

3. 层析柱的制备
（1）颠倒试剂瓶，并反复轻弹试剂瓶，使树脂（resin）重新悬浮。
（2）用微量移液器吸取 2mL 树脂于 10mL 层析柱，垂直静置 5~10min，使树脂在重力作用下沉淀下来，排出液体。

注意： 层析柱的上面有盖子，下面有阀门，同时打开盖子和阀门即可排出液体。

（3）加入 6mL 无菌去离子水，轻轻颠倒层析柱，使树脂重新悬浮。

（4）垂直静置 5~10min，使树脂在重力作用下沉淀下来，排出液体。

（5）加入 6mL 结合液 A（pH8.0），轻轻颠倒层析柱，使树脂重新悬浮。

（6）垂直静置 5~10min，使树脂在重力作用下沉淀下来，排出液体。

（7）加入 6mL 结合液 A（pH8.0），轻轻颠倒层析柱，使树脂重新悬浮。

（8）垂直静置 5~10min，使树脂在重力作用下沉淀下来，排出液体，将层析柱垂直静置，备用。

> **注意：** 若较长时间不用，可加入 0.02% 叠氮化钠或 20% 乙醇作为保护剂，密封层析柱，室温保存。

4. 可溶性重组蛋白的分离纯化（方案一）

> **注意：** 分离重组绿色荧光蛋白（rEGFP）时，可通过观察树脂颜色的变化，了解 rEGFP 与树脂的结合和解离过程。

（1）分别将 8mL 含 rDvGST 和 rEGFP 的细菌裂解物加入制备好的层析柱，轻轻颠倒层析柱，使树脂重新悬浮，使用旋转混合仪不断颠倒，保持 30~60min，使重组蛋白与树脂充分结合。

> **注意：** 结合液 A 中仅含有低浓度的咪唑（10mmol/L），允许带 His 标签的重组蛋白与树脂结合，但此时也可能会有一些杂蛋白非特异性地结合在树脂上。

（2）将层析柱垂直静置 5~10min，使树脂在重力作用下沉淀下来，排出液体。

> **注意：** 可收集排出的液体，以分析重组蛋白与树脂的结合效果。

（3）加入 8mL 清洗液 A（pH8.0），轻轻颠倒层析柱，使树脂重新悬浮，垂直静置 5~10min，使树脂在重力作用下沉淀下来，排出液体，该步骤重复 3~4 次。

> **注意：** ① 清洗液 A 中含有较高浓度的咪唑（20mmol/L），可将与树脂非特异性结合的杂蛋白去除，但不影响带有 His 标签的重组蛋白与树脂的结合。
> ② 可收集每次排出的液体，以分析清洗效果。

（4）加入 8mL 洗脱液 A（pH8.0），轻轻颠倒层析柱，使树脂重新悬浮，垂直静置 5~10min，使树脂在重力作用下沉淀下来，将洗脱液排入新的离心管中，即为可溶性重组蛋白。

> **注意：** ① 洗脱液 A 中含有高浓度的咪唑（270mmol/L），可将重组蛋白从树脂上洗脱下来。
> ② 可通过 OD_{280} 值或 SDS-PAGE 检测是否分离得到可溶性重组蛋白。

③ 如果下次还要分离纯化同一种重组蛋白，可以用 0.5mol/L NaOH 清洗树脂 30min，然后用结合液 A（pH8.0）平衡。

④ 如果不再分离纯化这种重组蛋白，必须对树脂进行再生处理。

5. 包涵体中重组蛋白的分离纯化（方案二）

（1）在含 rBslipA 的包涵体沉淀物中加入 8mL 结合液 B（pH8.0），室温放置 30~60min，充分溶解包涵体。

注意：超声破碎有助于包涵体的溶解。

（2）10000r/min 离心 20min，将上清液转移到新的离心管中，备用。

注意：高速离心可去除没有溶解的包涵体等不溶性物质。

（3）用结合液 B（pH8.0）、清洗液 B（pH6.3）和洗脱液 B（pH4.5），按照本实验"4. 可溶性重组蛋白的分离纯化（方案一）"步骤操作，得到包涵体中的重组蛋白。

6. 树脂的再生

（1）用 8mL 50mmol/L EDTA 清洗 2 次，以去除镍离子。

（2）用 8mL 0.5mol/L NaOH 清洗 2 次。

（3）用 8mL 无菌去离子水清洗 2 次。

（4）用 8mL 0.5% $NiSO_4 \cdot 6H_2O$（用无菌去离子水配制）清洗 2 次。

（5）用 8mL 无菌去离子水清洗 2 次。

（6）加入 20%乙醇或 0.02%叠氮化钠作为保护剂，密封层析柱，室温保存。

注意：为了避免树脂受微生物污染和杂离子的影响，在树脂再生过程中所用试剂均用无菌去离子水配制。

五、思考题

（1）破碎大肠杆菌的方法有哪些？溶菌酶起什么作用？

（2）超声波破碎细胞的原理是什么？采用超声波破碎时应注意哪些问题？

（3）分离纯化目的蛋白的层析技术有哪些？其中选择性强、分辨率高的层析技术有哪些？

（4）利用镍亲和层析分离纯化重组蛋白的原理是什么？

（5）影响镍亲和层析效果的因素有哪些？

（6）什么是包涵体？利用镍亲和层析分离纯化包涵体重组蛋白，与分离纯化可溶性重组蛋白有哪些不同之处？

实验十四　　重组蛋白的活性分析

一、实验目的

（1）掌握 Bradford 法测定重组蛋白含量的方法；

（2）掌握 CDNB 法检测重组蛋白 rDvGST 活性的方法。

二、实验原理

1. 重组蛋白含量的测定

蛋白质含量测定方法，是生物化学和分子生物学研究中最常用、最基本的分析方法之一。在分离得到重组蛋白之后，需要了解重组蛋白的浓度，以便了解重组蛋白的纯化效率、重组蛋白的效价或比活力。常用的蛋白质含量测定的方法包括凯氏定氮法、双缩脲法（Biuret 法）、Folin-酚试剂法（Lowry 法）、紫外吸收法和考马斯亮蓝法（Bradford 法）等。在这些方法中，凯氏定氮法操作比较复杂，不利于蛋白质含量的快速测定；Lowry 法和 Bradford 法的灵敏度最高，比紫外吸收法灵敏 10～20 倍，比 Biuret 法灵敏 100 倍以上。

Bradford 法是 1976 年由 Bradford 建立的测定蛋白质含量的方法，它是根据蛋白质与染料结合的原理设计的。在酸性溶液中，考马斯亮蓝 G-250 染料能与蛋白质结合，染料的最大吸收波长将从原来的 465nm 转变为 595nm，溶液的颜色也从棕黑色转变为蓝色，这是由于考马斯亮蓝 G-250 染料与蛋白质中的碱性氨基酸（特别是精氨酸）和芳香族氨基酸残基结合引起的。研究表明，在 595nm 处测定的吸光度值（OD_{595}）与蛋白质浓度呈良好的正比关系。

Bradford 法具有以下几个突出的优点：

① 灵敏度高：Bradford 法的灵敏度约比 Lowry 法高 4 倍，可检测出 1μg 蛋白质；

② 快速简便：只需在样品中加入染料试剂，2min 就可以完成结合过程，5～20min 之间颜色的稳定性最好；

③ 干扰物质少：如干扰 Lowry 法的测定的 K^+、Na^+、Mg^{2+}、Tris 缓冲液、糖、甘油、β-巯基乙醇、EDTA 等均不干扰 Bradford 法的测定。

正是由于 Bradford 法具有上述突出的优点，它在蛋白质（包括重组蛋白）含量测定中得到广泛应用。当然，该方法也存在一些缺点：

① 由于各种蛋白质中精氨酸和芳香族氨基酸的含量不同，使用 Bradford 法测定不同蛋白质时可能有较大的偏差；

② SDS、Triton X-100、NaOH 等物质会干扰 Bradford 法的测定，分离纯化重组蛋白时应当尽量消除这些物质的污染；

③ 标准曲线也会呈轻微的非线性，此时不能用 Beer 定律定量，只能用标准曲线来测定蛋白质的浓度。

2. 重组蛋白 GST 活性的测定

早期研究发现，谷胱甘肽硫转移酶（GST，EC 2.5.1.18）具有去除生物体内异物（如除草剂）毒性的作用，后来又发现 GST 能催化还原性谷胱甘肽（GSH）与各种亲电性底物结合，在许多细胞过程中起作用，并消除一些次生代谢产物的毒性，包括清除具有细胞毒性的活性氧，保护植物免受紫外线的伤害，调节植物生长激素，另外还在叶片衰老和细胞凋亡中起着一定的调节作用。植物 gst 基因的表达受到各种非生物胁迫的诱导，如紫外线、脱水、干旱、盐压、重金属离子等胁迫。在各类病原菌诱导的基因表达谱研究中，也常有 gst 基因表达上调的报道。可见，gst 基因在植物抗病、抗逆过程中起到了重要的作用。

在克隆簇毛麦抗白粉病相关基因时，分离到 Dvgst 基因，全长为 1221bp，具有完整的开放阅读框（ORF），所跨越的核苷酸为：第 71～760 位，编码 229 个氨基酸残基的多肽，理论分子量是 25.2kDa，与小麦、水稻、大麦、玉米、拟南芥的类 GST 分别具有 83%、63%、61%、52% 和 47% 的氨基酸序列一致性。进一步对推测的 DvGST 分析还发现，在 N 端具有 28 个氨基酸残基的信号肽和 GSH 结合位点（G 位点）、涉及第 29～77 位氨基酸残基，具有与功能相关的保守性残基：F36、H41、K42 和 S68，并且存在类 GST 特有的 E67-S68-R69 三联体，另外在 C 端还有疏水性底物结合位点（H 位点），涉及第 111～208 位氨基酸残基（见图 14-1）。

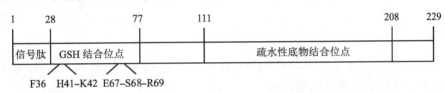

图 14-1　DvGST 二级结构示意图

尽管根据生物信息学的分析可以得到比较丰富的数据，但是生物信息学分析的结果只是一种推测性的结果，Dvgst 基因的产物到底有没有推测的功能，有待实验的进一步验证。验证一个基因的功能，最可靠的方式就是将目的基因转到缺少这种基因的植物材料中，分析该基因的转入对植物有何影响，然后利用功能互补实验验证基因的功能。不过这种方法需要功能缺失的特殊材料，检验周期也比较长，因为要完成整个植物转基因操作及验证工作。一个比较简便快速的方案就是进行离体研究，可以在大肠杆菌或酵母中表达目的基因，分离纯化重组蛋白后，再分析蛋白产物的生物活性，从而证明该基因编码产物的功能。本实验教程对已克隆的 Dvgst 基因的功能验证，采用了离体研究的模式。

CDNB 法是分析谷胱甘肽硫转移酶（GST）活性的常用方法。CDNB 就是 1-氯-2，4-二硝基苯（1-chloro-2,4-dinitrobenzene），GST 能够将 GSH 转移到底物 CDNB 上，形成 GS-CDNB，即

$$GSH + CDNB \xrightarrow{\quad GST \quad} GS\text{-}CDNB$$

GS-CDNB 在 340nm 处具有最大吸收峰，可采用分光光度法测定。在反应过程中，OD_{340} 会逐渐上升，并且每分钟的变化值与 GST 的活性有关。因此，可定义每分钟催化产生 1μmol GS-CDNB 的酶量为一个国际单位（IU）。由于 GS-CDNB 的摩尔吸光系数 ε

为 0.0096μmol/（L·cm），通过比色皿的光径为 1cm，所以，在每毫升原酶液中：

$$rDvGST \text{ 酶活 （IU）} = \frac{\Delta OD_{340} \times V_{反应} \times 稀释倍数}{0.0096 \times V_{酶量}}$$

$$rDvGST \text{ 比活力 （IU/mg）} = \frac{每毫升原液中的酶活 （IU）}{每毫升原液中 rDvGST 含量 （mg）}$$

三、实验材料

1. 生物材料

分离纯化的重组蛋白 rDvGST（实验十三）。

2. 主要试剂

（1）用于重组蛋白的定量：牛血清白蛋白（bovine serum albumin，BSA），考马斯亮蓝 G-250 染料等。

（2）用于重组蛋白的活性测定：0.1mol/L PBS（pH7.0），1-氯-2,4-二硝基苯（CDNB），谷胱甘肽（GSH）等。

3. 主要仪器

电子天平，布氏漏斗，真空泵，微量移液器，紫外分光光度计，玻璃比色皿，石英比色皿等。

四、实验内容

1. Bradford 法测定重组蛋白 rDvGST 含量（可用 NanoDrop 或 OneDrop 直接测定，测定方法详见仪器使用说明书）

（1）打开紫外分光光度计，预热 30min。

（2）配制考马斯亮蓝 G-250 染料和 BSA 标准溶液（1.0mg/mL），并用去离子水将 BSA 标准溶液作适当稀释，得到以下浓度梯度：0，0.2，0.4，0.6，0.8，1.0mg/mL。

> **注意**：配制方法见附录Ⅱ。

（3）先后用自来水和去离子水清洗 10mL 玻璃试管，晾干后编号，分别加入 0.1mL 各浓度的 BSA 稀释液，每个浓度设置 3 个重复。

（4）每管加入 5mL 考马斯亮蓝 G-250 染料后，立即混合，注意不要产生气泡，静置 5min 后，用玻璃比色皿测定 OD_{595}。

> **注意**：① 使用玻璃比色皿测定 OD_{595}。
> ② 测完后，用酒精清洗玻璃比色皿以去除染料，但不可将玻璃比色皿长时间浸泡在乙醇中。

（5）绘制蛋白质标准曲线，并得到线性方程。

（6）取 0.1mL 纯化的重组蛋白 rDvGST 样品，或经适当稀释后的 rDvGST 样品，与 5mL 考马斯亮蓝 G-250 染料混合，静置 5min 后，用玻璃比色皿测定 OD_{595}。

> **注意**：如果所得重组蛋白的 OD_{595} 值超出标准曲线范围，可对重组蛋白作适当稀释后再测定。

（7）根据步骤（5）中所得线性方程、步骤（6）中重组蛋白样品的 OD_{595} 值和稀释倍数，计算样品中重组蛋白的含量。

（8）根据实验十三中所得的菌体湿重，进一步计算每克菌体中重组蛋白的产量。

2. CDNB 法测定重组蛋白 rDvGST 活性

（1）配制 0.1mol/L K-PBS（pH7.0）、35mmol/L CDNB 和 10mmol/L GSH。

> **注意**：配制方法见附录Ⅰ。

（2）将紫外分光光度计的检测波长设置为 340nm，用 0.1mol/L K-PBS（pH7.0）溶液校零。

（3）在 10mL 玻璃试管中加入以下成分，并混匀：

0.1mol/L K-PBS（pH7.0）	4.4mL
10mmol/L GSH	0.4mL
35mmol/L CDNB	0.1mL

（4）加入 0.1mL 重组蛋白 rDvGST 样品（或经适当稀释后的 rDvGST 样品），立即混匀，迅速取 0.2mL 反应液于石英比色皿中，插入检测槽，关上盖子后，立即记录读数，同时进行计时，每隔 1min 记录 1 次数据，连续记录 3min。

> **注意**：如果 OD_{340} 值变化太快（酶活太高），难以记录数据，那么可将重组蛋白 rDvGST 稀释适当倍数后再测定。

（5）根据平均每分钟 OD_{340} 的变化值，计算每毫升重组蛋白 rDvGST 中谷胱甘肽硫转移酶的酶活（IU），并根据重组蛋白的含量计算谷胱甘肽硫转移酶的比活力（IU/mg）。

五、思考题

（1）测定蛋白质含量的方法有哪些？Bradford 法的原理是什么？该方法有什么特点？

（2）植物 GST 有什么生物学功能？CDNB 法测定 GST 活性的原理是什么？

（3）什么是摩尔吸光系数？什么是酶活单位？什么是酶的比活力？

（4）如果重组蛋白中的亲和标签会影响重组蛋白的酶学性质，那么应当怎样处理？

第三篇

转基因植物的制作与检测

实验十五　农杆菌介导法制作转基因烟草

一、实验目的

（1）了解转基因作物的应用现状；
（2）了解 Ti 质粒的构建策略；
（3）掌握植物表达载体 pBI121 的构建方法；
（4）掌握三亲杂交法将外源基因导入农杆菌的原理和方法；
（5）掌握叶盘转化的方法；
（6）掌握转基因烟草植株再生的原理和方法；
（7）掌握农杆菌介导法制作转基因植物的整体流程。

二、实验原理

1. 转基因作物的应用现状

基因工程（genetic engineering），又称遗传工程，是指在分子水平上，按照特定的设计方案，利用工具酶将外源基因插入载体 DNA 分子，然后将重组载体导入特定的宿主细胞进行表达，使宿主细胞获得新的遗传性状。植物基因工程，就是基因工程在植物领域（特别是农作物）的应用，通过核基因组的改造使植物获得新的遗传性状，这样的植物就是转基因植物（genetically modified plant，GMP）。

在转基因植物中，转基因作物（genetically modified crop，GMC）研究得最多，产业化进程也最快。1994 年，"保鲜番茄"在美国上市，这是第一个得到应用的转基因作物。随后的 1996 年，转基因作物开始在全球范围内种植，当时的种植面积为 170 万公顷（1 公顷=0.01km²）。截止到 2022 年，全球已有 70 多个国家种植转基因作物，种植面积达到 2.02 亿公顷，比 2021 年增加 3.32%，是 1996 年种植面积的 118.8 倍。转基因作物的种呈现多样化，包括大豆、玉米、棉花、油菜、西葫芦、木瓜、甜菜、苜蓿、甜椒、茄子等，其中大豆（49.1%）、玉米（32.8%）、棉花（12.1%）和油菜（5.1%）这四大转基因作物的种植面积最大（占所有转基因作物种植面积的 99% 以上），认可程度最高。第一代转基因作物的目标主要是抗除草剂和抗虫，第二代转基因作物的目标是改善品质，代表品种有先正达集团的"黄金大米"，第三代转基因作物的目标是有益健康，代表品种有杜邦先锋的"高油酸大豆"。近年来，具有抗干旱、抗病、高效利用氮肥等特性的转基因作物也受到越来越多研究者的重视，2020 年，阿根廷农牧渔业部批准 HB4 抗旱转基因小麦的种植，阿根廷因此成为国际市场上首个批准转基因主粮商业化种植及销售的国家。

转基因作物的广泛应用，不但可以改善生产方式、节约生产成本、提高农民收益、保障粮食安全，还会产生巨大的社会效益和生态效益。例如，通过减少杀虫剂的使用，减少农业对环境的污染；又如，通过将转基因作物应用于生物燃料的生产，减少化石燃料的使用，减少二氧化碳的排放。

2. 植物转基因的方法

植物转基因的方法繁多，包括各种物理方法和化学方法，前者如基因枪法、显微注射法、电击法、超声波法、激光法等，后者如磷酸钙共沉淀法、PEG 介导法、脂质体介导法等。大多数物理和化学方法都依赖于原生质体，而原生质体的分离和培养相对而言比较困难。植物转基因的方法还包括生物方法，如农杆菌介导法、花粉管通道法和各种生殖细胞浸泡法。在各种方法中，基因枪法、农杆菌介导法和花粉管通道法最为常用，下面逐一简单介绍。

1) 基因枪法

基因枪法，又称为粒子轰击细胞法或微弹技术，就是借助基因枪中产生的火药爆炸力或高压气体，将包裹有目的基因的微弹（如金粉或钨粉颗粒）直接射入植物细胞或组织，然后通过组织培养技术获得完整植株，并筛选出转基因植株。与农杆菌介导法相比，基因枪法的主要优点是载体的构建比较简单，且在转化时不受植物物种范围的限制，可转化双子叶植物和单子叶植物，该法是目前转基因研究中应用较为广泛的一种方法。但是在实际应用中，基因枪法也存在一些问题，它需要昂贵的仪器设备，转基因效率低，外源基因发生重排的频率较高，且常以多拷贝的形式插入植物基因组，容易导致转基因沉默。

2) 农杆菌介导法

农杆菌介导法，就是利用农杆菌感染植物时其质粒产生的一段可转移的 DNA（transferred DNA，T-DNA）能整合到植物基因组并稳定遗传的现象，将外源基因插入经改造的 T-DNA 区，借助农杆菌感染植物的细胞或组织，结合组织培养技术，获得转基因植株的方法。农杆菌介导法利用生物自身的力量实现植物基因组的改造，不需要特殊的专用设备，转化效率高，外源基因的重排频率低，且常以单拷贝的方式插入基因组中，不易导致转基因沉默。因此，农杆菌介导法也是植物转基因时应用较广泛的技术。由于农杆菌只能感染双子叶植物，因而最初只用于双子叶植物的转基因，但随着技术的发展，近年来农杆菌介导的转化在一些单子叶植物（尤其是水稻）中也得到了广泛的应用，并成为转化这些植物的常规方法。

农杆菌介导法适用于大多数双子叶植物和裸子植物。

3) 花粉管通道法

花粉管通道法，就是授粉后向子房注射含目的基因的 DNA 溶液，利用开花植物授粉后形成的花粉管通道将外源 DNA 导入尚未形成正常细胞壁的卵、合子或早期胚胎细胞中，并整合到受体细胞的基因组中，进一步发育成带有转基因的新个体，从而获得整合了外源基因的植物种子。花粉管通道法操作简单，转化速度较快；导入的 DNA 分子整合效率较高，变异性状在子代中稳定较快；不需要昂贵的仪器设备；不需要分离和培养原生质体，也不需要通过组织培养再生植株；可以直接对完整植株的生殖细胞或早期胚胎细胞进行转化，适用于所有开花植物。花粉管通道法的主要缺点是，转化受体受植物花期的限制，需充分了解每一种植物开花受精的时间；在田间操作受环境条件的影响很大；操作的经验性很强，需一定的技巧，但是这并不影响其实际应用价值。因此，花粉管通道法已成为许多植物转基因的常规方法，目前已应用于水稻、小麦、棉花、大豆、花生、烟草、甘蓝等植物的转基因研究。

3. 农杆菌介导法

农杆菌又称土壤农杆菌，是在土壤中广泛存在的一种革兰氏阴性细菌，能够感染大多数双子叶植物的受伤部位，诱导产生冠瘿瘤或发状根，前者是由根癌农杆菌的 Ti 质粒（tumor-inducing plasmid）引起的，后者是由发根农杆菌的 Ri 质粒（root-inducing plasmid）引起的，它们都能产生一段 T-DNA，T-DNA 上有多个功能基因，都能转移并整合到植物的基因组中，控制植物激素和冠瘿碱等的生物合成，以利于农杆菌的生长（见图 15-1）。由此可见，农杆菌是一种天然的植物遗传转化体系，通过对 Ti 质粒和 Ri 质粒的改造即可实现植物的转基因。与发根农杆菌相比，根癌农杆菌的应用更为广泛。

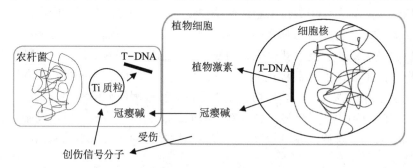

图 15-1　农杆菌感染受伤植物

1）Ti 质粒的构建策略和方法

根癌农杆菌（*Agrobacterium tumefaciens*）在自身的染色体基因组之外，还携带一个 Ti 质粒。Ti 质粒主要包括以下四个结构和功能区域：能在农杆菌中自主复制的复制起点（*ori*），与农杆菌之间的接合转移有关的区域（*con*），可转移 DNA 区域（T-DNA），参与 T-DNA 转移和整合的毒性区域（*vir* 基因是 T-DNA 插入植物基因组必需的元件）。其中，T-DNA 的结构又比较特殊，具有保守的左端边界（LB）序列、右端边界（RB）序列和一个位于 RB 序列外侧的增强子，在左、右边界序列之间是控制植物激素和冠瘿碱合成的致瘤基因（*onc*）（见图 15-2）。但是，

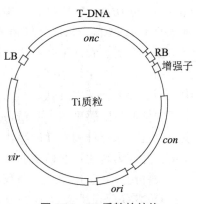

图 15-2　Ti 质粒的结构

在制作转基因植物时，整个 T-DNA 区域只有 LB 序列和 RB 序列是必需的。此外，毒性区（*vir*）编码产生的多种蛋白因子能够促使 T-DNA 的复制、转移和整合，因此它在转基因时也是必不可少的。

在理解 Ti 质粒的结构和遗传特性的基础上，通过改造 Ti 质粒就可以利用农杆菌介导法转化植物，从而获得所需的转基因植株。但是，由于 Ti 质粒 DNA 分子量很大，为 150~200kb，常用的限制性内切酶的酶切位点分布过多，直接消除这些过多的酶切位点难度较大。为此，科研工作者设法绕开这个问题，首先对天然 Ti 质粒进行适当的人工改造，然后采用不同的策略将外源基因引入农杆菌，这些策略包括共整合载体法、双元载体法等。

① 共整合载体法：该方法采用了同源重组的原理（见图 15-3）。首先利用 pBR322

序列取代 T-DNA 的内部序列，完成对天然 Ti 质粒的初步改造，得到失去致瘤毒性的卸甲载体（Onc-载体）；然后以 pBR322 来源的常规的大肠杆菌质粒作为中间载体（或称供体载体），利用体外 DNA 重组技术将外源基因构建到中间载体上；由于中间载体和卸甲载体都具有 pBR322 序列，它们在同一个农杆菌细胞中可以进行 DNA 同源重组，形成分子量更大的共整合载体，这样就将中间载体上的外源基因引入卸甲载体的 T-DNA 的 LB 序列和 RB 序列之间，形成携带外源基因的人工 T-DNA 区，也即构建了携带外源基因的 Ti 质粒，用于植物的遗传改造。

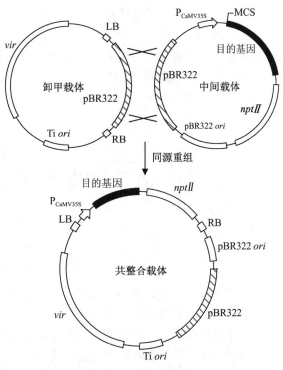

图 15-3 共整合载体法

② 双元载体法：该方法采用了反式作用因子和顺式作用元件在同一个细胞中可实现互补的构想（见图 15-4）。首先对天然 Ti 质粒进行改造，使其失去 T-DNA 区，保留与 T-DNA 复制、转移和整合有关的毒性区（vir）；然后构建一个分子量较小的中间载体，具有 T-DNA 的 LB 和 RB 序列，且在两者之间插入多克隆位点和在植物中使用的选择性标记基因；接着利用体外 DNA 重组技术将外源基因构建到中间载体的 LB 序列和 RB 序列之间，形成携带外源基因的人工 T-DNA 区；在同一个农杆菌细胞中，经改造的 Ti 质粒由于具有毒性区（vir），能够正常编码各种毒性蛋白，反式作用于中间载体上含有外源基因的 T-DNA 区，实现 T-DNA 区的复制、转移和整合，完成对植物的遗传转化。

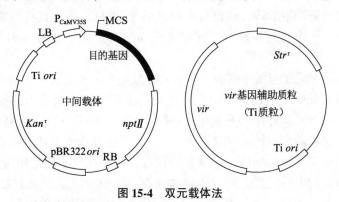

图 15-4 双元载体法

下面以 pBI121 为例，介绍植物表达载体的构建方法。

pBI121 是在双元载体策略中常用的中间载体，它来源于 pB221 和 Bin19 载体，全长 14758bp。在 T-DNA 区（见图 15-5），有一个选择性标记基因 npt II，它的表达受 nos 启动子的控制，可用于筛选转化的植物细胞、愈伤组织或不定芽。在 T-DNA 区，还有一个报告基因 gus，它受 CaMV35S 启动子的控制。在 CaMV35S 启动子与报告基因 gus 之间，具有三个限制性内切酶的酶切位点：Xba Ⅰ、BamH Ⅰ和 Sma Ⅰ，借助这些酶切位点可将外源基因克隆到 CaMV35S 启动子的下游，也可以选择 Xba Ⅰ、BamH Ⅰ或 Sma Ⅰ与 Sac Ⅰ进行双酶切，去除 gus 基因后，再将外源基因置于 CaMV35S 启动子的控制之下。

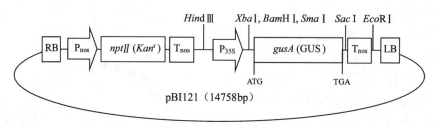

图 15-5　pBI121 图谱

CaMV35S 启动子是来源于花椰菜花叶病毒（Cauliflower mosaic virus，CaMV）的组成型强启动子，是植物转基因中最常用的启动子之一，但是外源基因的组成型过量表达，有时可能对植株不利，会影响作物的综合农艺性状。这时，就应考虑更换一个强度较弱的启动子，降低外源基因的表达量；或者采用诱导型启动子，使外源基因只在特定的物理、化学、生物因素出现时才开始表达；或者采用组织特异性启动子，使外源基因只在根、叶、种子或果实等特定的组织中表达。更换 CaMV35S 启动子的方法是：选择 Xba Ⅰ、BamH Ⅰ或 Sma Ⅰ与 Hind Ⅲ进行双酶切，去除原有的 CaMV35S 启动子，再连入目的启动子。

一旦完成中间载体 pBI121 的构建，就可以采用双元载体法的互补策略，形成能用于转基因的农杆菌。

2）将外源基因导入农杆菌

需要指出的是，将外源基因构建到中间载体是借助大肠杆菌完成的，无论是采用共整合载体法，还是双元载体法，都需要进一步将重组的中间载体导入特定的农杆菌菌株，该菌株已经携带卸甲载体，或仅具毒性区的 Ti 质粒。因为只有当重组的中间载体与它们共存于同一个农杆菌细胞时，才能实现同源重组或实现毒性因子与 T-DNA 的互作。

那么，怎样才能将重组的中间载体导入农杆菌呢？一种方法是，从大肠杆菌中提取重组中间载体的 DNA，然后用它转化农杆菌的感受态细胞，用适当的抗生素筛选出转化成功的农杆菌（双元载体法）或发生了同源重组的农杆菌（共整合载体法）。另一种方法是接合法，它借助大肠杆菌与农杆菌的接合将重组的中间载体导入农杆菌。大肠杆菌和农杆菌都是革兰氏阴性细菌，亲缘关系较近，能够在培养体系中进行接合，这样，大肠杆菌中的质粒就能借助接合的方式转移到农杆菌中。但是，pBR322 来源的中间载体是一种安全型人工质粒，已经部分消除了质粒自我转移的相关序列，不过还保留了 bom 位点，在辅助质粒（helper plasmid）的协助下，中间载体也可以发生迁移。因此，借助接合法将大肠杆菌中的中间载体迁移到农杆菌，还需要使用另一个大肠杆菌菌株以提供辅助质粒，也就是说，需要使用三个菌株才能实现，这样便衍生出两步接合法和三亲杂交法。

① 两步接合法：首先实现两个大肠杆菌菌株之间的接合，利用两种抗生素筛选出发生接合的菌株，即同时具有中间载体和辅助质粒的菌株，再将这样的大肠杆菌菌株与特定的农杆菌接合，用两种或三种抗生素筛选出含有中间载体或共整合载体的农杆菌。

② 三亲杂交法：将两种大肠杆菌菌株和农杆菌菌株一起培养，用三种抗生素即可直接从固体培养基上筛选到含有中间载体或共整合载体的农杆菌。三亲杂交法的操作比两步接合法更为简便，实际上也发生了两步接合过程。

3）农杆菌感染植物（细胞）

当构建出携有外源基因的农杆菌之后，可借助农杆菌的感染创造转基因植物。农杆菌可以感染整个植株、原生质体或离体组织，这样就建立了多种创造转基因植物的方法。

① 创伤植株感染法：将农杆菌接种在植株的创伤部位，在完整的植株上或在离体条件下形成植物肿瘤，结合组织培养技术，在选择性培养基上筛选出具有抗生素或除草剂抗性的愈伤组织或不定芽，进而得到转基因植株。该方法操作简单，但所得愈伤组织多为嵌合体细胞，还需进一步纯化，因而转基因的周期较长。

② 原生质体共培养法：将农杆菌与刚形成再生细胞壁的原生质体进行短时间共培养，使植物细胞发生转化，进而结合组织培养技术再生出转基因植株。这种方法可得到较多的转化细胞，并可获得由单个细胞发育而来的遗传背景一致的转基因植株，但是在不少植物细胞中分离、培养和再生原生质体有较大的难度，这限制了其应用。

③ 叶盘转化法：将叶片进行表面消毒后，用无菌的打孔器从叶片上打下来小圆片（即"叶盘"），然后将农杆菌与叶盘进行短时间共培养，进而在组织培养过程中筛选出抗性芽，获得转基因植株（见图 15-6）。这种方法操作简便，适用性广，获得转基因植株的周期短，且获得的转基因植株具有良好的遗传稳定性，是农杆菌介导法中较为常用的方法。

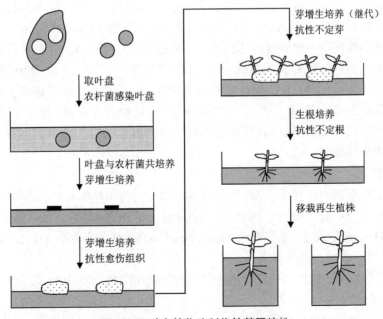

图 15-6　叶盘转化法制作转基因植株

4）转基因植株的再生

在制作转基因植株时，无论是农杆菌介导法，还是基因枪法，最初得到的可能是转化的细胞、组织或愈伤组织，还需要通过一个所谓"再生"的过程，才能得到转基因植株，而再生过程离不开组织培养技术。所谓"组织培养"，就是在离体条件下，也即在人工气候室或光照培养箱中，将植物的原生质体、细胞、组织等外植体接种于特定的培养基上进行培养、分化，并最终形成完整植株的过程。

组织培养的理论基础在于植物细胞的全能性，即使是高度分化的叶片等组织，在一定条件下也能进行脱分化，恢复发育上的全能性，然后在人为提供的合适条件下，按照人们预定的方向再分化，发育形成完整的植株。实现脱分化和再分化的条件，就是提供植物生长调节物质，主要是各种植物生长素和细胞分裂素，前者如萘乙酸（naphthylacetic acid，NAA）、吲哚乙酸（indoleacetic acid，IAA）、吲哚丁酸（indolebutyric acid，IBA）、2,4-二氯苯氧乙酸（2,4-dichlorophenoxyacetic acid，2,4-D）等，后者如6-苄基腺嘌呤（6-benzyladenine，6-BA）、激动素（kinetin，KT）、玉米素（zeatin，ZT）等。

整体而言，生长素能促进细胞伸长和分裂，诱导不定根的形成等；细胞分裂素能促进细胞的分裂和分化，诱导胚状体和不定芽的形成等。不同植物需要的生长调节物质的种类可能不同，或者需要的生长调节物质的浓度不同。在组织培养中，可以通过调节特定生长素和细胞分裂素的浓度配比，控制外植体的发育方向。一般来说，在组织培养过程中，首先要进行外植体的脱分化，得到愈伤组织，然后通过体细胞胚胎发生途径，在生长素/细胞分裂素的值较低的条件下，先分化出不定芽，再将不定芽切割下来，然后在生长素/细胞分裂素的值较高的条件下，形成不定根，实现转基因植株的再生。

三、实验材料

1. 生物材料

野生型烟草，大肠杆菌 DH5α 菌株，含植物表达载体 pBI121 的大肠杆菌 DH5α 菌株，含辅助质粒 pRK2013 的大肠杆菌 HB101 菌株，农杆菌 LBA4404 菌株。

LBA4404 菌株核基因中含有筛选标签——利福平抗性基因 Rif^r，此菌株携带一个无自身转运功能的章鱼碱型 Ti 质粒 pAL4404，该质粒含有 vir 基因（vir 基因是 T-DNA 插入植物基因组必需的元件，pAL4404 质粒自身的 T-DNA 转移功能被破坏，但可以帮助转入的双元载体 T-DNA 顺利转移）。pAL4404 型 Ti 质粒含有筛选标签——链霉素抗性基因 Str^r。因此，LBA4404 菌株具有利福平抗性和链霉素抗性，适用于矮牵牛、番茄、烟草等植物的转基因操作。

2. 主要试剂

（1）用于烟草的离体培养：MS 大量元素（20×），0.44g/mL $CaCl_2 \cdot 2H_2O$，MS 微量元素（200×），Fe 盐（100×），有机物（200×），6-苄基腺嘌呤（6-BA，1mg/mL），1-萘乙酸（NAA，1mg/mL），卡那霉素（Kan，50mg/mL），羧苄青霉素（Carb，500mg/mL），0.1%$HgCl_2$，70%乙醇，去离子水等。

（2）用于植物表达载体的构建：10×PCR 缓冲液，dNTP，Taq DNA 聚合酶（5U/μL），引物。引物序列如下：

GSPF3：5'-GGGGGATCCATGTCTCCGATGAAGGTGT-3'

GSPR3：5' - AAAGAGCTCCTAGAAGGCCGCGCGCATAC - 3'

琼脂糖，1×TAE 电泳缓冲液，6×DNA 上样缓冲液，EB 储存液（10mg/mL），SanPrep 柱式 DNA 胶回收试剂盒，10×K 缓冲液，*Bam*H Ⅰ（15U/μL），*Sac* Ⅰ（10U/μL），10×T4 DNA 连接缓冲液，T4 DNA 连接酶（350U/μL），溶液 Ⅰ，溶液 Ⅱ，溶液 Ⅲ，Tris 饱和酚，氯仿：异戊醇（24：1），异丙醇，70%乙醇，TE 溶液（pH8.0），RNase A（10mg/mL），LB 液体培养基（不含任何抗生素），LB 平板（含 Kan，50μg/mL），卡那霉素（Kan，50mg/mL）等。

（3）用于三亲杂交：LB 液体培养基（不含任何抗生素），LB 平板（含 50μg/mL Rif，600μg/mL Str），LB 平板（含 50μg/mL Rif，600μg/mL Str，50μg/mL Kan），利福平（Rif，20mg/mL），链霉素（Str，100mg/mL），卡那霉素（Kan，50mg/mL）等。

（4）用于叶盘转化：1/2 MS 液体培养基等。

3. 主要仪器

微量移液器，制冰机，超净工作台，高速离心机，PCR 仪，加热块，微波炉，制胶板，水平电泳槽，电泳仪，脱色摇床，紫外分光光度计，凝胶成像分析系统，水浴锅，冰箱，-70℃超低温冰箱，恒温摇床，打孔器，光照培养箱等。

四、实验内容

1. 烟草培养基的配制

（1）配制 MS 大量元素（20×）、$CaCl_2$（0.33g/mL）、MS 微量元素（200×）、Fe 盐（100×）、有机物（200×）、6-BA（1mg/mL）、NAA（1mg/mL）。

> **注意：** 配制方法见附录Ⅰ。

（2）MS 培养基的配制：称取 6g 蔗糖于 250mL 三角瓶中，加入 150mL 去离子水使蔗糖完全溶解，加入 1.6g 琼脂粉，微波炉加热，使琼脂粉完全溶解，冷却至 60℃左右时，依次加入下列各储存液：

MS 大量元素（20×）	10mL
$CaCl_2$（0.33g/mL）	0.2mL
MS 微量元素（200×）	1mL
Fe 盐（100×）	2mL
有机物（200×）	1mL

> **注意：** ① 各储存液依次加入，每加入一种储存液都需将溶液混匀。
> ② 将溶液放于 50℃水浴锅中，避免琼脂凝固，立刻加入适量生长调节物质。

（3）芽增生培养基的配制：在步骤（2）配制的培养基中加入以下成分：

6-BA（1mg/mL）	100μL
NAA（1mg/mL）	20μL

混匀，定容至接近 200mL，用 1~2 滴 1.0mol/L NaOH 或 1.0mol/L HCl 调节 pH 至 5.7~5.8，再定容至 200mL，用棉塞塞好或用铝箔纸包好，放入全自动高压蒸汽灭菌

锅，121℃灭菌 20min，冷却至 60℃左右时，加入下列抗生素：

　　　Kan（50mg/mL）　　　　　　　　200μL

　　　Carb（500mg/mL）　　　　　　　200μL

混匀，将培养基分装到组织培养罐中，用封口膜封好，用防水记号笔写好标签，放在 4℃冰箱中保存，备用。

> 注意：① 调节培养基的 pH 值为 5.7~5.8，这对外植体的生长很重要。
>
> ② 抗生素遇热不稳定，必须在培养基冷却至 60℃左右时再加入。
>
> ③ 芽增生培养基用于愈伤组织的诱导和继代，以及不定芽的形成。

（4）生根培养基的配制：在步骤（2）配制的 MS 培养基中加入 40μL 1mg/mL NAA，混匀，调 pH 值、定容、灭菌、分装和保存方法均同步骤（3），但抗生素的用量有所不同：

　　　Kan（50mg/mL）　　　　　　　　200μL

　　　Carb（500mg/mL）　　　　　　　80μL

> 注意：生根培养基用于不定芽的生根。

（5）1/2 MS 固体培养基的配制：配方见步骤（2），但大量元素的用量减半，其他成分用量均不变，配制方法见步骤（2）和步骤（3）。

（6）1/2 MS 液体培养基的配制：配方见步骤（5），但不加琼脂粉。

2. 烟草无菌苗的制备（方案一）

（1）把烟草种子放在盛有 70%乙醇的三角瓶中，摇动 1min。

（2）倒掉 70%乙醇，加 0.1% $HgCl_2$（升汞），摇动 6min。

> 注意：升汞具有很强的毒性，需戴一次性手套操作。

（3）倒掉漂浮的种子，用无菌水冲洗种子 5~6 次，无菌滤纸吸干水分。

（4）把种子接种于 1/2 MS 固体培养基上，置于 25~28℃光照培养箱中培养。

（5）发芽后，每 2 周继代一次。

> 注意：① 所有操作均在超净工作台上进行。
>
> ② 联合使用 70%乙醇和 0.1% $HgCl_2$ 对外植体进行表面消毒效果好，消毒时间不能过长，以免毒杀外植体，此外，消毒后立即用无菌水多清洗几次，避免残留 $HgCl_2$；$HgCl_2$ 对人体有害，操作时须小心。
>
> ③ 所谓继代，就是将外植体转移到新鲜的培养基上继续培养，避免代谢产物过多积累而对外植体的生长产生不利影响。

3. 烟草无菌苗的制备（方案二）

> 注意：当没有现成的种子用于无菌苗的制备时，可从田间获得烟草叶片，按以下的方法制备无菌苗。

（1）剪取田间的烟草叶片，放在盛有洗洁精溶液的烧杯中，搅拌 10min。

（2）自来水冲洗 15min，除去洗洁精和表面污物。

（3）在无菌条件下，用 70%乙醇消毒 45s，倒掉 70%乙醇溶液。

（4）加入 0.1%HgCl$_2$，摇动 6~8min，倒掉 HgCl$_2$ 溶液。

注意：升汞具有很强的毒性，必须戴一次性手套操作。

（5）用无菌水冲洗 5~6 次，无菌滤纸吸干水分。

（6）将无菌的烟草叶片切成约 0.5cm^2 的小块，用镊子将小块叶片接种到芽增生培养基上，每个培养基中可接种 5 片，置于 25~28℃光照培养箱中培养 2~3 周，转接至芽增生培养基中继代，每 2 周一次。

注意：参见上述方案一。

4. 将外源基因连入植物表达载体 pBI121

（1）采用 SDS 碱裂解法从大肠杆菌 DH5α（pBI121，*Kan*^{r}）菌株中提取 pBI121 质粒 DNA（操作步骤参见实验二）。

（2）设计引物，利用 PCR 技术扩增 *Dvgst* 基因，电泳，采用 SanPrep 柱式 DNA 胶回收试剂盒回收目的基因片段，操作参见实验六和实验七。

注意：最好使用高保真 DNA 聚合酶，如 *Pfu* 或 *KOD* DNA 聚合酶，以确保所得基因序列不发生变异。

（3）DNA 定量：采用紫外分光光度法对 pBI121 DNA 和 PCR 产物进行定量。

注意：1μg pBI121 相当于 0.11pmol，1μg *Dvgst* 基因相当于 2.2pmol。

（4）利用 *Bam*H Ⅰ 和 *Sac* Ⅰ 分别对 pBI121 和 PCR 产物进行双酶切，完全酶切后，加热灭活限制性内切酶，操作参见实验八。

注意：*Bam*H Ⅰ 和 *Sac* Ⅰ 双酶切的通用缓冲液为 0.5×K 缓冲液。

（5）将经双酶切后的 pBI121 用 1.2%琼脂糖凝胶进行电泳，利用琼脂糖凝胶回收试剂盒回收 pBI121 载体片段，去除 *gus* 基因，操作参见实验七。

（6）将经双酶切后的 PCR 产物与回收的 pBI121 载体片段连接，转化大肠杆菌 DH5α 菌株的感受态细胞，按照实验九的操作步骤进行转化及涂 LB 平板（含 Kan，50μg/mL），采用菌落 PCR 法和酶切法鉴定阳性克隆，得到含有外源基因的 DH5α 菌株，操作参见实验十。

5. 冻融法转化农杆菌感受态细胞（方案一）

（1）将农杆菌 LBA4404（*Rif*^{r}，*Str*^{r}）甘油菌划线接种于 LB 平板（含 50μg/mL Rif，600μg/mL Str）上，在 28℃恒温培养箱中静置培养 2~3 天。

（2）挑取单菌落于 3mL LB 液体培养基（含 50μg/mL Rif，600μg/mL Str）中，

28℃，200r/min 过夜振荡培养。

（3）吸取 1mL 过夜培养的菌液，接种于 50mL 新鲜的 LB 液体培养基（含 50μg/mL Rif，600μg/mL Str）中，28℃，200r/min 振荡培养 4~6h，使细菌生长至对数期，$OD_{600} \approx 0.4$。

（4）将细菌培养物置于冰上 30min，然后转移到预冷的 50mL 离心管中，4℃，5000r/min 离心 10min，小心弃去上清液。

（5）加入 10mL 冰上预冷的 0.1mol/L $CaCl_2$ 溶液，用微量移液器轻轻吸打，重悬细菌，4℃，5000r/min 离心 10min，小心弃去上清液。

（6）4℃，5000r/min 离心 10min，弃去上清液，加入 1mL 预冷的 20mmol/L $CaCl_2$ 溶液，重悬细胞，加入 280μL 预冷的 70% 甘油（用预冷的 20mmol/L $CaCl_2$ 溶液代替 0.1mol/L 的 $CaCl_2$ 溶液，并在制备过程中加入甘油以提高感受态细胞的稳定性），混匀，分装成每管 200μL，液氮速冻后，保存于 -70℃ 超低温冰箱中。

（7）从 -70℃ 超低温冰箱中取出农杆菌感受态细胞，冰上融化后，加入 1~2g 含有外源基因的 pBI121 质粒，混匀，于冰上放置 30min。

（8）放液氮中速冻 1min，立即在 37℃ 水浴锅中解冻 3min。

（9）加入 1mL LB 液体培养基（不含任何抗生素）中，28℃，120r/min 振荡培养 3h。

（10）3000r/min 离心 3min，去除大部分上清液，余下约 50μL 上清液，重悬细胞，涂布于 LB 平板（含 50μg/mL Rif，600μg/mL Str，50μg/mL Kan）上，在 28℃ 恒温培养箱中静置培养 2~3 天。

（11）挑取单菌落于含有相应抗生素的 LB 液体培养基中，28℃，200r/min 过夜振荡培养。

（12）采用基因特异性引物进行菌落 PCR，进一步鉴定出含有外源基因的农杆菌，置于 4℃ 冰箱中保存，备用。

6. 三亲杂交法将外源基因导入农杆菌（方案二）

（1）复活三亲菌株：将农杆菌 LBA4404（Rif^r，Str^r）甘油菌划线接种于 LB 平板（含 50μg/mL Rif，600μg/mL Str）上，将大肠杆菌 HB101 菌株（含辅助质粒，Kan^r）划线接种于 LB 平板（含 Kan，50μg/mL）上，将大肠杆菌 DH5α 菌株（含外源基因，Kan^r）划线接种于 LB 平板（含 Kan，50μg/mL）上，在恒温培养箱中静置培养 2~3 天。

注意： 大肠杆菌的培养温度为 37℃，而农杆菌的培养温度为 28℃。

（2）分别挑取单菌落于含有相应抗生素的 LB 液体培养基中，200r/min 振荡培养至对数期，$OD_{600} \approx 0.4$。

（3）3000r/min 离心 3min，收集三亲细胞，分别加入 200μL LB 液体培养基（不含任何抗生素）中，用微量移液器反复吸打，悬浮细胞。该步骤重复一次。

注意： 该步骤用于去除培养基中的抗生素，避免其对非抗性菌株的抑制。

（4）分别加入 200μL LB 液体培养基（不含任何抗生素）中，重悬细胞，取大致等量的三亲菌液混合，28℃振荡培养，过夜。

注意： ① 此处采用培养农杆菌的温度（28℃），在此温度下大肠杆菌也能很好地生长。
② 该步骤可实现三亲杂交。

（5）取 50μL 过夜培养物，涂布于 LB 平板（含 50μg/mL Rif，600μg/mL Str，50μg/mL Kan）上，置于 28℃恒温培养箱中静置培养 2~3 天。

（6）挑取单菌落于含有相应抗生素的 LB 液体培养基中，28℃，200r/min 过夜振荡培养。

（7）采用基因特异性引物进行菌落 PCR，进一步鉴定出含有外源基因的农杆菌，置于 4℃冰箱中保存，备用。

7. 农杆菌介导法制作转基因烟草

（1）切下烟草无菌苗上的成熟叶片，用直径 6mm 的打孔器制备叶盘，将叶盘叶面朝上，接种到芽增生培养基上，置于 25~28℃光照培养箱中预培养 2~3 天。

注意： 经预培养的叶盘边缘会有少量愈伤组织产生，有利于转化。

（2）挑取含有重组 pBI121 质粒的农杆菌 LBA4404 单菌落，接种于 5mL LB 液体培养基（含 600μg/mL Str，50μg/mL Kan）中，28℃，200r/min 过夜振荡培养。

（3）将农杆菌按 1:50 的比例稀释到 LB 液体培养基（含 600μg/mL Str，50μg/mL Kan）中，继续培养至 $OD_{600} \approx 0.6~0.8$。

（4）3000r/min 离心 3min，收集细菌，用 1/2 MS 液体培养基洗涤一次，并将其稀释到 5 倍体积的 1/2 MS 液体培养基中，备用。

（5）将预培养的叶盘浸入上述农杆菌菌液中，感染 15~20min。

（6）取一张无菌滤纸放在芽增生培养基上，将经感染的叶盘放在滤纸上，28℃，黑暗条件下培养 2 天。

注意： 无菌滤纸用于隔离叶盘和培养基，以免农杆菌直接接触培养基而生长过快，在筛选培养时无法被有效抑制。

（7）将叶盘转到新的芽增生培养基上，置于 25~28℃光照培养箱中进行筛选培养，每 2~3 周转到新的芽增生培养基上继代一次。

注意： ① 将叶盘放平，使叶盘边缘与筛选培养基充分接触，以杀死未转化的细胞，减少假阳性。
② 在继代过程中，农杆菌逐渐被消除，羧苄青霉素的浓度也可逐渐降低到 200μg/mL。

（8）当抗性芽长到 1~1.5cm 时，将其切下，转到生根培养基上诱导不定根的形成。

（9）2~3周后即可长出不定根，将完整的转基因烟草植株移栽到土壤中，收获种子。

五、思考题

（1）转基因作物的应用现状如何？你是否在生活中看到过或吃过转基因食品？你认为转基因食品的安全性如何？

（2）制作转基因植物的常用方法有哪些？各基于什么原理？

（3）植物表达载体上有哪些重要元件？各起什么作用？

（4）什么是三亲杂交？它基于什么原理得到含有目的基因的农杆菌？

（5）农杆菌介导法制作转基因植物的整体流程是什么？

（6）制作转基因植物离不开组织培养，烟草的愈伤组织、不定芽、不定根的形成主要与什么因素有关？在组织培养中如何控制它们的形成？

实验十六　植物基因组 DNA 的提取与检测

一、实验目的

（1）掌握 SDS 法提取植物基因组 DNA 的方法；

（2）掌握 CTAB 法提取植物基因组 DNA 的方法；

（3）掌握检测基因组 DNA 完整性的方法；

（4）掌握基因组 DNA 定量的方法。

二、实验原理

1. 植物基因组 DNA 的提取

1）提取植物基因组 DNA 的基本流程

在构建基因组文库、克隆来源于基因组的基因或表达调控元件、Southern 杂交、分析群体遗传多样性等过程中，都需要使用基因组 DNA。对植物来说，常用幼叶、子叶等幼嫩组织作为起始材料，提取基因组 DNA。植物基因组 DNA 的提取，大体上包括以下步骤：

① 破碎组织：常用的方法就是将新鲜的植物组织放到液氮中快速冷冻，然后在研钵中将植物组织研磨成粉末，在研磨过程中，保证液氮不完全挥发，避免 DNase 破坏 DNA 的完整性。

② 破坏细胞膜：去污剂能够与细胞膜上的蛋白质结合，从而破坏细胞膜，使基因组 DNA 释放到提取缓冲液中，常用的去污剂有 SDS、CTAB 等，提取基因组 DNA 的方法，往往以使用的去污剂来命名。

③ 去除杂质：使用提取液处理之后，许多杂质与基因组 DNA 一起释放了出来，这些杂质包括蛋白质、RNA、多糖、丹宁和色素等。大多数蛋白质可以采用苯酚或氯仿进行抽提，蛋白质经处理后发生变性，容易从溶液中沉淀出来（见图 16-1），并加以去除；RNA 则可以通过添加 RNase A 去除；而多糖类杂质一般难以去除。

④ 沉淀 DNA：去除大部分杂质之后，可以用预冷的无水乙醇（或异丙醇），将基因组 DNA 从溶液中沉淀出来。在沉淀 DNA 时，还需要中性盐的高浓度环境，如氯化钠（NaCl）、乙酸钠（NaAc）等，这些中性盐提供的 Na^+ 可以中和 DNA 所带的大量负荷，消除 DNA 分子之间的静电排斥，有利于乙醇（或异丙醇）将 DNA 从溶液中沉淀出来。在有些方法中，提取液里已经含有高浓度的中性盐，不需要再额外添加。由于植物基因组 DNA 的分子庞大，大量 DNA 分子聚集形成纤维状沉淀物，因而将沉淀物转移到 70% 乙醇中洗涤，可去除各种杂离子。经真空干燥或加热干燥之后，用 TE 溶液（pH8.0）或 ddH_2O 溶解 DNA 沉淀，用于后续研究。

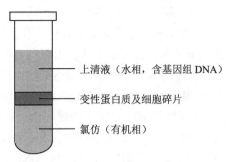

上清液（水相，含基因组 DNA）

变性蛋白质及细胞碎片

氯仿（有机相）

图 16-1　氯仿抽提

植物基因组 DNA 的提取方法很多，具体选择什么方法，主要根据后续操作对 DNA 分子量大小和纯度的要求而定，另外还需要考虑各种植物组织的特性，如多糖、多酚等物质含量的多少。通常采用 SDS 法和 CTAB 法提取植物基因组 DNA，下面介绍这两种方法。

2）SDS 法提取植物基因组 DNA

十二烷基硫酸钠（SDS）是一种阴离子去污剂，能与细胞膜上的蛋白质结合，在 65℃ 高温下能有效裂解细胞膜，使基因组 DNA 释放出来。在 SDS-酚法中所用的碱性酚，能够使 SDS-蛋白质复合物中的蛋白质变性，从而使蛋白质与水溶性的 DNA 分离。SDS 法是 SDS-酚法的简化，因为在提取缓冲液的高盐浓度下，SDS-蛋白质复合物也比较容易与 DNA 分离。

SDS 法是提取各种植物基因组 DNA 的经典方法，操作简便，DNA 得率较高，分子量也较高，基本能满足常规的基因组分析，如 PCR 筛选分子标记等。不过，SDS 法提取的基因组 DNA 纯度不是很高，特别是多糖物质难以去除。对于多糖含量较高的植物，可以改用 CTAB 法提取；对于多酚含量较高的植物，可以在提取缓冲液中加入 2% 聚乙烯吡咯烷酮（polyvinyl pyrrolidone，PVP），因为 PVP 能与多酚形成不溶于水的复合物，从而有效去除多酚，另外，PVP 还能与多糖结合以去除多糖；但要去除更多的多酚和多糖，可以改变提取策略，首先分离出细胞核，然后再从细胞核中提取 DNA。

3）CTAB 法提取植物基因组 DNA

十六烷基三甲基溴化铵（cetyltrimethylammonium bromide，CTAB）是一种阳离子去污剂，能与细胞膜上的蛋白质结合，从而裂解细胞膜。在低浓度 NaCl 溶液中，CTAB 能与核酸、酸性多糖形成复合物，并从溶液中沉淀出来，而蛋白质和中性多糖仍留在溶液中；在高浓度 NaCl 溶液（≥0.7mol/L）中，CTAB 能与蛋白质和多糖（酸性多糖除外）形成复合物沉淀，而不能沉淀核酸。

CTAB 法广泛应用于各种植物基因组 DNA 的提取，它的操作较为简单，DNA 得率较高，从每克新鲜组织中可获得 100~200μg 基因组 DNA。另外，该方法还能较为有效地去除基因组 DNA 中的多糖，可应用于多糖含量较高的植物或某些革兰氏阴性菌的基因组 DNA 的提取。CTAB 法获得的基因组 DNA 的纯度并不是很高，其中 RNA 含量很高，可用 RNase A 进行消化。尽管 DNA 纯度不高，但也足以满足限制性内切酶分析或

PCR 扩增的要求，如果对 DNA 的纯度有更高的要求，可以采用乙醇沉淀法对提取的 DNA 进一步纯化。

2. 植物基因组 DNA 的完整性、纯度和浓度及其检测

1) 植物基因组 DNA 的完整性

DNA 的完整性是指 DNA 具有完整的一级结构，这是分子生物学研究最基本的要求，但 DNA 的完整性也是相对的。一条真正完整的 DNA 应该是一条染色体中的 DNA 分子，但从基因组提取的 DNA 总被打断成一些大大小小的片段，这是因为在 DNA 的提取过程中，存在着许多破坏 DNA 主链的因素。

① 生物因素：在生物材料中，存在大量的内源性 DNA 酶（DNase），操作过程中污染的微生物体内也存在不少 DNA 酶，如果不采取措施防范，这些 DNA 酶都会降解样品中的 DNA，造成所得的基因组 DNA 分子的完整性较差。大多数 DNase 需要二价金属离子 Mg^{2+} 作为辅助因子，因此，可以使用二价金属离子螯合剂 EDTA 螯合 Mg^{2+}，从而抑制 DNase 的活性。另外，研磨在液氮或干冰中进行，提取 DNA 在较低温度（0~4℃）下进行，也可以比较有效地抑制 DNase 的活性。

② 物理因素：双链 DNA 在化学性质上是相当稳定的，但它在物理性质上仍然是易断裂的。高分子量的 DNA 是很长的链状分子，而且 DNA 溶液具有较高的黏稠度，振荡、搅拌、离心等操作过程中产生的流体剪切力，以及操作过程中形成的气泡在破裂时产生的剪切力，都可能造成双链 DNA 的断裂。DNA 分子越长，断裂所需的力越弱，获得高分子量的 DNA 就越困难。一般来说，大于 150kb 的 DNA 分子极易被常规提取方法中的剪切力打断。因此，对基因组 DNA 进行操作时，动作不能过猛，要尽量轻柔，以减小各种剪切力。对于气泡，可在抽提过程中使用消泡剂异戊醇，尽量减少其产生。微量移液器吸打黏稠的 DNA 溶液时，枪头产生的挤压力也会造成基因组 DNA 分子的断裂，对此，可以剪掉枪头尖端后再使用。此外，细胞突然置于低渗溶液中、细胞爆炸式破裂、DNA 样品反复冻融、长时间煮沸等也会破坏 DNA 分子。在高温情况下，除了水的沸腾带来的剪切力外，高温本身对 DNA 分子的某些化学键也可能产生一定的破坏作用。

③ 化学因素：主要包括提取液的酸碱度。强酸和强碱会破坏 DNA 分子的主链，特别是在酸性条件下，DNA 分子不稳定，容易发生脱嘌呤作用，使嘌呤碱基从 DNA 链的脱氧核糖磷酸骨架上脱落下来。因此，一般在微碱性的环境中对 DNA 进行操作，如提取 DNA 所用的提取液和溶解 DNA 的 TE 溶液的 pH 值均为 8.0。

为了保证基因组 DNA 的完整性，应尽量简化操作步骤，减少提取过程，以减少各种有害因素对 DNA 的破坏。值得注意的是，应用各种方法所得到的基因组 DNA 片段，即使在理想状态下，分子量大小也存在着一定的差异。选择哪种方法应当依据后续实验对 DNA 完整性的具体要求确定，一般方法得到的 DNA 可以用于 Southern 杂交和 PCR 分析，但用于普通的基因组文库的构建时，要求基因组 DNA 的完整性更高，需 50~120kb 的 DNA 片段，而构建 BAC 文库则需 200~500kb 的 DNA 片段。

2) 植物基因组 DNA 的纯度、浓度和完整性检测

在各种基因操作和遗传分析中，对 DNA 的纯度也有一定要求，因此，在提取 DNA 的过程中，应注意以下几点，尽量避免各种杂质的污染。

① DNA 样品中不应存在对后续操作中的酶（如限制性内切酶、修饰酶、*Taq* DNA

聚合酶等）有抑制作用的有机溶剂，或者浓度过高的金属离子。

② 应尽量排除 DNA 样品中的 RNA、蛋白质、多糖等，这些生物大分子的污染会影响后续操作。比如，多糖杂质的浓度较高时，常使 DNA 提取物呈胶状而不是纤维状。更为重要的是，这些多糖会抑制某些限制性内切酶或修饰酶的活性，从而对 Southern 杂交或基因克隆产生不利影响，此外，还会对紫外分光光度法测定 DNA 含量产生干扰。

植物基因组 DNA 样品在 0.5% ~ 0.8% 琼脂糖凝胶中电泳（见图 16-2），应呈现一条迁移率很小的整齐条带。如果出现清晰的 DNA 条带，但在溴酚蓝前出现弥散的荧光区，则表明样品中存在较多的 RNA 杂质，必要时需用 RNase A 将之去除，或者在 DNA 提取过程中就加入适量的 RNase A 进行消化。如果加样孔中有很强的荧光，则说明 DNA 样品中存在着较多的蛋白质

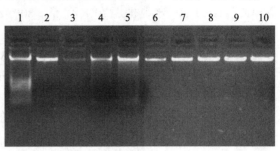

泳道 1~5—1~5 号样品；泳道 6~10—λDNA，上样量依次为 10，20，40，60，80ng

图 16-2　基因组 DNA 电泳

污染，应采用氯仿抽提法进一步纯化 DNA。如果电泳后不能看到亮度较高的清晰的 DNA 条带，而只能看到一片弥散的荧光区，则说明基因组 DNA 已经被严重降解，需要重新提取 DNA，并在提取过程中尽量避免各种因素对 DNA 分子的破坏作用，特别是 DNase 对 DNA 的降解作用。

利用琼脂糖凝胶电泳，还能检测样品中 DNA 的浓度。下面介绍其具体过程。

首先可以采用紫外分光光度法测定经适当稀释的 DNA 样品（一般稀释 20~100 倍），利用下列公式初步计算出 DNA 原液的浓度：

$$[ds\ DNA]_{原液}\ (\mu g/mL) = 50 \times (OD_{260} - OD_{310}) \times 稀释倍数$$

受仪器稳定性的影响和 DNA 溶液中杂质的干扰，紫外分光光度法检测的结果不一定可靠，最好还要有其他数据支持。因此，接下来就是根据估算出来的浓度，将 DNA 原液作适当倍数的稀释，使其浓度约为 5ng/μL，电泳时可取 10μL 稀释液进行点样，同时在相邻泳道设立标准物（通常为 10ng/μL 的 λDNA）的浓度梯度，如果依次点样 1，2，4，6，8μL，那么 λDNA 的上样量依次为 10，20，40，60，80ng（见图 16-2）。对于一定质量的 DNA，结合 EB 分子的能力是有限的，结合的 EB 分子最终会达到一种饱和状态。经电泳和 EB 染色后，DNA 条带的荧光亮度在一定范围内与 DNA 的质量数成正比。因此，可直接利用肉眼观察或凝胶图像分析软件，将稀释样品中 DNA 条带的亮度与各泳道中 λDNA 条带的亮度进行比较，估算出用于点样的稀释样品中 DNA 的质量，假设为 Y ng，那么样品原液中 DNA 的浓度为

$$[DNA]_{原液}\ (ng/\mu L) = \frac{Y}{10} \times 稀释倍数$$

三、实验材料

1. 生物材料

转基因烟草等。

2. 主要试剂

（1）用于 SDS 法提取基因组 DNA：液氮，0.5mol/L Tris-HCl（pH8.0），0.5mol/L EDTA（pH8.0），5mol/L NaCl，10% SDS，偏重亚硫酸钠，氯仿，异戊醇，无水乙醇，70%乙醇，TE 溶液（pH8.0），RNase A（10mg/mL）等。

（2）用于 CTAB 法提取基因组 DNA：CTAB，邻菲罗啉，β-巯基乙醇，3mol/L NaAc（pH5.2），异丙醇，70% 乙醇，80% 乙醇（含 15mmol/L NH_4Ac），TE 溶液（pH8.0）等。

（3）用于基因组 DNA 的电泳检测：λDNA（10ng/μL），琼脂糖，1×TAE 电泳缓冲液，6×DNA 上样缓冲液，EB 储存液（10mg/mL）等。

3. 主要仪器

电子天平，水浴锅，液氮罐，低速离心机，普通冰箱，超低温冰箱，真空干燥箱，加热块，微波炉，制胶板，水平电泳槽，电泳仪，脱色摇床，紫外分光光度计，凝胶成像分析系统等。

四、实验内容

1. SDS 法提取植物基因组 DNA

（1）配制 SDS 提取缓冲液（pH8.0），并在 65℃ 水浴锅中预热。

> **注意：** ① 配制方法见附录Ⅰ。
> ② 使用抗氧化剂偏重亚硫酸钠可防止酚氧化成醌，避免褐变，从而使酚容易去除。
> ③ SDS 提取缓冲液必须现用现配，并在使用前预热至 65℃。

（2）称取 1~2g 烟草叶片或小麦幼苗叶片于研钵中，加入液氮充分研磨成粉末，移入一个预冷的无菌 50mL 离心管中。

> **注意：** ① 在液氮下研磨既有利于破碎植物组织，也有利于避免研磨产生热量，确保基因组 DNA 的完整性。
> ② 将叶片充分研磨至细粉（越细越好），有利于提高基因组 DNA 的提取效率。
> ③ 此步操作应迅速，以免组织解冻，导致细胞裂解，释放出 DNA 酶，使 DNA 降解。

（3）加入约 20mL 提取缓冲液，轻轻颠倒混匀，或用玻璃棒轻轻搅匀，放入 65℃ 水浴锅中，轻轻摇动 0.5~1h。

> **注意：** ① 暗处理形成的黄化苗用于 DNA 提取效果更佳，可以降低色素的含量。
> ② 提取缓冲液的用量大致与粉末样品的体积相等。
> ③ 颠倒、搅拌或摇动时，动作要轻缓，以避免机械力破坏基因组 DNA 分子。

（4）取出离心管，冷却至室温，加入等体积（约 20mL）的氯仿：异戊醇（24∶1），轻轻颠倒混匀，放在摇床上轻轻摇动 1h，3000r/min 离心 30min。

注意： ① 此步抽提用于去除蛋白质杂质。

② 氯仿不可受热，在提取物中加入氯仿：异戊醇前必须将离心管冷却至室温。

③ 摇动时动作也不可剧烈，以避免基因组 DNA 分子的断裂。

④ 离心前必须用普通天平对样品进行平衡。

⑤ 低速离心可减小流体的剪切力，有利于获得分子量较大的基因组 DNA。

（5）将上清液移入另一个干净的 50mL 离心管中，加入 2 倍体积的预冷的无水乙醇，轻轻颠倒混匀，在 -20℃ 冰箱中放置 30min 以上。

注意： ① 经低速离心后，样品出现分层，从上到下依次为水相层、蛋白质和细胞碎片层和有机相层，基因组 DNA 在水相中，即在上清液中。

② 使用于 -20℃ 冰箱中预冷的无水乙醇，沉淀效果较好，可直接看到白色纤维状物，即基因组 DNA。

③ 由于提取缓冲液中含有高浓度氯化钠，乙醇沉淀时不需要再补加高浓度 NaAc 等盐类助沉。

（6）用 1mL 枪头钩出白色纤维状的 DNA，并用适量 70% 乙醇漂洗两次。

注意： ① 某些植物的 DNA 沉淀中可能含有杂质，特别是多糖，使 DNA 沉淀呈胶状或纤维状，需稍加离心才能得到 DNA 沉淀，不过应当注意避免使沉淀过分压紧，因为这种沉淀极难重新溶解。

② 某些植物的 DNA 沉淀，还可能由于褐色多酚类化合物的存在出现变色现象，通常不会影响后续操作，如有影响，可在提取缓冲液中加入适量的聚乙烯吡咯烷酮（PVP），有助于去除这些多酚类杂质。

（7）用 1mL 枪头钩出纤维状 DNA，用无菌滤纸挤压，尽量去除残留的 70% 乙醇，将沉淀物放入一个无菌的 1.5mL 离心管中，真空干燥 5~10min，溶于 0.2~0.5mL 无菌的 TE 溶液（pH8.0）中，放入 4℃ 或 -20℃ 冰箱中保存，备用。

注意： ① 将 DNA 沉淀物干燥至略显湿润即可，过度干燥会使基因组 DNA 难以溶解。

② 样品中加入 TE 溶液（pH8.0）后，放在 60℃ 水浴锅中可促进 DNA 溶解。

2. CTAB 法提取植物基因组 DNA

（1）配制 1.5×CTAB 提取缓冲液（pH8.0），并在 65℃ 水浴锅中预热。

注意： ① 配制方法见附录 I。

② 1.5×CTAB 提取缓冲液必须现用现配，CTAB 只有在加入 NaCl 后才溶解。

③ 临用前加入 β-巯基乙醇，它作为抗氧化剂可防止酚氧化成醌，避免褐变，从而使酚容易去除。

④ 许多配方中并不加邻菲罗啉（邻二氮杂菲），但是邻菲罗啉分子具有与溴化乙锭相似的结构，可能会插入双链 DNA 分子中，保护 DNA 免受 DNA 酶的进攻，从而抑制 DNA 的降解，提高基因组 DNA 的完整性。

⑤ 使用前必须将提取缓冲液预热至 65℃，在低于 15℃ 时 CTAB 容易从溶液中沉淀析出，在后面的离心过程中，温度也不能低于 15℃。

（2）称取 1.2~5g 烟草叶片或小麦幼苗叶片于研钵中，加入液氮充分研磨成粉末，移入一个预冷的无菌 50mL 离心管中。

注意： ① 在液氮下研磨既有利于破碎植物组织，也有利于避免研磨产生热量，确保基因组 DNA 的完整性。

② 将叶片充分研磨至细粉，有利于提高基因组 DNA 的提取效率。

（3）加入约 20mL 1.5×CTAB 提取缓冲液，轻轻颠倒混匀，或用玻璃棒轻轻搅匀，放入 65℃ 水浴锅中，轻轻摇动 1~3h。

注意： 收获之前将幼苗置于暗处 24h，有利于减少色素、淀粉等杂质。

（4）取出离心管，冷却至室温，加入等体积（约 20mL）的氯仿：异戊醇（24：1），轻轻充分混匀，直至上层为奶绿色。

注意： ① 此步抽提用于去除蛋白质杂质。

② 氯仿不可受热，在提取物中加入氯仿：异戊醇前必须将离心管冷却至室温。

③ 摇动时动作也不可剧烈，以避免基因组 DNA 分子的断裂。

（5）在室温下，6000r/min 离心 10min。

注意： ① 离心前必须用普通天平对样品进行平衡。

② 离心时温度不能低于 15℃，避免 CTAB 从溶液中沉淀析出。

③ 低速离心可减小流体的剪切力，有利于获得分子量较大的基因组 DNA。

（6）将上清液移入另一个无菌的 50mL 离心管中，加入上清液 1/10 体积（约 2mL）的 3mol/L NaAc（pH5.2），加入等体积（约 20mL）的预冷的异丙醇，轻轻颠倒混匀，静置 10min。

注意： 溶液中加入高浓度的 NaAc，有利于生物大分子（如染色体 DNA、RNA、SDS-蛋白复合物）凝聚而沉淀。

（7）用 1mL 枪头挑出 DNA，去尽溶液，加入约 35mL 80% 乙醇（含 15mmol/L NH_4Ac），轻轻颠倒离心管数次，洗涤 DNA，在室温下静置 20min。

注意：① 在最适条件下，DNA-CTAB 沉淀物呈白色纤维状，很容易从溶液中钩出，不过某些植物的 DNA 沉淀中可能含有杂质，特别是多糖，使 DNA 沉淀呈胶状，需稍加离心才能得到 DNA-CTAB 沉淀物，在离心时应当注意避免使沉淀过分压紧，否则沉淀物极难重新溶解。
② 某些植物的 DNA 沉淀，还可能由于褐色多酚类化合物的存在出现变色现象，通常不会影响后续操作，如有影响，可在提取缓冲液中加入适量的聚乙烯吡咯烷酮 (PVP)，以去除这些多酚类杂质。

（8）去除上清液，真空干燥 5~10min，溶于 0.2~0.5mL 无菌的 TE 溶液（pH8.0），放入 4℃或-20℃冰箱中保存，备用。

注意：① 将 DNA 沉淀物干燥至略显湿润即可，过度干燥会使基因组 DNA 难以溶解。
② 样品中加入 TE 溶液（pH8.0）后，放在 60℃水浴锅中可促进 DNA 溶解。

3. 基因组 DNA 的纯化

（1）取 0.4mL 基因组 DNA 原液于一个无菌的 10mL 离心管中，加入 2.6mL 无菌水或 TE 溶液（pH8.0），充分混匀。

注意：① 使用剪过尖端的枪头吸取 DNA 原液，可避免基因组 DNA 因受挤压而断裂。
② 稀释 DNA 原液可降低溶液的黏稠度，减少 DNA 的断裂。

（2）加入 1μL RNase A（10mg/mL），37℃消化 30min，或放在 4℃冰箱中过夜。

注意：加入 RNase A 可以消除基因组 DNA 中的 RNA 污染。

（3）加入 3mL 氯仿：异戊醇（24：1），轻轻颠倒混匀，静置 5~10min。

注意：用氯仿：异戊醇（24：1）抽提，可以消除基因组 DNA 中的蛋白质污染。

（4）3000r/min 离心 30min，将上清液转入另一个无菌的 10mL 离心管中，加入上清液 1/10 体积（约 0.3mL）的 3mol/L NaAc（pH5.2）和上清液 2 倍体积（约 6mL）的预冷的无水乙醇，轻轻上下颠倒混匀，在-20℃冰箱中放置 30min 左右。

注意：① 高浓度 NaAc 可以促进基因组 DNA 在无水乙醇中沉淀。
② 低速离心可减小流体的剪切力，有利于获得分子量较大的基因组 DNA。

（5）用 1mL 枪头钩取纤维状 DNA，置于装有预冷的 70%乙醇的 10mL 离心管中并清洗数次。

（6）钩出纤维状 DNA，用无菌滤纸挤压，尽量去除残留的 70%乙醇，将沉淀物放入一个无菌的 1.5mL 离心管中，真空干燥 5~10min，溶于 0.2~0.5mL 无菌的 TE 溶液（pH8.0），放入 4℃或-20℃冰箱中保存，备用。

注意：① 将 DNA 沉淀物干燥至略显湿润即可，过度干燥会使基因组 DNA 难以溶解。

② 样品中加入 TE 溶液（pH8.0）后，放在 60℃ 水浴锅中可促进 DNA 溶解。

4. 基因组 DNA 的检测（可用 NanoDrop 或 OneDrop 直接测定，测定方法详见仪器使用说明书）

（1）提前 30min 打开紫外分光光度计，使仪器完成自检，进入工作状态。

（2）在 1.5mL 离心管中加入 0.995μL 无菌水，再加入 5μL 基因组 DNA 原液，上下颠倒离心管使液体混匀，作为待测液，其余原始 DNA 溶液放于 4℃ 冰箱中保存，备用。

注意：① 在吸取高浓度的 DNA 溶液时，必须使用剪过尖端的枪头，避免基因组 DNA 因受挤压而断裂。

② 待测液的稀释倍数为 200 倍。

（3）取 200μL 待测液于石英比色皿中，在另一个石英比色皿中加入 200μL 无菌水作为对照。

注意：在紫外光区检测时，必须使用石英比色皿。

（4）将对照比色皿放入紫外分光光度计检测槽，在 260nm 处校零，取出后放入样品比色皿，直接读取并记录样品溶液在 260nm 处的吸光度值，即 OD_{260} 值。

（5）将对照比色皿放入紫外分光光度计检测槽，在 280nm 处校零，取出后放入样品比色皿，直接读取并记录样品溶液在 280nm 处的吸光度值，即 OD_{280} 值。

（6）将对照比色皿放入紫外分光光度计检测槽，在 310nm 处校零，取出后放入样品比色皿，直接读取并记录样品溶液在 310nm 处的吸光度值，即 OD_{310} 值。

（7）用无菌水清洗样品比色皿三次，关闭紫外分光光度计。

（8）根据 OD_{260} 值、OD_{310} 值及稀释倍数，计算原始溶液中基因组 DNA 的浓度，并根据 OD_{260}/OD_{280} 的值估计基因组 DNA 的纯度。

（9）根据步骤（8）中的计算结果，取少量原始的 DNA 溶液稀释适当倍数，将 DNA 稀释液的浓度控制在 4~6ng/μL 之间。

注意：在吸取高浓度的 DNA 溶液时，必须使用剪过尖端的枪头，避免基因组 DNA 因受挤压而断裂。

（10）取 10μL DNA 稀释液与 2μL 6×DNA 上样缓冲液混匀，离心收集，全部点样于 0.8% 琼脂糖凝胶中。

注意：由于提取的基因组 DNA 片段很大，往往有几万个碱基对，在凝胶中的迁移率较小，必须使用较低浓度的琼脂糖凝胶进行电泳。

（11）在相邻泳道中点入 λDNA 标准溶液（10ng/μL），点样量依次为 1，2，4，6，8，10μL。

> **注意：** 由于 λDNA 的浓度是一定的，取不同体积的 λDNA 进行电泳，染色后的 DNA 条带将呈现亮度梯度，在此基础上可以对样品 DNA 的浓度进行定量分析。

（12）100~120V 电泳 1h 左右，EB 染色 5~10min。

（13）在紫外灯下观察，照相，用肉眼比较样品 DNA 条带的亮度与 λDNA 的亮度，或借助 BandScan 软件进行分析，估计稀释液中 DNA 的浓度，进而计算出原始溶液中 DNA 的浓度。

（14）根据步骤（13）中的结果，推算每克新鲜叶片所能提取的基因组 DNA 的得率，其单位用 μg/gFW 表示，其中 FW 是鲜重的意思。

（15）根据步骤（13）中的电泳结果，分析基因组 DNA 的完整性。

五、思考题

（1）提取植物基因组 DNA 的方法主要有哪些？各有什么优缺点？

（2）在研磨植物组织时为什么要使用液氮？

（3）影响基因组 DNA 完整性的主要因素有哪些？在提取过程中如何保证基因组 DNA 的完整性？

（4）如何对基因组 DNA 进行定量分析，主要有哪些方法？

（5）SDS 法和 CTAB 法提取的植物基因组 DNA 分别可以用于哪些后续研究？

实验十七　　植物总 RNA 的提取与检测

一、实验目的

（1）掌握消除器材和试剂中 RNA 酶的方法；

（2）掌握利用 TRIzol 试剂提取植物总 RNA 的方法；

（3）掌握检测植物总 RNA 浓度和纯度的方法；

（4）掌握甲醛变性琼脂糖凝胶检测 RNA 分子完整性的方法。

二、实验原理

1. RNA 分子的特性

在真核生物中，核糖核酸（RNA）主要包括 rRNA、tRNA 和 mRNA，其中 mRNA 在总 RNA 中仅占 1%~5%，但 mRNA 是基因表达的中间产物。因此，RNA 的操作对于利用 Northern 杂交或 RT-PCR 技术分析基因的转录情况、真核生物基因克隆等方面具有重要意义。

RNA 由不同含氮碱基（A、U、C、G）构成的核糖核苷酸组成，在核糖的 2′位上有一个羟基，它在水溶液中容易发生变构，使 RNA 结构不稳定（特别是在碱性条件下），不利于长期保存。

另外，RNA 酶更是导致 RNA 分子降解的主要因素。RNA 酶不仅大量存在于样品的细胞中，也存在于操作者身上及实验环境中的微生物、实验器皿和耗材上。RNA 酶极易导致 RNA 的降解，而且 RNA 酶的热稳定性、酸碱稳定性及其对蛋白质变性剂的抗性都很强，即使加热煮沸或提取时使用苯酚、氯仿等都不能使之完全失活。

要想使 RNA 酶完全失活，必须使用更高的温度处理，如在 180℃ 下对玻璃和金属器皿烘烤 6h 以上。或者使用 RNA 酶抑制剂，如在 37℃ 下用含 0.1% DEPC（diethyl pyro-carbonate，焦碳酸二乙酯）的水溶液浸泡离心管、枪头等塑料制品 6h 以上，又如在建立的反转录反应体系中使用 RNA 酶抑制剂。

总之，在操作 RNA 的过程中，应时刻谨慎，尽量消除 RNA 酶对 RNA 的降解作用，这对获得完整的 RNA 分子、完成后续操作至关重要。

2. 植物总 RNA 的提取方法

提取植物总 RNA 与提取植物基因组 DNA 类似，首先需要在有液氮的条件下将植物组织研磨成粉末，然后加入提取缓冲液，提取总 RNA。提取植物总 RNA 的方法很多，常用的主要有 SDS-苯酚法、异硫氰酸胍法和氯化锂沉淀法等。

1）SDS-苯酚法

在 SDS-苯酚法中，SDS 和苯酚能使蛋白质变性、抑制内源性 RNase 的活性，同时裂解细胞膜，解离核蛋白，使 RNA 被释放到溶液中。苯酚可以将溶液中的蛋白质、多糖、DNA 分层到有机相中，而 RNA 则留在上清液中，使用酸性的苯酚-氯仿反复抽提，可有效去除蛋白质和基因组 DNA，然后在高盐条件下用无水乙醇将 RNA 从溶液中沉淀出来。该方法的优点是能保证 RNA 分子的完整性，并且操作简单，省时省力；缺点是无法清除大量的多糖、多酚，提取的 RNA 纯度低，无法保证后续建库、测序实验的进行。

2）异硫氰酸胍法

该方法因使用异硫氰酸胍而得名。异硫氰酸胍属于解偶剂，是一种很强的蛋白变性剂，可溶解蛋白质，主要作用是裂解细胞，使细胞中的蛋白质、核酸物质解聚，并将 RNA 释放到溶液中。异硫氰酸胍与 β-巯基乙醇合用能有效抑制 RNA 酶的活性。用异硫氰酸胍变性蛋白质后，大量 RNA 被释放到溶液中，接着用酸性酚-氯仿进行抽提，将 RNA 从溶液中沉淀出来。

3）氯化锂沉淀法

在一定的 pH 条件下，锂离子（Li^+）能特异性沉淀 RNA，通过反复沉淀可获得纯度较高的 RNA 样品。在该方法中，结合使用 SDS、苯酚等蛋白质变性剂，或二硫苏糖醇等还原剂，还可抑制 RNA 酶的活性。不过，采用氯化锂沉淀法提取的 RNA 中易残留 Li^+，对后续的反转录有抑制作用。

采用以上三种方法提取总 RNA 时，可以自己配制提取液，由于要避免 RNA 酶的污染，配制要求较高，比较麻烦。这时，也可以选择商品化的即用型（ready-to-use）试剂盒，这些试剂盒使用相当方便，也很有效。目前普遍使用的 RNA 提取方法主要有两种：一种是基于异硫氰酸胍-苯酚混合试剂的液相提取法（即 TRIzol 试剂），另一种是基于硅胶膜特异性吸附的离心柱提取法。

TRIzol 试剂的主要成分为苯酚和异硫氰酸胍，异硫氰酸胍和苯酚联用能使蛋白质有效变性，但是不能完全抑制 RNA 酶的活性，因此 TRIzol 中还加入了 8-羟基喹啉、β-巯基乙醇等来抑制内源和外源 RNA 酶的活性。当加入氯仿时，氯仿可以抽提酸性苯酚，而酸性苯酚可促使 RNA 进入水相，经离心可形成水相层和有机相层，这样水相中的 RNA 即可与仍留在有机相中的蛋白质和 DNA 分离开。之后使用异丙醇沉淀水相中的 RNA，75%乙醇洗涤沉淀中残留的有机溶剂，风干后得到较纯的 RNA。

3. RNA 浓度和纯度的检测

提取总 RNA 后，需要对 RNA 的浓度和纯度进行检测。与 DNA 一样，RNA 在 260nm 处也有最大吸收峰，因此也使用紫外分光光度计法。根据溶液的吸光度值可计算溶液中 RNA 的浓度，公式如下：

$$[ss\ RNA]\ (\mu g/mL) = 40 \times OD_{260} \times 稀释倍数$$

一般来说，进行 Northern 杂交所需的总 RNA 用量为 $10 \sim 15\mu g$，进行 RT-PCR 所需的总 RNA 用量为 $1\mu g$。

当 RNA 纯度较高时，OD_{260}/OD_{280} 的值在 $1.8 \sim 2.0$ 之间，如果 OD_{260}/OD_{280} 的值小于 1.8，则说明样品中有蛋白质或苯酚污染。此外，还需要检测其他污染物，如盐类、有机溶剂、糖类等。这些物质在 230nm 处有最大吸收峰，而在此波长处，RNA 的吸光度值最低，因此，可以通过 OD_{260}/OD_{230} 的值来检测是否存在这些物质的污染。

$OD_{260}/OD_{230}>2.0$：RNA 纯度较高；

$OD_{260}/OD_{230} \leqslant 2.0$：RNA 中可能有盐类、有机溶剂、糖类。

4. RNA 完整性的检测

采用紫外分光光度法只能检测 RNA 的浓度和纯度，并不能检测 RNA 分子的完整性。RNA 的完整性，需要通过琼脂糖凝胶电泳进行检测。在进行快速检测时，可以采用普通的琼脂糖凝胶电泳，凝胶的浓度一般为 1%～1.5%（见图 17-1）。但是，RNA 为单链分子，链内的碱基很容易形成氢键，产生比较丰富的二级结构，直接进行琼脂糖凝胶电泳，RNA 分子的迁

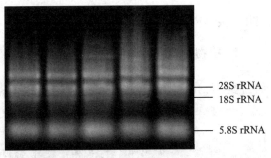

图 17-1　总 RNA 电泳图

移率并不与其分子量成正比。因此，进行 RNA 的电泳时，最好在凝胶体系中加入变性剂甲醛，以使 RNA 分子维持变性状态，其原理是，甲醛能与 RNA 的碱基形成比较稳定的加合物，从而阻止互补碱基之间的配对。此外，甲醛还有较强的反应性，能与蛋白质中的巯基等进行反应，抑制 RNA 酶的活性。甲醛变性琼脂糖凝胶电泳使用的电泳缓冲液为 MOPS（吗啉丙磺酸）缓冲液，MOPS 可使电泳缓冲液的 pH 值维持在 5.5～7.0，以利于甲醛与碱基之间的反应，使 RNA 分子始终处于变性状态。值得注意的是，在 RNA 电泳时，也要严格控制电泳装置中的 RNA 酶活性，电泳槽、制胶板、梳子等要用 0.4mol/L NaOH 溶液浸泡处理，所有使用的试剂，包括 RNA 上样缓冲液、MOPS 电泳缓冲液等，也都要用 DEPC 处理过的水进行配制。

总 RNA 中的主要成分是 rRNA，约占 80%，其中 28S rRNA 和 18S rRNA 的含量最高，但所占比例不同。因此，如果样品中 RNA 分子的完整性良好，经过凝胶电泳和 EB 染色之后，就能看到 28S rRNA 和 18S rRNA 的亮带，两者的亮度比约为 2：1。如果 28S rRNA 和 18S rRNA 的亮度接近，则说明 RNA 样品有所降解。如果 28S rRNA 和 18S rRNA 的条带都很弱，甚至看不到，则说明 RNA 降解严重。如果发现 RNA 被降解，那么需要重新提取 RNA，并且操作应更加严格，在各个环节都采取相应措施消除 RNA 酶的活性，并尽量在低温条件下操作。

三、实验材料

1. 生物材料

转基因烟草等。

2. 主要试剂

（1）用于总 RNA 提取：焦碳酸二乙酯（DEPC），去离子水，液氮，TRIzol 试剂（Invitrogen 公司），水饱和酚（酸性酚，DNA 提取使用的是 Tris 饱和酚），氯仿：异戊醇（24∶1），异丙醇，70%乙醇等。

（2）用于总 RNA 甲醛变性琼脂糖凝胶电泳：琼脂糖，吗啉丙磺酸（MOPS），甲酰胺，甲醛，氢氧化钠，无水乙酸钠，EDTA，甘油，溴酚蓝，EB 储存液（10mg/mL）等。

3. 主要仪器

电子天平，高速冷冻离心机，超净工作台，液氮罐，冰箱，-70℃超低温冰箱，真空干燥箱，微波炉，制胶板，水平电泳槽，电泳仪，紫外分光光度计，凝胶成像分析系统等。

四、实验内容

1. 植物总 RNA 的提取

注意：以 RNA 为对象进行操作时，总原则是尽量避免样品 RNA 受 RNA 酶污染。实验器材都必须经过严格处理，试剂用 DEPC 水配制，尽量避免 RNA 酶污染。RNA 提取在超净工作台上进行，操作时戴口罩，戴一次性手套，并经常更换手套，取离心管、枪头等，使用金属镊子，切勿用戴手套的手接触；试剂瓶放入超净工作台前，用 70%乙醇擦洗试剂瓶表面；在使用仪器前，用 70%乙醇擦洗离心机和真空干燥箱内腔，仪器运行时尽量保证低温状态。下同。

（1）玻璃或金属制品的处理：将研钵、量筒、三角瓶、试剂瓶、剪刀、镊子、白瓷盘等放在高温烘箱中，180℃烘烤 6h 以上，灭活 RNA 酶。

（2）塑料制品的处理：将各种型号的离心管、枪头装入烧杯，用新配的含有 0.1% DEPC 的去离子水浸没，37℃处理 24h，倒掉液体，121℃，高压蒸汽灭菌 1~2h，烘干。

（3）DEPC 水的配制：在 1000mL 去离子水中加入 1mL DEPC，混匀，37℃处理 24h，121℃，高压蒸汽灭菌 1~2h，可用于其他试剂的配制。

（4）配制 10×MOPS 电泳缓冲液、10×RNA 上样缓冲液等。

注意：配制方法见附录 I。

（5）取烟草幼苗叶片于研钵中，加液氮充分研磨成粉末，移入加有 1mL TRIzol 试剂的 1.5mL 离心管中，用力摇动 15s，室温静置 5min。

（6）4℃，13000r/min 离心 10min，小心地将上清液移入新的 1.5mL 离心管中。

（7）加入等体积的酸性酚：氯仿：异戊醇（25：24：1），用力摇动 15s，在 4℃ 冰箱中静置 15min。

注意： RNA 在碱性条件下不稳定，使用的酸性酚为水饱和酚，pH 值约为 5.0。

（8）4℃，12000r/min 离心 15min，小心地将上清液移入新的 1.5mL 离心管中。

注意： 小心吸取上清液，切勿吸到下层的固形物，避免被过多的蛋白质污染。

（9）加入 1 倍体积的异丙醇，轻轻颠倒混匀，在室温下静置 10min。

（10）4℃，12000r/min 离心 30min，弃尽上清液，加入 -20℃ 冰箱预冷的 70% 乙醇，轻轻颠倒洗涤。

（11）4℃，12000r/min 离心 5min，弃尽上清液，真空干燥 5~10min。

（12）加入适量灭菌的 DEPC 水溶解，置于 4℃ 或 -70℃ 冰箱中保存，备用。

2. 总 RNA 浓度和纯度的分析（可用 NanoDrop 或 OneDrop 直接测定，测定方法详见仪器使用说明书）

注意： 实验的总原则是尽量避免样品 RNA 受 RNA 酶污染。

（1）提前 30min 打开紫外分光光度计，使仪器完成自检，进入工作状态。

（2）在 1.5mL 离心管中加入 196μL DEPC 水，再加入 4μL 总 RNA 溶液，上下颠倒离心管混匀，作为待测液，其余的总 RNA 样品原液放于 -70℃ 冰箱中保存，备用。

注意： 保存好总 RNA 样品原液，本教程的后续操作还要使用。

（3）取 200μL 待测液于石英比色皿中，在另一个石英比色皿中加入 200μL DEPC 水作为对照。

注意： 在紫外光区检测时，必须使用石英比色皿。

（4）将对照比色皿放入紫外分光光度计检测槽，在 260nm 处校零，取出后放入样品比色皿，直接读取并记录样品溶液在 260nm 处的吸光度值，即 OD_{260} 值。

（5）将对照比色皿放入紫外分光光度计检测槽，在 280nm 处校零，取出后放入样品比色皿，直接读取并记录样品溶液在 280nm 处的吸光度值，即 OD_{280} 值。

（6）将对照比色皿放入紫外分光光度计检测槽，在 230nm 处校零，取出后放入样品比色皿，直接读取并记录样品溶液在 230nm 处的吸光度值，即 OD_{230} 值。

（7）用 DEPC 水清洗样品比色皿三次，关闭紫外分光光度计。

（8）根据 OD_{260} 值计算各样品原液中总 RNA 的浓度，并根据 OD_{260}/OD_{280} 的值和 OD_{260}/OD_{230} 的值估计总 RNA 的纯度。

（9）根据步骤（8）中的结果，推算每克新鲜叶片所能提取的总 RNA 的得率，其单位用 μg/gFW 表示，其中 FW 是鲜重的意思。

3. RNA 的甲醛变性琼脂糖凝胶电泳

> **注意：** 实验的总原则是尽量避免样品 RNA 受 RNA 酶污染。

（1）电泳装置的处理：洗净水平电泳槽、制胶板和梳子，用 0.4mol/L NaOH 溶液浸泡 24h，DEPC 水冲洗 3~5 遍，70%乙醇冲洗 1 遍，晾干。

> **注意：** 用 DEPC 水冲洗，去除残留的 NaOH，以免影响电泳缓冲液的 pH 值。

（2）甲醛变性琼脂糖凝胶的制备：称取 1.2g 琼脂糖，倒入 250mL 三角瓶，加入 88.6mL DEPC 水，微波炉加热使之溶解，冷却至 50~60℃时，加入 19.9mL 甲醛和 2μL EB（10mg/mL），轻轻混匀，倒入制胶板，凝固后拔出梳子，将凝胶放入加有 1×MOPS 电泳缓冲液的电泳槽中，备用。

> **注意：** 甲醛具有很强的挥发性，会伤害眼睛，应注意防护。

（3）调整总 RNA 的浓度：根据测定的各样品中总 RNA 的浓度，加入适量的 DEPC 水，使各样品中总 RNA 的浓度均为 1.2μg/μL。

（4）RNA 的变性：在 DEPC 水处理的 0.2mL 离心管中加入以下成分：

总 RNA（1.2μg/μL）	2μL
10×MOPS 电泳缓冲液	1μL
甲酰胺	5μL
甲醛	2μL

混匀，65℃加热 10min，立即于冰上放置 2min，离心收集。

（5）电泳：在变性的 RNA 样品中加入 2μL 10×RNA 上样缓冲液，混匀，全部点入凝胶加样孔，100~120V 电泳 40~60min。

（6）在紫外灯下观察，照相。根据 28S rRNA 和 18S rRNA 条带的亮度，估计两者的比例，鉴定各样品中 RNA 分子的完整性；根据各泳道中总 RNA 的亮度，判断调整后的各样品 RNA 的浓度是否基本一致。

> **注意：** ① 由于甲醛具有一定的毒性，现在 RNA 样品的检测主要使用普通琼脂糖凝胶电泳（1.2%），其同样可简单快速地检测 RNA 样品。
> ② 如果 RNA 分子的完整性差，说明 RNA 遭到降解，应当重新提取总 RNA。
> ③ 如果各样品中总 RNA 的浓度不一致，应当用 DEPC 水进一步调整。

五、思考题

（1）针对金属器皿、玻璃器皿、塑料制品（离心管和枪头）、电泳装置等，各用什么方法处理可以去除残留的 RNA 酶？

（2）在对 RNA 进行操作时，对所用试剂有什么要求？应当怎样配制？

（3）提取植物总 RNA 的常用方法有哪些？

（4）TRIzol 试剂是提取各类组织和细胞总 RNA 常用的即用型试剂，它含有哪些成分？各起什么作用？

（5）什么是甲醛变性琼脂糖凝胶？RNA 电泳时为什么用这种凝胶？

实验十八　　Southern 杂交检测外源基因的整合

一、实验目的

（1）掌握完全酶切植物基因组 DNA 的方法；

（2）掌握 DNA 转膜的原理和方法；

（3）掌握 Southern 杂交检测外源基因整合的原理和方法。

二、实验原理

1. 分子杂交概述

分子杂交（molecular hybridization），包括核酸分子杂交和蛋白质分子杂交两大类。其中，核酸分子杂交涉及 DNA 与 DNA、DNA 与 RNA 之间的杂交，主要包括 Southern 杂交（Southern blotting）和 Northern 杂交（Northern blotting）等。核酸分子杂交的主要原理是，在一定体系中，根据碱基互补的原则，单链 DNA 探针与单链的模板 DNA 或 RNA 的同源序列进行退火，形成双螺旋结构的 DNA，或者形成 DNA-RNA 杂合体，从而对特定的 DNA（目的基因）或目的 RNA 进行检测。蛋白质分子的杂交，也即 Western 杂交（Western blotting），涉及抗体与抗原之间的免疫识别，其内容详见实验二十二。

分子杂交发生在液相条件下，但是探针和模板都处于可溶状态时，它们在溶液中的分布是均一的，无法揭示基因拷贝数、基因表达量等信息。因此，需要将模板分子作为固定相，即通过凝胶电泳实现模板分子的分离之后，将凝胶中的模板分子转移并固定到一张膜上，即进行分子印迹（blotting）。将带有模板分子的膜浸泡在特定的溶液中，处于游离状态的探针分子可以与特定的模板分子进行特异性结合，根据探针携带的信号，就可以揭示出模板分子的相关信息。

Southern 杂交、Northern 杂交和 Western 杂交是常用的三大分子杂交技术，分别针对 DNA、RNA 和蛋白质进行检测，而遗传信息的流向正是从 DNA 到 RNA，再从 RNA 到蛋白质。因此，三大分子杂交技术针对特定的基因，包括普通材料中的目的基因和转基因材料中的外源基因，分别可以从染色体水平、RNA 水平（包括转录水平和转录后水平）和蛋白质水平（包括翻译水平和翻译后水平）进行检测，揭示特定基因的遗传信息和表达信息。

Southern 杂交技术，是在 1975 年由英国科学家 Southern 发明，并由此得名的。至于 Northern 杂交和 Western 杂交的命名，纯粹是在玩文字游戏，并非确有其人。Southern 杂交技术现已广泛应用于科学研究，主要包括：

① 追踪目的基因或分析遗传多样性（作为 RFLP 分子标记的基础技术）；
② 筛选基因文库，克隆目的基因（作为菌落原位杂交的基础技术）；
③ 确定目的基因的拷贝数和染色体定位；
④ 鉴定外源基因是否整合及其拷贝数；
⑤ 分析转基因的遗传稳定性。

2. Southern 杂交

Southern 杂交技术利用硝酸纤维膜或尼龙膜等具有吸附 DNA 的特性，先将 DNA 片段进行凝胶电泳，并将电泳后的 DNA 条带吸附到膜上，然后直接在膜上进行标记探针与被测 DNA 之间的杂交，通过对杂交结果进行检测，以此探测 DNA 样品中含有的特定 DNA 序列。其基本程序包括基因组 DNA 的提取，酶切及电泳，DNA 转膜，DNA 探针的标记与纯化，预杂交、杂交与放射自显影等步骤（见图 18-1）。

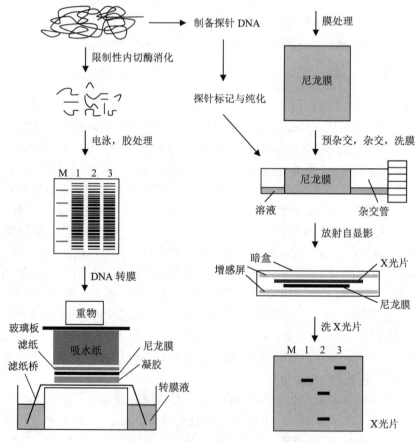

图 18-1 Southern 杂交的基本过程

1）基因组 DNA 的提取

Southern 杂交的起始操作对象为基因组 DNA，其应具有较好的质量。常用的 SDS 法和 CTAB 法提取的基因组 DNA 分子的完整性较好，能够满足 Southern 杂交的要求。由于 Southern 杂交中需要对基因组 DNA 进行限制性内切酶的切割，所以也要求基因组 DNA 具有较高的纯度，以免提取过程中残留的化学试剂影响限制性内切酶的切割效率，如果获得的 DNA 纯度不高，最好能用乙醇沉淀法进行纯化。Southern 杂交具有很高的灵敏度，单个 DNA 条带中只需含有 2ng DNA 就能被有效检测出来，但为了能检测到某个特定的 DNA 条带，对基因组 DNA 的总量也有要求，每个样品通常需要 10~15μg DNA。

2）基因组 DNA 的酶切

由于提取的基因组 DNA 分子量庞大，而目的基因只是一个相对很小的 DNA 片段，选择限制性内切酶对基因组 DNA 进行切割，就可以产生大大小小的限制性片段，其中包括涉及目的基因的片段。在对基因组 DNA 进行酶切时，一般选择识别 6 个碱基的限制性内切酶。一种限制性内切酶的酶切位点可能会出现在目的基因内部，在这种情况下，一个目的基因拷贝的杂交信号带可能就会出现两个或两个以上，而不是一个，这会导致基因拷贝数的错误判断，即错误地认为在基因组中目的基因有两个或两个以上的拷贝。因此，在同一次 Southern 杂交中，通常选择多个限制性内切酶独立地对基因组 DNA 进行切割，这样就可以综合分析多个杂交结果，获得基因拷贝数的正确信息。另外，如果酶切反应不完全，也会使同一个 DNA 片段释放出多个小片段，干扰基因拷贝数的分析，因此要保证基因组 DNA 被完全酶切。

3）琼脂糖凝胶电泳与凝胶处理

对限制性片段进行琼脂糖凝胶电泳，就可以实现目的基因与其他 DNA 片段的分离，使目的基因在随后的杂交中被有效检测出来，呈现单个或多个特异性的信号带。由于植物基因组庞大，酶切产物在经过琼脂糖凝胶电泳后，在泳道中会出现自上而下的模糊条带，而不会出现清晰可见的单个 DNA 条带。由于有的限制性片段会很大，有的则很小，在 DNA 转膜时的迁移率会有不同，导致大片段的转膜效果差，所以需要对凝胶进行处理，使大片段 DNA 在凝胶原位断裂成小片段 DNA，这样就可以保证所有 DNA 片段的分子量接近，迁移率相似，从而保证转膜质量。具体方法是用 0.25mol/L HCl 溶液进行处理，其原理是 DNA 在酸性条件下不稳定，会发生脱嘌呤反应，从而导致大片段 DNA 断裂成小片段 DNA。另外，由于结合在尼龙膜上的基因组 DNA 处于单链状态时才可能与 DNA 探针杂交，所以还需要用 0.4mol/L NaOH 溶液对凝胶进行处理，使切割基因组 DNA 产生的限制性片段发生变性，然后再以单链的形式结合到尼龙膜上去。

4）DNA 转膜

DNA 转膜，也即 Southern 印迹，就是将凝胶中的 DNA 片段原位转移到尼龙膜上的过程。

① Southern 印迹：经凝胶电泳和凝胶处理之后，就可以设法使凝胶中的 DNA 片段原位转移到尼龙膜上，通常可采用电转移或虹吸转移的方法。电转移法需要专用的转移设备，一般可采用不需要特殊设备的虹吸转移法。虹吸转移法的要点在于搭建一个滤纸桥，滤纸桥的两端浸没在 0.4mol/L NaOH 转膜液中，将凝胶反面朝上放到滤纸桥上，再将尼龙膜紧贴在凝胶上，上面再加一定厚度的吸水纸，压上重物，就可以借助吸水纸和滤纸桥的虹吸作用，使转膜液向上转移，并使凝胶中的 DNA 按原来的分布方式迁移到尼龙膜上。Southern 印迹所用的膜可以是硝酸纤维素滤膜，也可以是尼龙膜。由于尼龙膜吸附 DNA 的能力更强，且更耐用，所以一般都使用尼龙膜。尼龙膜有不同的型号，本教程中使用 Hybond-N+尼龙膜，这种尼龙膜表面的氨基基团带有正电荷，能与 DNA 或 RNA 分子中带负电荷的磷酸基团结合，因此，与未经修饰的中性尼龙膜相比，

Hybond-N⁺尼龙膜结合核酸的能力更强。

② 尼龙膜的处理：由于在转膜过程中使用了维持 DNA 处于单链状态的碱性溶液，所以首先需要采用缓冲液对尼龙膜进行处理，以中和尼龙膜上的 NaOH。尼龙膜结合 DNA 或 RNA 分子，借助的是静电作用，结合得并不是很牢固。为了加强核酸分子与尼龙膜的结合，可以对结合有核酸的尼龙膜进行处理，使核酸分子与尼龙膜上带正电荷的氨基之间形成稳定的共价键。加强两者交联的方法有两种，一种是在 80℃ 烘箱中进行烘烤，通常烘烤 1~2h；另一种是在紫外交联仪上用一定剂量的紫外线照射，通常只需要几分钟。

5）DNA 探针的标记与纯化

Southern 杂交发生在游离的 DNA 探针与固定在尼龙膜上的基因组 DNA 片段之间，因此使基因组 DNA 片段转移到尼龙膜上之后，就要获得目的 DNA 片段，把它作为探针，然后对它进行标记，使之带有特定的信号，并进一步使之纯化、变性。

① DNA 探针的来源：在核酸分子杂交中，探针（probe）是能与尼龙膜上的靶基因进行杂交的 DNA 片段，它与靶基因具有 DNA 序列同源性，通常使用目的基因或其片段。所以 DNA 探针可以是经过纯化的目的基因的 PCR 产物，也可以是含有目的基因的重组质粒。为了能有效检测到杂交信号，DNA 探针的用量需要 25~50ng。在检测转基因的整合时，DNA 探针的长度大于 300bp 时杂交效果较好；在检测目的基因的染色体定位时，DNA 探针的长度要更长。

② DNA 探针的标记信号：DNA 探针与尼龙膜上的靶基因杂交之后，必须借助探针携带的信号来显示杂交结果，因此需要对 DNA 探针进行标记，使之带有特定的信号。DNA 探针可以用放射性标记物或非放射性标记物进行标记。放射性标记物主要是带有放射性³²P 的 dCTP，即 α-³²P-dCTP，当它掺入 DNA 探针后，就可使 DNA 探针带有放射性信号。使用放射性同位素的主要优点是技术成熟，灵敏度高，重复性好，在杂交后的洗膜过程中可随时监测信号强弱，并作出相应的调整，以得到令人满意的结果。但该方法也有一些不足之处：实验操作周期长，需要 7 天左右；实验人员容易受到同位素的辐射伤害，在实验过程中应当小心防护，带有放射性同位素的废液废料也应当妥善处理。³²P 的半衰期为 14 天，一般经过 3~4 个月，信号可减至很弱。为了避免放射性同位素对实验者的危害和对环境的污染，现已开发出一系列非放射性标记物，主要包括生物素（biotin）、地高辛（digoxigenin）、荧光素（fluorescein），这些分子可以与 DNA 探针上特定的碱基形成共价键，从而使带有非放射性标记物的修饰碱基掺入 DNA 探针，实现对 DNA 探针的标记。在实现分子杂交之后，可将它们的酶标抗体与非放射性标记物结合，然后通过酶促显色反应揭示杂交信号，对于用荧光物质标记的非放射性标记物，还可以直接使 X 光片曝光显示杂交信号。使用非放射性标记物时比较安全，无污染，操作周期短，但灵敏性和重复性不如放射性标记物。本教程中使用放射性同位素标记的 DNA 探针。

③ DNA 探针的标记方法：DNA 探针的标记，可以是末端标记，例如，利用 Klenow 酶可以对双链 DNA 的 3' 隐蔽末端进行标记，利用末端脱氧核苷酸转移酶可以对双链 DNA 的 3' 突出末端进行标记，利用 T4 多核苷酸激酶可以对双链 DNA 的 5' 端进行标记。DNA 探针的标记，也可以是均匀标记，例如，利用 DNase Ⅰ和 DNA 聚合酶Ⅰ进行缺口平移，利

用 Klenow 酶和引物（随机引物或基因特异性引物）体外合成 DNA，都可以使放射性或非放射性标记物掺入新生的 DNA 链中，实现对 DNA 探针的标记（见图 18-2）。

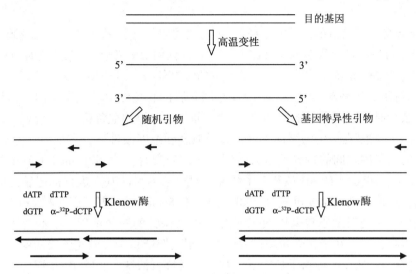

图 18-2 Klenow 酶标记 DNA 探针

注：带→的新生链中均含有同位素信号。

④ DNA 探针的纯化方法：经过标记之后，反应体系中存在过多的带信号的脱氧核苷酸，如果不把它们去除，就会使杂交信号的噪声很强，甚至完全掩盖杂交信号，因此需要将标记好的 DNA 探针纯化出来。通常使用 Sephadex G-50 层析柱进行纯化，其原理是凝胶颗粒具有一定大小的孔径，DNA 探针大分子不能进入颗粒内部，可先被洗脱出来，而脱氧核苷酸（包括具有信号的）小分子可以进入颗粒内部，洗脱时经过的途径长，随后才能被洗脱出来。微型 Sephadex G-50 层析柱的制备方法见图 18-3。

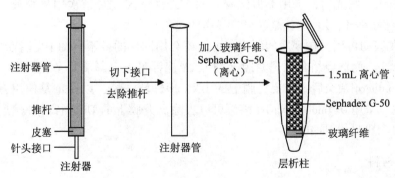

图 18-3 微型 Sephadex G-50 层析柱的制备

⑤ DNA 探针的变性方法：标记好的 DNA 探针可以通过加热变性，也可以通过加碱变性。在使用 0.4mol/L NaOH 溶液进行变性时，由于杂交液具有一定的缓冲能力，一般不会影响核酸分子的杂交。

6）预杂交、杂交与放射自显影

将尼龙膜正面朝上放入杂交管，先后加入适量预杂交液和杂交液，将杂交管水平放置在分子杂交炉中，在适当的温度下进行预杂交和杂交，实现 DNA 探针与靶基因的特异性退火，接着在适当的温度下，用不同离子强度的洗膜液先后对尼龙膜进行清洗，去除非特异性结合的探针，然后通过放射自显影，获得杂交信号，即完成了整个 Southern 杂交。

① 预杂交：就是指单链的鲑鱼精 DNA 与尼龙膜的非特异性结合。尼龙膜与基因组 DNA 片段结合后，还有很多部位暴露着，没有与任何 DNA 结合，在杂交时 DNA 探针会与这些暴露的部位非特异性结合，造成严重的背景信号，所谓预杂交就是要用单链的鲑鱼精 DNA 封闭这些暴露部位，阻断探针与尼龙膜的直接结合。预杂交时，溶液体系和温度都与杂交时相同，只是不加 DNA 探针，而是加单链的鲑鱼精 DNA。

② 杂交：就是在一定的缓冲成分、离子强度和温度条件下，实现单链 DNA 探针与尼龙膜上的靶基因之间的特异性退火。例如，在杂交时可使用 0.5mol/L 磷酸钠缓冲液（pH7.0），以提供适当的 pH 值和离子强度。对全长的目的基因进行标记后，由于 DNA 探针较长，采用的杂交温度可较高，如果使用 0.5mol/L 磷酸钠缓冲液（pH7.0）作为杂交液成分，杂交温度通常采用 65℃。为了提高探针的有效浓度，杂交时可尽量减小杂交液的体积，只要在杂交管转动过程中保证尼龙膜能被杂交液完全浸润就足够了。

③ 洗膜：就是在一定离子强度下，对尼龙膜进行清洗，去除 DNA 探针与尼龙膜或尼龙膜上非相关 DNA 之间的非特异性结合，经过多次洗膜，逐步提高离子强度，可尽量去除非特异性结合，而 DNA 探针与真正的靶基因之间的结合是特异性的，在洗膜条件下不会发生解链。在洗膜过程中，通常用放射性检测仪监测信号强弱，并及时对洗膜时间和洗膜强度进行调整，以得到理想的信号强度。

④ 放射自显影：在经过清洗的尼龙膜上，靶基因上结合了标记有放射性同位素的 DNA 探针，这时就可以将尼龙膜放入具有两张增感屏的暗盒中，然后在暗室中压上 X 光片，就可以使放射性物质对 X 光片进行曝光。为了减弱曝光强度以提高曝光信号的清晰度，通常将暗盒放入 -70℃ 超低温冰箱中，曝光时间可依据洗膜后的信号强度决定，通常为 5~7 天。曝光后，采用类似洗胶卷的方式，将 X 光片依次用显影液、定影液漂洗，就可获得杂交信号。这就是放射自显影的过程。

⑤ 尼龙膜的再生：在今后的研究中可能还会用同样的或不同的 DNA 探针与这张尼龙膜进行杂交，而已经结合在尼龙膜上的 DNA 探针可能会影响其杂交效率。因此，在完成整个 Southern 杂交后，需要将膜上的 DNA 探针清洗掉，以便重复使用，这就是尼龙膜的再生。采用 0.4mol/L NaOH 溶液可以去除尼龙膜上的 DNA 探针，然后用缓冲液中和尼龙膜上残留的 NaOH。

三、实验材料

1. 生物材料
经过定量的烟草基因组 DNA 样品（实验十六）。

2. 主要试剂
（1）用于基因组 DNA 的酶切与电泳：10×H 缓冲液，10×M 缓冲液，10×K 缓冲液，*Eco*R Ⅰ（15U/μL），*Eco*R Ⅴ（15U/μL），*Xho* Ⅰ（10U/μL），*Hind* Ⅲ（15U/μL），*Bam*H Ⅰ（15U/μL），琼脂糖，1×TAE 缓冲液，6×DNA 上样缓冲液，EB 储存液（10mg/mL）等。

（2）用于 DNA 转膜：0.25mol/L HCl，0.4mol/L NaOH，2×SSC（pH7.0），尼龙膜，滤纸，吸水纸等。

（3）用于 DNA 探针的标记与纯化：10×Klenow 缓冲液，Klenow 酶（4U/μL），dNTP（-dCTP），α-^{32}P-dCTP（10μCi/μL），随机引物，基因特异性引物，Sephadex G-50，1×过柱平衡液等。

（4）用于预杂交、杂交与放射自显影：（预）杂交液，鲑鱼精 DNA（10mg/mL），洗膜液Ⅰ，洗膜液Ⅱ，洗膜液Ⅲ，X 光片，暗盒等。

（5）用于尼龙膜的再生：膜再生液等。

3. 主要仪器

电子天平，高速离心机，水浴锅，微波炉，制胶板，水平电泳槽，电泳仪，紫外分光光度计，凝胶成像分析系统，加热块，分子杂交炉，放射性检测仪，冰箱，-70℃超低温冰箱等。

四、实验内容

1. 基因组 DNA 的酶切

（1）在无菌的 1.5mL 离心管中依次加入以下成分（总体积为 30μL）：

ddH$_2$O	14μL
10×缓冲液	3μL
基因组 DNA	10μL
限制性内切酶	3μL

注意： ① 通常选择不能切割外源基因的限制性内切酶消化基因组 DNA，并可做一组平行实验，采用不同的酶切割 DNA。
② 使用不同的限制性内切酶时，应当在反应体系中加入对应型号的缓冲液，必要时可加入反应体系 1/10 体积的 0.1% BSA。
③ 限制性内切酶的用量不超过反应总体积的 1/10，以避免星号活性。
④ 每个反应中基因组 DNA 的用量约为 15μg，反应总体积必须大于 2 倍体积的 DNA 样品，以避免 TE 溶液（pH8.0）中的 EDTA 对酶活性产生抑制作用。

（2）混匀，低速离心收集，放在 37℃恒温箱中酶切 18h 左右。

注意： 酶切期间可吸取少量样品进行电泳，分析酶切是否完全。

（3）在 1×TAE 缓冲液中，在 20V 下用 0.9%琼脂糖凝胶电泳 20h 左右。
（4）EB 染色后，在紫外灯下观察，照相，检查酶切是否完全。

注意： 确保基因组 DNA 酶切完全后，才能进行后续操作。

2. DNA 转膜

（1）EB 染色后，取出凝胶，切除凝胶四周的多余部分，量出长方形凝胶的尺寸，并在右下方切去一角，以判断膜的正反及样品的顺序。

注意：将凝胶切除一角，有助于判断膜的正反及样品的顺序。

（2）将切好的凝胶浸没于 0.25mol/L HCl 溶液中，在摇床上轻轻摇动 15min。

注意：DNA 在酸性条件下是不稳定的，可发生脱嘌呤而使主链断裂，从而使不同 DNA 片段的转膜效率一致。

（3）倒去 HCl 溶液，用蒸馏水冲洗数次，倒去蒸馏水，加入 0.4mol/L NaOH 溶液，在摇床上轻轻摇动 15min。

注意：DNA 在碱性条件下是稳定的，但会变性，形成单链 DNA。

（4）剪取与凝胶同样大小的尼龙膜、滤纸和吸水纸。

注意：吸水纸也可用普通的卫生纸替代。

（5）在适当的容器中加入 0.4mol/L NaOH 溶液，用两张适当大小的干净滤纸搭桥，赶尽气泡。

注意：0.4mol/L NaOH 溶液可使 DNA 在转膜过程中维持变性状态。

（6）将凝胶正面朝下，放在滤纸桥上，用废旧胶片遮住凝胶边缘。

注意：废旧胶片可防止吸水纸从凝胶四周直接吸水，造成转膜时的短路。

（7）在凝胶上依次小心加上尼龙膜、滤纸，每次都要赶尽气泡。

注意：将气泡赶尽可避免尼龙膜上出现不结合 DNA 的空斑。

（8）加上适当高度的吸水纸，压上一块平板，并加上 500~1000g 的重物，转膜 24h，其间，每隔4~6h 更换底层潮湿的吸水纸。

注意：① 及时更换吸水纸可保证转膜效率，更换时不能使尼龙膜和凝胶挪位。
② 及时补加 0.4mol/L NaOH 溶液，以免转膜溶液被吸干。

（9）用镊子将尼龙膜放在 2×SSC（pH7.0）溶液中漂洗 0.5h。

（10）用镊子取出尼龙膜，用干净的滤纸吸干后，置于 80℃烘箱中烘烤 1~2h。

注意：采用 80℃烘烤或紫外线照射，可加强 DNA 与尼龙膜之间的交联。

（11）将干燥的尼龙膜夹于干净的滤纸，室温保存；或浸泡于 2×SSC（pH7.0）溶液，置于 4℃冰箱中保存，备用。

3. 预杂交

（1）提前将分子杂交炉加热至 65℃。

（2）将转好 DNA 的尼龙膜浸泡于 2×SSC 溶液 10～20min，将尼龙膜正面朝上放入杂交管。

（3）配制 20mL 预杂交液（pH7.0），并预热至 65℃。

> **注意：** 配制方法见附录 I。

（4）将鲑鱼精 DNA（10mg/mL）放于 100℃ 加热块上变性 15min，冰上骤冷 10min。

（5）在预热的预杂交液中加入 0.2mL 变性的鲑鱼精 DNA，轻轻混匀，倒入杂交管，放于分子杂交炉中，65℃，25r/min，预杂交 6～8h。

4. 探针的标记、纯化与变性

（1）以含有目的基因的 pBI121 质粒 DNA 为模板，使用基因特异性引物，进行 PCR 扩增，琼脂糖凝胶电泳后，从凝胶中回收目的基因，并测定 DNA 的浓度。

> **注意：** 参见实验十五和实验十六。

（2）在无菌的 1.5mL 离心管中加入以下成分：

目的基因 DNA	3μL
引物	1.5μL
ddH$_2$O	12.5μL

在 100℃ 加热块上加热 10min，立刻于冰上放置 5min，高速离心收集。

> **注意：** ① 纯化的目的基因的用量为 25～50ng。
> ② 引物可以用随机引物，也可以用基因特异性引物。

（3）在上述离心管中加入以下成分：

10×Klenow 缓冲液	2.5μL
dNTP（-dCTP）	1.5μL
Klenow 酶（4U/μL）	1μL
α-^{32}P-dCTP（10μCi/μL）	3μL

混匀，低速离心收集，在 37℃ 水浴锅中反应 2～3h。

> **注意：** ① dNTP（-dCTP）为 dATP、dTTP、dGTP 的混合物，浓度均为 5mmol/L。
> ② 该步骤涉及放射性同位素操作，应当用有机玻璃板小心防护。
> ③ 在 Klenow 酶的作用下，α-^{32}P-dCTP 掺入新合成的 DNA 链中，实现对 DNA 探针的标记。

（4）Sephadex G-50 柱的制备：称取 2g Sephadex G-50，加入 200mL 1×过柱平衡液，过夜溶胀；取一支 3mL 注射器，切去装针头的部分，注射器内加入适量玻璃纤维，再加入溶胀好的 Sephadex G-50 悬浮液，将注射器放入 1.5mL 离心管中，3000r/min 离心 3min，去尽离心管中的液体；在注射器中再次加入 Sephadex G-50 悬浮液，离心，反复操作至注射器中填充其 3/4 体积的 Sephadex G-50 颗粒；加入 50μL 1×过柱平衡液，3000r/min 离心 3min，去尽离心管中的液体，再加入 50μL 1×过柱平衡液，离心，反复操作数次，直至流出液的体积恰好为 50μL，即 Sephadex G-50 柱达到了平衡状态，置于 4℃冰箱保存，备用。

注意：① 1×过柱平衡液的配制方法见附录 I。
②充分溶胀 Sephadex G-50 需要过夜，可在实验前一天提前准备好。
③ Sephadex G-50 柱的制备和平衡，在 Klenow 酶标记 DNA 探针期间即可完成。
④将注射器作为层析柱，1.5mL 离心管作为收集管，玻璃纤维用于截留 Sephadex G-50 颗粒。
⑤采用同样的条件进行离心（3000r/min 离心 3min），Sepha-dex G-50 柱达到平衡后，才能用于 DNA 探针的纯化。

（5）在步骤（3）结束时，在反应体系中加入 25μL 1×过柱平衡液，混匀后，全部加入预制的 Sephadex G-50 柱中，3000r/min 离心 3min，收集流出液，即为经纯化的已标记的 DNA 探针。

注意：①过柱平衡液中含 25mmol/L EDTA，可终止 Klenow 酶催化的 DNA 合成反应。
②纯化 DNA 探针时，采用平衡 Sephadex G-50 柱时的离心条件。

（6）在纯化的 DNA 探针中加入 50μL 0.4mol/L NaOH 溶液，混匀，变性 10min，备用。

注意：终浓度为 0.2mol/L 的 NaOH 溶液可使双链 DNA 变性。

5. 杂交、洗膜与放射自显影

注意：本操作涉及放射性同位素，应当用有机玻璃板小心防护。

（1）预杂交后，倒出部分杂交液，杂交管中剩 5～10mL 杂交液，加入已变性的标记好的 DNA 探针，65℃，25r/min，杂交 16～20h。

注意：①减小杂交液体积，可提高体系中 DNA 探针的有效浓度。
②必须将探针加入杂交液中，避免探针与膜直接接触。

（2）将含有放射性同位素的杂交液倒入指定的容器中。
（3）配制洗膜液 I、洗膜液 II、洗膜液 III，并预热至 65℃。

注意：配制方法见附录 I。

（4）用洗膜液Ⅰ（2×SSC，0.5% SDS）在65℃下洗膜15min。

注意：① 洗膜液Ⅰ、Ⅱ、Ⅲ均必须预热至65℃。
② 洗膜过程中可用放射性检测仪监测尼龙膜上杂交信号的强度，并及时调整洗膜液的浓度和洗膜时间。

（5）用洗膜液Ⅱ（1×SSC，0.5% SDS）在65℃下洗膜10min。

（6）用洗膜液Ⅲ（0.5×SSC，0.5% SDS）在65℃下洗膜10min。

（7）洗膜结束后，用保鲜膜包裹尼龙膜，放入暗盒，在暗室中将X光片压在尼龙膜与增感屏之间，将暗盒密封后，放入-70℃超低温冰箱中，放射自显影5~7天。

注意：放射自显影的时间取决于洗膜后杂交信号的强弱。

（8）冲洗X光片，晾干后拍照，分析实验结果。

6. 尼龙膜的再生

注意：剥离结合在尼龙膜上的DNA探针后，尼龙膜可供重复使用多次；膜再生液的配制方法见附录Ⅰ。

（1）将结合有DNA探针的尼龙膜正面朝下，放入0.4mol/L NaOH溶液中，在45℃下变性30min。

（2）配制1L膜再生液，预热到45℃，将尼龙膜正面朝下，放入膜再生液中，在45℃下荡洗1h。

注意：用放射性检测仪监测信号，如果还有残留信号，重复洗脱。

（3）取出再生的尼龙膜，滤纸吸干后，用保鲜膜包好，室温下保存；或将再生的尼龙膜浸泡于2×SSC溶液中，置于4℃冰箱中保存。

五、思考题

（1）Southern杂交的基本原理是什么？

（2）Southern杂交的整体流程是怎样的？

（3）有哪些因素会影响DNA转膜的效果？在实验中应如何控制？

（4）在预杂交过程中所加的鲑鱼精DNA起什么作用？

（5）什么是DNA探针？DNA探针上通常可以携带哪些信号？怎样把信号标记到DNA探针上？

（6）在实验中应怎样预防放射性同位素对人体的伤害及对环境的污染？

（7）什么叫尼龙膜的再生？为什么要对尼龙膜进行再生处理？

（8）Southern杂交技术主要有哪些应用？

实验十九 　Northern 杂交检测外源基因的转录

一、实验目的

（1）掌握 RNA 转膜的方法；

（2）掌握 Northern 杂交分析转基因表达的原理和方法。

二、实验原理

1. 目的基因的表达

当我们研究一个基因的功能时，首先要了解这个基因在什么时间表达、在什么部位表达、有多少表达量等，从而推测这个基因在生物体内可能起到的作用，为精确研究这个基因的功能提供相关信息。根据中心法则，一个基因表达的时空特点，可以通过检测目的 mRNA 或目的蛋白的积累来揭示。如果从目的蛋白的角度来揭示，那么首先要得到这种蛋白质，还要制备其抗体，再用 Western 杂交技术进行检测，整个检测过程环节较多，操作起来比较烦琐，成本也高。如果从目的 mRNA 的角度（即从目的基因的转录水平）来揭示，则显得比较简便，可以采用 Northern 杂交技术或 RT-PCR 技术。

不仅在研究基因功能时可采用 Northern 杂交技术或 RT-PCR 技术，在研究转基因材料中外源基因的转录时也可以采用这两种方法。当采用 Southern 杂交技术验证了转基因成分整合于核基因组之后，并不意味着这个转基因材料就会表现出目标性状。在生物体内，基因的表达调控是极其复杂的过程，外源基因在这个复杂体系中的表达自然也会受到它的影响。外源基因表达的失败可能由以下单个原因或多个原因造成：

① 外源基因整合的位置不适合其表达；

② 外源基因表达的时空特点不正确；

③ 外源基因的表达量过少；

④ 目的 mRNA 或目的蛋白不能稳定积累；

⑤ 目的蛋白的翻译后加工或亚细胞定位不正确等。

在植物转基因中，有一种现象被称为"转基因沉默（transgene silencing）"，它可能发生在染色体水平、转录水平或转录后水平等多个层次，而且它不仅可能发生在转基因材料的当代植株上，也可能发生在转基因材料的后代植株上。因此，验证到外源基因在染色体上整合之后，还需要进一步研究外源基因的表达情况，以证实这个转基因材料是否可用于研究或生产实践。

2. Northern 杂交

Northern 杂交是从转录水平研究目的基因表达的重要方法之一，其整体程序与 Southern 杂交相似，也可分为四个部分：总 RNA 的提取（见实验十七），RNA 的转膜（印迹），探针的制备（见实验十八），DNA 探针与 RNA 的杂交、放射自显影（见实验十八）。其中有些内容已在前面的实验中涉及，这里仅介绍 RNA 转膜、DNA 探针与 RNA 的杂交。

1）RNA 转膜

与植物基因组 DNA 相比，RNA 的分子量要小得多，不需要经过酶切处理就可以进行甲醛变性琼脂糖凝胶电泳，实现不同 RNA 分子的分离。由于各种 RNA 的分子量差异比较大，为了使它们在转膜过程中的迁移率接近，也需要对凝胶中的 RNA 进行适当的处理。与 DNA 的性质相反，RNA 在碱性条件下不稳定，因此，可以用 0.05mol/L NaOH 溶液对凝胶中的 RNA 进行脱嘌呤处理，使 RNA 降解成具有相似迁移率的小片段。利用虹吸效应将 RNA 转移到尼龙膜时，方法和过程与 DNA 转膜类似。不过，通常不需要特别维持 RNA 的变性状态，这是因为 RNA 本身就是单链分子，只要使用 20×SSC（pH7.0）作为转膜液即可。另外，RNA 的转膜时间也比 DNA 的转膜时间长，需要转膜 36h 以上。完成转膜后，不需要经过漂洗，立刻在室温下干燥，然后经 80℃烘烤 1~2h，加强 RNA 与尼龙膜的交联，此时，结合在尼龙膜上的 RNA 不再对 RNA 酶敏感，可以常规保存。

2）DNA 探针与 RNA 的杂交

Northern 杂交的本质就是，在液相中的 DNA 探针与尼龙膜上的 RNA 进行特异性配对，从而揭示目的基因的转录情况。DNA 分子与 RNA 分子的杂交，同 DNA 分子之间的杂交相似，因此，在 Southern 杂交中的常规条件（如杂交条件、洗膜条件）下就可以进行 Northern 杂交。在常规的杂交液中，DNA 探针与尼龙膜上的 RNA 杂交时，为了得到较高特异性的结果，通常在 68℃下进行杂交，但是高温杂交会影响膜的质量，即影响固定化的 DNA 或 RNA 与膜的结合，不利于膜的再生及反复使用。因此，可以考虑在低温条件下进行杂交，其方法是使用含 50%甲酰胺的杂交液，然后在 42℃条件下就可以实现 DNA 探针与 RNA 的杂交。当杂交液中含 50%甲酰胺时，还能降低非特异性杂交。

三、实验材料

1. 生物材料

经过定量并调整浓度的烟草总 RNA（1.2μg/μL）（实验十七）。

2. 主要试剂

（1）用于总 RNA 提取：焦碳酸二乙酯（DEPC），去离子水，液氮，TRIzol 试剂（Invitrogen 公司），酸性酚（水饱和酚），氯仿：异戊醇（24：1），异丙醇，70%乙醇等。

（2）用于总 RNA 甲醛变性琼脂糖凝胶电泳：琼脂糖，吗啉丙磺酸（MOPS），甲酰胺（formamide），甲醛（formaldehyde），10×RNA 上样缓冲液，EB 储存液（10mg/mL），0.4mol/L NaOH，DEPC 水等。

（3）用于 RNA 转膜：0.05mol/L NaOH，20×SSC（pH7.0），尼龙膜，滤纸，吸水纸等。

（4）用于 DNA 探针的标记与纯化：10×Klenow 缓冲液，Klenow 酶（4U/μL），dNTP（-dCTP），α-^{32}P-dCTP（10μCi/μL），随机引物，基因特异性引物，Sephadex G-50，1×过柱平衡液等。

（5）用于预杂交、杂交与放射自显影：（预）杂交液，鲑鱼精 DNA（10mg/mL），洗膜液Ⅰ，洗膜液Ⅱ，X 光片，暗盒等。

3. 主要仪器

电子天平，高速离心机，水浴锅，微波炉，制胶板，水平电泳槽，电泳仪，紫外分光光度计，凝胶成像分析系统，加热块，分子杂交炉，放射性检测仪，冰箱，-70℃超低温冰箱等。

四、实验内容

1. 器材与试剂的准备

注意：操作 RNA 时，实验器材都必须经过严格处理，试剂用 DEPC 水配制，尽量避免被 RNA 酶污染。

（1）玻璃或金属制品的处理：将量筒、三角瓶、镊子、白瓷盘等放在高温烘箱中，180℃烘烤 6h 以上，灭活 RNA 酶。

（2）DEPC 水的配制：在 1000mL 去离子水中加入 1mL DEPC，混匀，37℃处理 24h，121℃，高压蒸汽灭菌 1~2h，可用于其他试剂的配制。

（3）配制 20×SSC（pH7.0）、100×Denhardt's 等溶液。

注意：配制方法见附录 I。

2. 总 RNA 的定量

注意：来源于经不同方法处理的植物材料的总 RNA 样品，其中总 RNA 的浓度可能不同，在分析基因的表达模式时，为确保结果的可靠性，需对总 RNA 进行定量分析，进而调节各样品中总 RNA 的浓度，使其一致。

具体方法参见实验十七。

3. RNA 的电泳

注意：实验的总原则是尽量避免样品 RNA 受 RNA 酶污染。

（1）电泳装置的处理：洗净水平电泳槽、制胶板和 7mm 宽口梳子，用 0.4mol/L NaOH 溶液浸泡 24h，DEPC 水冲洗 3~5 遍，70%乙醇冲洗 1 遍，晾干，备用。

注意：用 DEPC 水冲洗，去除残留的 NaOH，以免影响电泳缓冲液的 pH 值。

（2）甲醛变性琼脂糖凝胶的制备：称取 1.2g 琼脂糖，倒入 250mL 三角瓶，加入 88.6mL DEPC 水，微波炉加热使之溶解，冷却至 50~60℃时，加入 19.9mL 甲醛和 2μL 1% EB，轻轻混匀，倒入制胶板，凝固后拔出梳子，将凝胶放入加有 1×MOPS 电泳缓冲液的电泳槽中，备用。

注意：甲醛具有很强的挥发性，会伤害眼睛，应注意防护。

（3）RNA 的变性：在经 DEPC 处理的 1.5mL 离心管中加入以下成分：

总 RNA（1.2μg/μL）	11μL
10×MOPS 电泳缓冲液	5μL
甲酰胺	25μL
甲醛	9μL

混匀，65℃加热 10min，立即于冰上放置 2min，使 RNA 变性。

（4）电泳：在各变性的 RNA 样品中加入 10μL 10×RNA 上样缓冲液，混匀，全部点入凝胶加样孔，在 3~5V/cm 电压下电泳 4~6h。

（5）在紫外灯下观察，照相。

注意：确保各样品中总 RNA 的亮度基本一致。

4. RNA 转膜

（1）紫外观察：在紫外灯下观察 RNA 条带，照相。

注意：紫外灯要用 70% 乙醇擦洗。

（2）凝胶切割：用解剖刀沿着直尺切割凝胶，将凝胶切成长方形，量出其长和宽的尺寸，并在凝胶右下角切下一个缺口，用于随后操作中分辨凝胶的正反和上下。

注意：解剖刀和直尺要用 70% 乙醇擦洗。

（3）凝胶脱嘌呤处理：在白瓷盘中加入 DEPC 水，将凝胶正面朝下浸泡其中，用 DEPC 水清洗 2 遍，将水倒尽后，加入 0.05mol/L NaOH 溶液，使凝胶完全浸没，在脱色摇床上轻轻摇动 20min。

（4）凝胶的中和：倒尽 NaOH 溶液，用 DEPC 水清洗 2 遍，倒入 20×SSC（pH7.0）摇动 45min，倒尽 20×SSC 后，再加入 2×SSC（pH7.0）摇动 10min。

（5）RNA 转膜：用裁纸刀将 Hybond-N⁺尼龙膜、滤纸、吸水纸裁成凝胶大小的长方形。将 20×SSC 倒入另一个白瓷盘中，用玻璃板和裁成恰当大小的滤纸搭桥，用20×SSC 浸润，并用玻璃棒赶尽气泡，将处理后的凝胶背面朝上放在滤纸桥上，赶尽气泡，凝胶四周用废旧 X 光片封闭。将尼龙膜放在凝胶上，赶尽气泡，加上两层滤纸，赶尽气泡，再加一叠吸水纸（厚度为 10~15cm），在吸水纸上放一块玻璃板，加 500~1000g 的重物，静置转膜 36h。

注意：① 每加一层东西，都须用玻璃棒赶尽气泡。
② 转膜期间应多次更换已湿透的吸水纸，并及时补加转膜液，以免溶液被吸干。

（6）尼龙膜的处理：操作方法参见实验十八。

5. 分子杂交

注意： 在 68℃ 下进行分子杂交，对尼龙膜上结合的 RNA 损害较大，可在杂交液中加入 50% 甲酰胺，这样就可在 42℃ 下进行有效的 Northern 杂交。

（1）提前将分子杂交炉加热至 42℃。

（2）用 6×SSC 浸泡尼龙膜 10~20min，将尼龙膜正面朝上放入杂交管中。

（3）配制 20mL 预杂交液 B，预热至 42℃。

注意： 配制方法见附录Ⅰ。

（4）将鲑鱼精 DNA（10mg/mL）放于 100℃ 加热块上变性 15min，冰上骤冷 10min。

（5）在预热的预杂交液中加入 0.2mL 变性的鲑鱼精 DNA，轻轻混匀，倒入杂交管，放于分子杂交炉中进行预杂交，42℃，25r/min，预杂交 3~5h。

（6）在预杂交过程中，制备 DNA 探针并纯化和变性，操作步骤参见实验十八。

（7）倒掉大约 10mL 预杂交液，将标记好的探针加入杂交管中，混匀，42℃，25r/min，杂交 16~20h。

注意： ① 减小杂交液体积，可提高体系中 DNA 探针的有效浓度。
② 必须将探针加入杂交液中，避免探针与膜直接接触。

（8）配制洗膜液Ⅰ、洗膜液Ⅱ，室温放置，并取部分洗膜液Ⅱ预热至 42℃。

注意： 配制方法见附录Ⅰ。

（9）倒出杂交液，用洗膜液Ⅰ（2×SSC，0.1% SDS）在室温下洗膜 2 次，每次 5min。

（10）用洗膜液Ⅱ（0.2×SSC，0.1% SDS）在室温下洗膜 1 次，42℃ 洗膜 1 次，每次 15min。

注意： 洗膜过程中可用放射性检测仪监测尼龙膜上杂交信号的强度，并及时调整洗膜时间和洗膜次数。

（11）洗膜结束后，用保鲜膜包裹尼龙膜，放入暗盒，在暗室中将 X 光片压在尼龙膜与增感屏之间，将暗盒密封后，放入 -70℃ 超低温冰箱中，放射自显影 5~7 天。

注意： 放射自显影的时间取决于洗膜后杂交信号的强弱。

（12）冲洗 X 光片，晾干后拍照，分析实验结果。

五、思考题

（1）与 DNA 转膜相比，RNA 转膜操作有什么不同之处？

（2）杂交液中不加入甲酰胺时杂交温度通常为 68℃，当加入 50%甲酰胺后，杂交温度可采用 42℃，这样的低温操作有什么好处？

（3）Northern 杂交技术主要有哪些应用？

（4）Northern 杂交能否用于检测 mRNA 的大小？能否用于证明可变剪接的存在？为什么？

实验二十　RT-PCR 或 qRT-PCR 技术检测外源基因的转录▼

一、实验目的

（1）掌握消除总 RNA 中污染的基因组 DNA 的方法；

（2）掌握利用 RT-PCR 分析转基因转录水平的基本方法；

（3）掌握优化 RT-PCR 循环次数的方法；

（4）掌握总 cDNA 模板用量均等化的方法；

（5）掌握 qRT-PCR 相对定量的方法；

（6）掌握内参基因选用的原则和标准。

二、实验原理

从转录水平研究目的基因表达，通常采用 Northern 杂交法，该方法不但可以检测目的 mRNA 的表达丰度，也可以检测 mRNA 分子的大小。但是由于检测灵敏度的限制，一些低丰度的 mRNA 不能被检测到，而且该方法还存在操作周期长、要使用放射性同位素等不足之处，因而目前已较少应用。RT-PCR（reverse transcription PCR，反转录 PCR）技术操作简单、快捷、灵敏度高，可以很好地解决上述问题，因而得以广泛应用。Real-time PCR 看起来可以缩写为 RT-PCR，但是，国际上约定俗成的 RT-PCR 特指反转录 PCR，而 Real-time quantitative PCR 可缩写为 qPCR、qRT-PCR 或 RT-qPCR。RT-PCR 从转录水平研究目的基因表达主要通过半定量 RT-PCR，而 Real-time RT-PCR 实际上是结合了荧光定量技术的反转录 PCR，先从 RNA 反转录得到 cDNA（RT），然后再用 Real-time PCR 进行定量分析（qRT-PCR）。

1. 半定量 RT-PCR（semi-quantitative RT-PCR）

半定量是介于定量和定性之间的一种判定基因是否差异表达的方式。在控制其他变量相同的情况下，根据电泳条带亮度差异比较基因表达量的高低。比如，对于某物种中 A 和 B 两个基因，虽然我们不知道 A 和 B 两个基因表达量的具体数值，但可以通过半定量 RT-PCR 的方式，在其他条件相同的情况下，根据条带亮度判断 A 和 B 两个基因表达量的高低，条带亮的表达量就高，条带暗的表达量就低。半定量 RT-PCR 不仅可以比较不同基因表达量的高低，也可以比较同一基因在不同材料中表达量的差异。比如，如果想知道 A 基因在植物不同组织部位的表达模式，那么控制其他变量相同，改变模板（来自不同组织部位材料的 cDNA），看 A 基因在不同组织部位的表达是否有变化（实验方案一：相同基因在不同模板下的半定量）。半定量 RT-PCR 的基本操作步骤如下：①设计引物。半定量

RT-PCR 的引物设计可参照普通 PCR 引物设计的基本要求和注意事项。唯一不同的是，半定量 RT-PCR 引物通常设计为跨内含子，并且扩增长度不宜过长，应保持在 250~700bp，以便电泳时能和引物二聚体区分开。② 提取 RNA，反转录，利用内参基因验证 cDNA 模板是否可用。内参基因相当于一个标尺，具有标准化和校正作用，内参基因表达相对稳定，以其为参照，反映基因表达水平的变化。引入内参基因进行归一化处理，可以最大限度地减少样本制备、处理或加样时产生的各种差异，规避对样本精确定量和上样的要求。③ 确定内参基因的平台期。做不同循环次数的梯度 PCR，保证 PCR 过程中其他条件相同，只改变循环次数（可以设置 22、23、24、25、26 等不同的循环次数），PCR 结束后进行电泳，选择条带明暗和粗细没有明显差异的那个循环次数的前一个作为达到内参基因平台期的循环次数。④ 用内参调平上样的模板量。此步骤的目的是，在控制模板量一致的情况下，比较同一基因在不同处理条件下或不同组织部位的表达差异，或不同基因在相同处理条件或同一组织部位的表达差异。⑤ 确定目的基因的平台期。方法参照步骤③。⑥ 目的基因的半定量 RT-PCR。保持循环次数及其他所有 PCR 条件都相同，仅改变模板（模板的浓度相同），PCR 结束后进行电泳，根据电泳条带的亮度比较目的基因在不同模板中的表达变化，进而做出相应的判断。近年来，随着技术的进步，实时荧光定量 PCR 技术因操作简单、实验结果直观而逐渐取代了半定量 RT-PCR。

2. 实时荧光定量 PCR（real-time quantitative PCR，qPCR，qRT-PCR 或 RT-qPCR）

实时荧光定量 PCR 是指在 PCR 反应体系中加入可与 DNA 产物特异性结合的荧光基团，利用荧光信号积累实时监测整个 PCR 进程，最终通过相对定量或绝对定量的方法确定各个样本的本底表达量。qPCR 所使用的荧光化学试剂可分为两种：SYBR Green I 荧光染料和 TaqMan 荧光探针。

SYBR Green I 荧光染料法：SYBR Green I 是一种具有绿色激发光波长的染料，可以和双链 DNA 双螺旋小沟区域结合，嵌入双链 DNA 分子后构象发生变化，能够吸收 497nm 的激发光并发出 520nm 的荧光；而 SYBR Green I 在游离状态下发出的荧光较弱，当它与双链 DNA 结合后，荧光就会大大增强，而且荧光信号的增强与 PCR 产物的增加完全同步（见图 20-1）。SYBR Green I 荧光染料法可检测任何双链 DNA 序列的扩增，检测方法较为简单，成本较低，因而广泛应用于基因的差异表达分析，其缺点是有时会产生假阳性结果，特异性不如探针法。

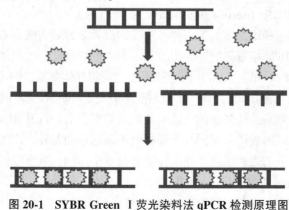

图 20-1 SYBR Green I 荧光染料法 qPCR 检测原理图

　　TaqMan 荧光探针法：在 PCR 扩增时加入一个特异性的寡核苷酸荧光探针，探针的 5'端标记一个荧光报告基团，3'端标记一个荧光淬灭基团，探针只与模板特异性结合，其结合位点在两条引物之间。探针完整时，荧光报告基团发射的荧光信号被荧光淬灭基团吸收，荧光监测系统接收不到信号。PCR 扩增时，*Taq* 酶的 5'→3'外切酶将探针切断，使荧光报告基团和荧光淬灭基团分离，荧光监测系统可接收到荧光信号，实现了荧光信号的累积与 PCR 产物形成完全同步，因此信号的强度就代表了模板 DNA 的拷贝数（见图 20-2）。该方法的优点是特异性好、灵敏度高；缺点是每次均需合成新的探针，成本较高。

　　SYBR Green Ⅰ荧光染料法和 TaqMan 荧光探针法各自的优缺点及其应用详见表 20-1。

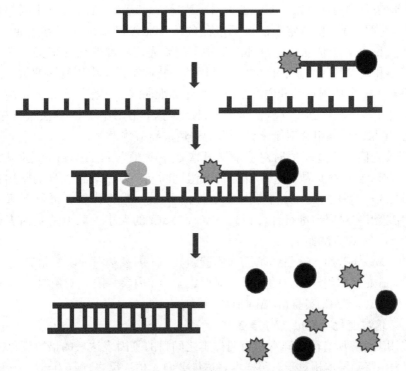

图 20-2　TaqMan 荧光探针法 qPCR 检测原理图

表 20-1　SYBR Green Ⅰ荧光染料法和 TaqMan 荧光探针法的优缺点及其应用

方法	SYBR Green Ⅰ荧光染料法	TaqMan 荧光探针法
优点	可检测任何双链 DNA 序列的扩增，方便快捷，不必针对各个基因设计合成 TaqMan 探针，成本较低	荧光化合物标记到特异性的寡核苷酸上，具有高度特异性，重复性好，荧光信号强
缺点	无模板特异性，对引物的特异性要求较高，需进行熔解曲线分析；灵敏度相对较低，有时会产生假阳性结果，特异性不如探针法	只适合一个特定的目标，探针价格较高
应用	主要应用于基因的差异表达分析，比如 RNA 干扰效果确认或某个基因在不同组织部位的表达模式分析	主要应用于确定基因的拷贝数，比如临床诊断中病原菌的定量检测

qPCR 的操作步骤和 RT-PCR 相似，不同点在于：① 扩增产物长度通常为 80 ~ 200bp；② 至少设计 2~3 对引物，需要进行预实验筛选高特异性引物；③ 需要进行预实验摸索 cDNA 稀释倍数，确定 cDNA 上样量；④ PCR 反应体系中额外加入荧光染料。相较于半定量 RT-PCR，实时荧光定量 PCR 的数据分析主要有绝对定量法和相对定量法两种方法。绝对定量法是对未知样品的拷贝数进行测定的方法，常用于精确计算初始模板中目的基因的浓度，比如测定血液样本中病毒、支原体、衣原体颗粒数（DNA 或 RNA），细胞中基因的拷贝数，食品中某一转基因成分的含量等，得到的数据是单个样本的定量描述，不依赖于其他样本。而相对定量法主要是以某一内参基因作对照，进而比较两个或多个样本之间某一目的基因表达量的差异，常用于检测 mRNA 表达量的变化，以及在不同组织中 mRNA 表达量的差异等。

相对定量法关注的并非某个基因的绝对表达量，而是同一基因在样本间的表达差异（如实验组和对照组）。相对定量法的标准品的浓度无须已知，计算方法通常有两种：双标准曲线法和比较 Ct 值法。标准曲线法中，需要先用标准曲线确定实验样本和对照样本中靶基因和内参基因的量，再用内参基因归一化两个样本中靶基因的量。由于标准曲线法需要对每一个待测基因和内参基因单独作标准曲线，工作量大，成本高，仅适合分析 1 个或几个基因的低通量实验。因此，科研实验中常用比较 Ct 值法进行相对定量，即 $2^{-\Delta\Delta Ct}$ 法，结果以处理组相对于未处理组的表达差异倍数表示。

Ct 是指荧光信号超过阈值时对应的循环次数，Ct 值与目的基因的起始量成反比，可用于计算 DNA 初始拷贝数。$2^{-\Delta\Delta Ct}$ 法是比较组别间同一基因表达差异的常用方法。通过将目的基因 Ct（目的 Ct）与自身内参 Ct（内参 Ct）进行比较，可得到每一组别的 ΔCt，再将实验组与对照组进行计算得到 $\Delta\Delta Ct$。$\Delta\Delta Ct$ 的大小关联目的基因表达水平的倍数差异大小，计算方法如下：

$$\Delta Ct \text{ 实验组} = Ct \text{ 目的基因（实验组）} - Ct \text{ 内参基因（实验组）}$$

$$\Delta Ct \text{ 对照组} = Ct \text{ 目的基因（对照组）} - Ct \text{ 内参基因（对照组）}$$

$$\Delta\Delta Ct = \Delta Ct \text{ 实验组} - \Delta Ct \text{ 对照组}$$

$$\text{倍数变化（Fold, } F\text{）} = 2^{-\Delta\Delta Ct}$$

此公式用于计算所有待测样本与对照样本之间目的基因表达量的倍数变化，若 $F = A$（$A > 1$），则表示待测样本相对于对照样本表达量上调 A 倍；反之，若 $F = B$（$0 < B < 1$），则表示待测样本相对于对照样本表达量下调 $1/B$。

值得注意的是，$2^{-\Delta\Delta Ct}$ 法需保证目的基因和内参基因的扩增效率基本一致才可使用。同时扩增目的基因和内参基因，通过查看目的基因与内参基因在指数增长期的扩增曲线是否平行来确定扩增效率是否相似；或制作标准曲线计算每一对引物的扩增效率。

值得注意的是，无论是 RT-PCR 还是 qRT-PCR 时，均需设置阴性对照、阳性对照和相应的内参基因（如 *actin*、*tublin* 等基因）以保证实验结果的准确性，下面简单介绍一下内参基因。

3. 内参基因

内参基因又称 "管家基因（housekeeping gene）"，是一类高度保守并且几乎在全部组织中持续表达，其表达量恒定，不受实验条件影响的基因。它的表达只受启动序列或启动子与 RNA 聚合酶相互作用的影响，不受其他机制调节，一般不随外界的变化而变化，所以其常被用作内参基因。常用的内参基因有 *GAPDH* 基因、*18S rRNA* 基因、*β-actin* 基因等。

GAPDH（glyceraldehyde-3-phosphate dehydrogenase，甘油醛-3-磷酸脱氢酶）是糖酵解反应中的一个关键酶，广泛存在于众多生物体中，几乎在所有组织中都高水平表达，在细胞中含量丰富，占总蛋白的 10%~20%。*GAPDH* 基因有高度保守的序列，在同种细胞或者组织中的蛋白表达量一般是恒定的，因此被广泛用作 qPCR 或 Western 杂交中的标准化内参基因。

18S rRNA 基因是编码真核生物核糖体小亚基的 DNA 序列，其编码基因 rDNA（18S rRNA/rDNA）在生物演化过程中相当保守，存在于所有真核生物细胞中；rRNA 合成的调节独立于 mRNA，在影响 mRNA 表达的各种条件下，各种 rRNA 的表达水平很少发生变化。rRNA 属于高丰度表达，较其他内参基因稳定且受 RNA 降解影响较小，易于使用通用引物扩增，故 *18S rRNA* 基因被广泛选作内参基因。

β-actin 基因是细胞骨架微丝的基本构成单位，其序列高度保守，在各种细胞中的表达量一般恒定而较少变化。该基因几乎在所有真核细胞中表达，mRNA 表达丰度高，所以其常用作 RT-PCR 等的内参基因。

内参基因的优点是与样品中的靶基因经历完全相同的处理程序，可以经历监控取样、核酸提取和扩增的全部过程。尽管在大多数情况下内参基因的表达非常稳定，但是没有一种 RNA 的表达水平在所有条件下是恒定的，在各种因素的影响下，如细胞周期的不同阶段，内参基因的 RNA 表达水平是变化的。至今，不存在任何一种基因适用于所有类型的细胞或组织，因此，并没有一种内参基因适合任何实验。在选择内参基因时，应仔细考虑各种因素，根据自己的实验目的、样本类型以及实验要求做预实验，从多种内参基因中筛选出适合自己实验的稳定表达的内参基因，同时也可以选择多个内参基因的研究方法，设置两个或两个以上的内参基因，取平均值，然后校正自己的目的基因以得到更可靠的结果。

理想的内参基因应该具备以下几个条件：

① 不存在假基因，以避免基因组 DNA 的扩增；

② 高度或中度表达，避免太高或太低的丰度；

③ 在不同类型的细胞和组织中稳定表达，其表达量近似，无显著差别；

④ 表达水平与细胞周期以及细胞是否活化无关；

⑤ 在研究样本之间的表达相似；

⑥ 不受任何内源性或外源性因素的影响，处理因素不会影响其表达。

初学者可以查阅相关参考文献中所用的内参基因，当没有已知可用的内参基因时，可以通过内参基因工具网站查阅。北京基因组研究所生命与健康大数据中心开发了国际上首个实时定量 PCR 内参基因知识库——ICG，该网站收录了动物、植物、真菌、细菌等 200 余种物种的内参基因的引物序列、扩增长度等信息。每个物种信息中包含基本描述、内参适用的样本类型、内参基因的信息（名称、应用、GenBank 的 accession、引物序列、T_m 和 qPCR 类型等信息）、内参基因的类型、评估方法等，对经生物学实验手段鉴定出的内参基因及其应用场景实现了有效的挖掘、整合及注释。

三、实验材料

1. 生物材料
经过定量并调整浓度的烟草总 RNA （1.2μg/μL）（实验十七）。

2. 主要试剂
（1）用于消化 RNA 中污染的 DNA：10×DNase Ⅰ 缓冲液，DNase Ⅰ（无 RNA 酶，5U/μL），DEPC 水 ［ddH$_2$O（无 RNA 酶）］ 等。

（2）用于反转录：诺唯赞反转录试剂盒（HiScript © Ⅱ 1st Strand cDNA Synthesis Kit）等，参见实验六。

（3）用于普通 PCR 与电泳检测：10×PCR 缓冲液，dNTP，*Taq* DNA 聚合酶（5U/μL），ddH$_2$O，琼脂糖，1×TAE 电泳缓冲液，6×DNA 上样缓冲液，EB 储存液（10mg/mL），基因特异性引物（GSP）和内参（*actin* 基因）引物等。引物的序列如下：

GSPF2：5'- GCGGAGACGAACCAGAGC -3'

GSPR2：5'- CGCATACCCACCGAAAACT -3'

*actin*F：5'- CTGCTGGAATTCACGAAACA -3'

*actin*R：5'- GCCACCACCTTGATCTTCAT -3'

（4）用于 qPCR：2×AceQ qPCR SYBR Green Master Mix（Low ROX Premixed，含 dNTP，Mg^{2+}，*AceTaq* DNA 聚合酶，SYBR Green Ⅰ，ROX Reference Dye 2 等），购自诺唯赞。引物和内参引物同普通 PCR。

3. 主要仪器
微量移液器，制冰机，超净工作台，高速离心机，PCR 仪，ABI 荧光定量 PCR 仪，微波炉，制胶板，水平电泳槽，电泳仪，脱色摇床，紫外分光光度计，凝胶成像分析系统，冰箱，-70℃超低温冰箱等。

四、实验内容

（一）总 RNA 中 DNA 的消化

> **注意：** 如果总 RNA 中有微量基因组 DNA 污染，就可能会影响 RT-PCR 的结果，因此在反转录之前，必须用 DNase Ⅰ（无 RNA 酶）处理，以消化总 RNA 中的基因组 DNA。为了避免反应体系对后续反转录效率的影响，还需要对消化后的总 RNA 进行纯化，可以采用异丙醇沉淀法，也可以采用硅胶膜结合法。严格按照 RNA 实验的要求进行操作。

（1）建立 DNase 消化体系：

10×DNase Ⅰ 缓冲液	10μL
DNase Ⅰ（无 RNA 酶，5U/μL）	2.5μL
总 RNA	25.5μL
ddH$_2$O（无 RNA 酶）	62μL

注意：① ddH$_2$O（无 RNA 酶）即为 DEPC 水。

　　　② 使用不具有 RNase 活性的 DNase I，即 DNase I（无 RNA 酶）。

（2）混匀，低速离心收集，37℃反应 30min。

（3）65℃，10min，灭活 DNase I，置于冰上 1min，低速离心收集。

（4）加入上述反应体系 1/10 体积的 3mol/L NaAc（pH5.2）和 2 倍体积的无水乙醇，混匀，在-20℃冰箱中过夜沉淀。

注意：3mol/L NaAc（pH5.2）需用 DEPC 水配制。

（5）4℃，12000r/min 离心 20min，弃去上清液，加入于-20℃冰箱中预冷的 70%乙醇，轻轻颠倒洗涤。

注意：70%乙醇需用 DEPC 水配制。

（6）4℃，12000r/min 离心 5min，用枪头弃尽上清液，真空干燥 5~10min，加适量 DEPC 水溶解，在 4℃或-70℃超低温冰箱中保存，备用。

（二）反转录

注意：步骤（1）~（3）应严格按照 RNA 实验的要求进行操作；如果模板为真核生物来源，一般情况下首选 Oligo d(T)$_{23}$VN 与真核生物 mRNA 的 3'端 poly（A）配对，可获得最高产量的全长 cDNA。此后的步骤均为常规 PCR 操作。

（1）RNA 模板变性

在 0.2mL 离心管（无 RNA 酶）中配制如下混合液：

总 RNA	1pg~5μg
Oligo d(T)$_{23}$VN	1μL
DEPC 水	补足体积至 8μL

混匀，低速离心收集，65℃加热 5min，置于冰上骤冷 2min，离心收集。

注意：① RNA 模板变性有助于打开二级结构，可在很大程度上提高第一链 cDNA 的产量。

　　　② 可以使用总 RNA 或 mRNA 作为反转录模板。

　　　③ 冰上操作可使 RNA 维持变性状态，下同。

（2）配制第一链 cDNA 合成反应液

上一步的混合液	8μL
2×RT Mix	10μL
HiScript II Enzyme Mix	2μL

用移液器轻轻吹打混匀，低速离心收集。

注意： 在冰上操作。

（3）第一链 cDNA 合成反应

50℃	45min
85℃	5～10min

cDNA 第一链合成反应完成后，得到反转录终溶液即为 cDNA 溶液，保存于-70℃超低温冰箱中待用。

（三）外源基因转录的检测

外源基因转录的检测可以通过半定量 RT-PCR（方案一）或 qRT-PCR 进行（方案二）。

方案一　半定量 RT-PCR 检测外源基因转录

1. 确定 PCR 热循环次数

注意： 以来源于未经处理的烟草叶片的 cDNA 为模板，以 *actin* cDNA 为内参基因（GenBank 登录号为 U60491），进行 PCR 扩增。经过一定次数的热循环之后，PCR 扩增开始进入平台期，确定进入平台期的热循环次数，对于 RT-PCR 分析基因的转录水平非常重要。

（1）建立 PCR 体系，同样的反应做 5 个 PCR 反应管（25μL）：

ddH$_2$O	19.3μL
10×PCR 缓冲液	2.5μL
dNTP	1μL
*actin*F	0.5μL
*actin*R	0.5μL
cDNA	1μL
Taq（5U/μL）	0.2μL

混匀，低速离心收集。

注意： 以来源于未经处理的烟草叶片的 cDNA 为模板。

（2）设置 PCR 热循环条件：

94℃，3min
94℃，30s ⎫
55℃，40s ⎬ 24～32 次循环
72℃，60s ⎭
72℃，5min
10℃，保持

（3）运行 PCR 仪，当 24，26，28，30，32 次循环结束时，分别取出一个 PCR 反应管，放入 4℃冰箱中保存，备用。

（4）分别将 5 个 PCR 产物与适量的 6×DNA 上样缓冲液混匀，各取 10μL 用 1.2%琼脂糖凝胶进行电泳，在 100~120V 电压下电泳 40~60min。

> **注意**：烟草 *actin* cDNA 的 PCR 产物约为 180bp。

（5）EB 染色后，用凝胶成像分析系统照相，分析结果，确定 PCR 进入平台期的热循环次数。

> **注意**：选择恰当的热循环次数，作为分析基因表达模式的热循环次数，通常根据选用的内参基因到达平台期的最佳循环次数而设置循环，如 28 次循环。

2. 确定 cDNA 模板用量一致

> **注意**：以 *actin* cDNA 为内参，对各样品进行 PCR 扩增，根据 PCR 产物的亮度进一步调节总 cDNA 模板的用量，使其基本一致，即使总 cDNA 模板用量均等化。

（1）建立 PCR 体系，参数同上，模板为来源于不同处理的烟草叶片的 cDNA，混匀，低速离心收集。

（2）设置 PCR 热循环条件，参数同上，将其中的热循环次数改为 28，运行 PCR 仪。

（3）分别将各 PCR 产物与适量的 6×DNA 上样缓冲液混匀，各取 10μL 用 1.2% 琼脂糖凝胶进行电泳，在 100~120V 电压下电泳 40~60min。

（4）EB 染色，用凝胶成像分析系统观察，照相。

（5）利用 BandScan 5.0 软件分析 DNA 条带的亮度。

> **注意**：BandScan 5.0 软件的使用方法参见附录Ⅳ。

（6）用无菌 ddH$_2$O 调节各反转录产物的体积，使总 cDNA 模板的浓度基本一致。

3. 基因的表达模式分析

> **注意**：经过对热循环次数的优化、对总 cDNA 的浓度调整之后，以 *actin* cDNA 为内参，正式对目的基因的表达模式进行 RT-PCR 分析。

（1）以各反转录产物作为模板，建立 PCR 体系（25μL）：

ddH$_2$O	19.3μL
10×PCR 缓冲液	2.5μL
dNTP	1μL
GSPF2	0.5μL
GSPR2	0.5μL
cDNA	1μL
Taq（5U/μL）	0.2μL

混匀，低速离心收集。

注意： 扩增产物为284bp。

（2）以各反转录产物为模板，按上述参数建立PCR体系，其中引物采用 *actin*F/*actin*R。

注意： 以 *actin* cDNA 为内参，用于监控总 RNA 或总 cDNA 的用量是否一致。

（3）设置 PCR 热循环条件：

94℃，3min

94℃，30s ⎫
55℃，40s ⎬ 28 次循环
72℃，60s ⎭

72℃，10min

10℃，保持

运行 PCR 仪。

（4）分别将各 PCR 产物与适量的 6×DNA 上样缓冲液混匀，各取 10μL 用 1.2% 琼脂糖凝胶进行电泳，在 100~120V 电压下电泳 40~60min。

（5）EB 染色，用凝胶成像分析系统照相，利用 BandScan 5.0 软件分析 PCR 产物的亮度，分析基因的表达模式。

注意： BandScan 5.0 软件的使用方法参见附录Ⅳ。

方案二　实时荧光定量 PCR 检测外源基因的转录

1. 预实验

将反转录得到的 cDNA 模板梯度稀释，通常稀释 5 倍、10 倍和 20 倍 3 个梯度。

注意： 一般使用 cDNA 模板的 10 倍稀释液加入反应体系，过高浓度的反转录体系残留（如反转录体系中的反转录酶和相关缓冲液组分）会抑制 DNA 聚合酶的活性，降低扩增效率。

（1）配制不同稀释倍数 cDNA 反应体系（20μL）：

2×AceQ qPCR SYBR Green Master Mix（Low ROX Premixed）	10μL
GSPF2	0.4μL
GSPR2	0.4μL
不同稀释倍数 cDNA	2μL
DEPC 水	7.2μL

混匀，低速离心收集。

（2）将制备好的反应溶液置于荧光定量 PCR 仪上进行 PCR 扩增，反应条件如下：

预变性 95℃，5min

95℃，10s ⎫
60℃，30s ⎬ 40 次循环

熔解曲线　　　　　使用仪器默认熔解曲线采集程序。

（3）预实验结果记录及分析

首先判断熔解曲线是否为单峰，单峰即代表引物特异性满足要求，该引物可用；其次看 Ct 值是否在 15~30 之间（若要求更加严格，可以控制在 15~25 之间）。若 Ct 值过大，可通过提高模板浓度改善；若 Ct 值过小，可通过稀释模板浓度改善。如果熔解曲线和 Ct 值均满足要求，则表示可以进行正式实验。

2. 待测样品的待测基因实时荧光定量 PCR

（1）所有 cDNA 样品（已根据预实验结果加以稀释）分别配制实时荧光定量 PCR 体系（20μL），体系配置如下：

2×AceQ qPCR SYBR Green Master Mix（Low ROX Premixed）	10μL
GSPF2	0.4μL
GSPR2	0.4μL
待测样品 cDNA	2μL
DEPC 水	7.2μL

混匀，低速离心收集。

（2）配制内参基因反应体系（20μL）：

2×AceQ qPCR SYBR Green Master Mix（Low ROX Premixed）	10μL
*actin*F	0.4μL
*actin*R	0.4μL
对应的待测样品 cDNA	2μL
DEPC 水	7.2μL

混匀，低速离心收集。

（3）布孔：处理组和对照组的目的基因和内参基因均设置三个重复（见图 20-3）。

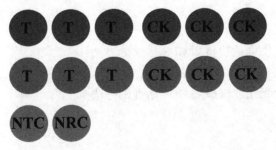

图 20-3　实时荧光定量 PCR 布孔图

注：第一行中的 T 为处理组目的基因，CK 为对照组目的基因；第二行中的 T 为处理组内参基因，CK 为对照组内参基因；第三行中的 NTC（No-template control）为非模板对照，NRT（No-reverse transcription）为没有反转录的对照。

（4）将制备好的上述 PCR 反应溶液置于荧光定量 PCR 仪上进行 PCR 扩增，反应条件如下：

预变性 95℃，5min

95℃，10s
60℃，30s $\Big\}$ 40 次循环

熔解曲线　　　　　　使用仪器默认熔解曲线采集程序。

3. 数据处理及统计分析

qPCR 结束，将仪器收集到的原始数据粘贴到 Excel 表格中，按照 $2^{-\triangle\triangle Ct}$ 法进行数据分析。

4. 基因的表达模式分析

根据 qPCR 的分析结果，比较基因在不同组织部位或不同发育时期的表达情况。

五、思考题

（1）在进行 RT-PCR 时，RNA 样品中污染的 DNA 往往也能被有效扩增，干扰实验结果的分析，对此需要在反转录前消除污染的 DNA，可采用什么方法？对试剂有什么要求？

（2）在进行 RT-PCR 时，为什么需要优化热循环次数？

（3）在进行 RT-PCR 时，为什么需要使总 cDNA 模板用量一致？

（4）什么是内参基因？在进行 RT-PCR 和 qRT-PCR 时，为什么要使用内参基因？一般来说，理想的内参基因应具备哪些要素？实验中常用的内参基因有哪些？

（5）Northern 杂交技术和 RT-PCR 技术都可用于目的基因转录水平的分析，试对这两种方法的特点作评价。

（6）试比较普通 RT-PCR 技术和 qRT-PCR 技术的异同点。

实验二十一 报告基因表达产物 GUS 的检测

一、实验目的

（1）了解常用报告基因的检测原理；

（2）掌握组织化学染色法检测 GUS 活性的方法；

（3）掌握荧光法检测 GUS 活性的方法；

（4）掌握紫外分光光度法检测 GUS 活性的方法。

二、实验原理

1. 报告基因概述

将外源基因转入植物材料后，可以利用筛选标记基因的表达产物筛选出转化植株（见实验十五），但是这些转基因植株不一定具有理想的表型，因为外源基因是随机地整合到植物染色体中的，很可能会整合到异染色质区域，无法实现外源基因的表达，或者发生其他方式的转基因沉默。因此，不仅需要有效地筛选出转基因植株，还需要快速地鉴定出能表达外源基因的转基因个体，前者是利用筛选标记基因实现的，而后者可以通过检测与外源基因紧密连锁的报告基因（reporter gene）来实现，其思路是，报告基因与外源基因都构建在同一个载体上，能一起整合到某个染色体位置上，当能够检测到报告基因产物时，就可推测外源基因在染色体的这个位置上也能有效表达，而如果检测不到报告基因产物，外源基因则很可能没有表达。

报告基因是一种编码可被快速检测的蛋白质或酶的基因，大多数是编码容易被检测的酶的基因。

报告基因通常应具备以下几个条件：

① 已被克隆和测序；

② 在受体细胞中不存在其表达产物，也没有相似的内源性表达产物；

③ 能在受体细胞中表达并稳定积累（必要时还需对报告基因进行定点突变，以克服宿主的密码子偏爱）；

④ 表达产物可被快速检测，最好能用于定量分析。

报告基因不仅应用于转基因植物的鉴定，在其他方面也有着广泛的应用价值：

① 优化参数，建立某个物种或其特定品种的遗传操作体系；

② 研究基因的表达调控，如将报告基因连入目的基因的启动子下游，或与目的基因融合表达，分析目的基因表达的时空特点；

③ 研究目的基因产物的亚细胞定位，通常将报告基因连接到目的基因的上游或下游，表达出目的蛋白与报告蛋白的融合产物；

④ 研究蛋白质与蛋白质的相互作用：如酵母双杂交系统使用 β-半乳糖苷酶基因（*lacZ*）作为报告基因。

2. 常用报告基因

不同的报告基因具有不同的特点，有些报告基因可广泛应用于植物、动物、微生物等多个领域，有些则仅用于某类生物对象。在植物基因工程领域，常用的报告基因有 β-葡萄糖苷酸酶基因（β-glucuronidase gene，*gus*）、氯霉素乙酰转移酶基因（chloramphenicol acetyltransferase gene，*cat*）、萤光素酶基因（luciferase gene，*luc*）、绿色荧光蛋白基因（green fluorescent protein gene，*gfp*）、胭脂碱合酶基因（nopaline synthase gene，*nos*）、章鱼碱合酶基因（octopine synthase gene，*ocs*）、新霉素磷酸转移酶 II 基因（neomycin phosphotransferase II gene，*npt II*）等；在动物基因工程领域，常用的报告基因有氯霉素乙酰转移酶基因、β-半乳糖苷酶基因（β-galactosidase，*β-gal*）、萤光素酶基因、绿色荧光蛋白基因、二氢叶酸还原酶基因（dihydrofolate reductase gene，*dhfr*）、分泌型碱性磷酸酶基因（secreted alkaline phosphatase gene，*seap*）等；在微生物基因工程领域，报告基因主要有 β-半乳糖苷酶基因、萤光素酶基因、绿色荧光蛋白基因等。下面我们将对动植物基因工程中经常使用的报告基因作简单介绍。

1) 氯霉素乙酰转移酶基因（*cat*）

氯霉素最早是从委内瑞拉链霉菌中分离出来的，它能与原核细胞核糖体 50S 亚基或真核细胞线粒体核糖体大亚基结合，抑制蛋白质生物合成，从而抑制原核细胞和真核细胞的生长。氯霉素乙酰转移酶基因编码氯霉素乙酰转移酶（chloramphenicol acetyltransferase，CAT），能将乙酰 CoA 提供的乙酰基团转移到氯霉素分子上，生成 1-乙酰氯霉素、3-乙酰氯霉素、1,3-二乙酰氯霉素等三种产物，从而使氯霉素失去活性（见图 21-1）。*cat* 基因既可以作为筛选标记基因，用于转化的植物细胞的筛选，也可以作为报告基因。CAT 的活性，可以采用硅胶 G 薄层层析法检测^{14}C 标记的反应底物乙酰 CoA 的减少情况，或带有同位素标记的反应产物乙酰化氯霉素的增加情况；也可以采用 DTNB 分光光度法检测还原型 CoASH 的生成。与其他报告基因检测系统相比，CAT 的检测灵敏度较低，需要使用放射性同位素。

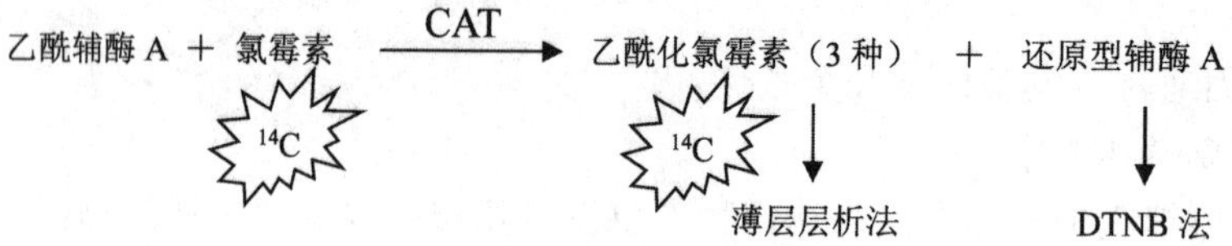

图 21-1 CAT 的功能及检测

2) β-葡萄糖苷酸酶基因（*gus*）

β-葡萄糖苷酸酶基因存在于某些细菌的基因组中，如大肠杆菌等。该基因编码的 β-葡萄糖苷酸酶（β-glucuronidase，GUS），能催化 β-葡萄糖苷酯类物质水解。β-葡萄糖苷酸酶催化反应时的 pH 范围较宽（pH5.2~8.0），对较高的温度、离子强度及去污剂等也有较好的稳定性，而且 β-葡萄糖苷酸酶与目的蛋白形成的融合蛋白也具有 GUS 活性。在植物转基因研究中，*gus* 基因是最常用的报告基因，不仅能用于揭示目的基因的表达调控信息，还能用于揭示目的蛋白在植物器官或组织中的分布情况。

3) 萤光素酶基因（*luc*）

萤光素酶（luciferase，LUC）能使还原型萤光素转变为氧化型萤光素，其间可产生发射光。萤光素酶主要有两种，一种是萤火虫萤光素酶，其在 Mg^{2+}、ATP、O_2 存在的条件下，能将 6-羟基喹啉类底物氧化脱羧，释放出光能（见图 21-2）；另一种是细菌萤光素酶，在还原性的黄素单核苷酸（$FMNH_2$）和 O_2 存在的条件下，其能将脂肪醛氧化为脂肪酸，释放出光能。以 *luc* 基因作为报告基因时，将萤光素渗透到材料中，借助荧光发光计（luminometer）就能简便、快速、灵敏地检测到光能，从而检测萤光素酶的活性。由于所用的各种底物没有生物毒性，萤光素酶报告系统可应用于活的细胞、离体组织和植株。

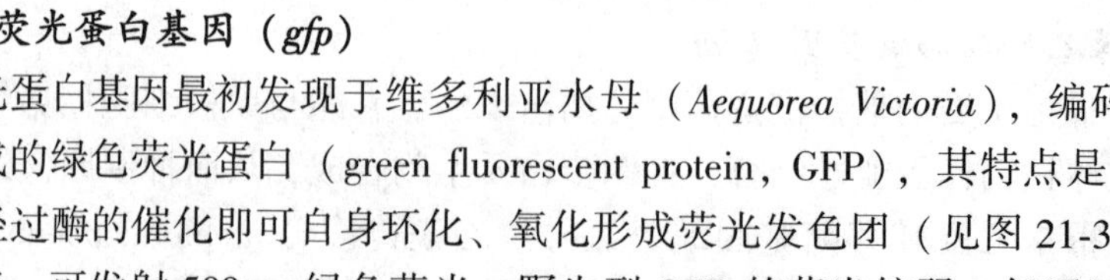

图 21-2 LUC 的功能及检测

4) 绿色荧光蛋白基因（*gfp*）

绿色荧光蛋白基因最初发现于维多利亚水母（*Aequorea Victoria*），编码由 238 个氨基酸残基组成的绿色荧光蛋白（green fluorescent protein，GFP），其特点是 Ser_{65}、Tyr_{66}、Gly_{67} 不需要经过酶的催化即可自身环化、氧化形成荧光发色团（见图 21-3），在 395nm 有最大吸收峰，可发射 509nm 绿色荧光。野生型 GFP 的荧光较弱，但通过定点突变已创造出增强型绿色荧光蛋白（EGFP），如将 Ser_{65} 突变为 Thr（GFPS65T）。另外，从不同物种中获得的荧光蛋白，其荧光特性也有所不同，如从珊瑚（*Discosoma sp.*）中分离得到红色荧光蛋白（red fluorescent protein，RFP）。实践表明，GFP 在各种原核细胞和真核细胞中都能有效表达，不需要反应底物或其他辅助因子，借助荧光显微镜（fluorescence microscope）或激光扫描共聚焦显微镜（laser scanning confocal microscope）就可检测到荧光信号，还可借助流式细胞仪（flow cytometer）筛选具有荧光的阳性细胞。因此，作为新型的报告基因和筛选标记基因，*gfp* 基因已得到广泛应用。

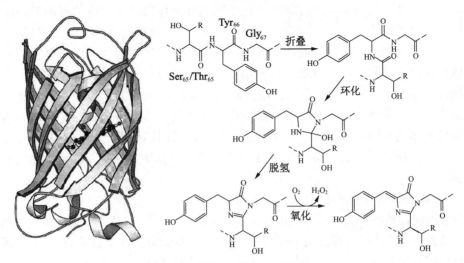

图 21-3　GFP 三维结构及荧光发色团形成机理（摘自 Tsien，1998）

5）β-半乳糖苷酶基因（*β-gal*）

β-半乳糖苷酶基因是动物和微生物基因工程中最常用、最成熟的一种报告基因，编码 β-半乳糖苷酶（β-galactosidase，β-GAL），β-半乳糖苷酶是由 4 个亚基组成的四聚体，分子量在 100~850kDa 之间，可催化乳糖分解为葡萄糖和半乳糖。β-半乳糖苷酶主要来源于：① 细菌、霉菌、酵母等微生物；② 植物，尤其是杏、扁桃和苹果等；③ 哺乳动物，特别是幼小哺乳动物的小肠中。目前，已有多种来源的 β-半乳糖苷酶基因被克隆。从不同物种提取的 β-半乳糖苷酶的蛋白质序列有着较高的同源性和相似性。β-半乳糖苷酶基因被广泛用于作为报告基因、构建载体、转基因研究和基因治疗等多个分子生物学研究领域。β-半乳糖苷酶基因作为报告基因的应用主要包括以下几个方面：① 用于研究启动子的效能和启动子不同位点突变对表达效能的影响；② 用于研究表达系统中增强序列等调控序列的功能；③ 用于衡量载体的表达特性和外源物质对表达调控的影响；④ 以融合基因的形式用于研究外源基因的表达及其规律。

另外，β-半乳糖苷酶可催化 X-Gal（5-溴-4-氯-3-吲哚基-β-D-半乳糖苷）水解，产物呈蓝色，易于检测和观察，基于这一特点，β-半乳糖苷酶基因作为载体筛选标记广泛应用于各类研究中。分子生物学研究使用的克隆载体一般都具有一段大肠杆菌 β-半乳糖苷酶的启动子及其 α 肽链的 DNA 序列，可通过蓝-白斑筛选方便地筛选出阳性重组载体。

6）二氢叶酸还原酶基因（*dhfr*）

二氢叶酸还原酶（dihydrofolate reductase，DHFR）存在于所有生物体内，是一个不含二硫键的单体酶，在生物进化过程中高度保守，在人类、鼠以及斑马鱼中其功能区高度同源，不同来源的 DHFR 分子量为 20~22kDa。DHFR 是叶酸生物活性通路中的关键因子，能催化叶酸生成四氢叶酸，而四氢叶酸是嘌呤、单磷酸胸苷和甘氨酸的生物合成过程中所必需的，其功能异常将导致叶酸生物活性受抑制。

哺乳动物细胞表达系统的表达载体一般都含有能筛选出外源基因已整合的选择标记或带有选择性增加拷贝数的扩增系统。二氢叶酸还原酶是目前最常用的选择性扩增系统，该系统通过氨甲蝶呤对二氢叶酸还原酶的抑制作用对要表达的目的基因进行选择和扩增。氨甲蝶呤（MTX）和氨基蝶呤（APT）是叶酸的类似物，它们能竞争性地与二氢叶酸还原酶结合，从而使之失去活性，最终导致细胞死亡。当含有 dhfr 基因的细胞在浓度逐步升高的氨甲蝶呤培养基中生长时，dhfr 基因得到同步扩增。在氨甲蝶呤抗性细胞系中，dhfr 基因大量扩增，使 dhfr 基因在细胞中大量表达。因此，通过氨甲蝶呤的加压选择使 dhfr 基因和目的基因共同扩增，从而提高目的基因的表达水平是目前最常用的基因扩增方法。检测方法是将目的基因同可扩增的 dhfr 基因一起转化受体细胞，这样就可以通过 dhfr 基因的表达选择出含有与 dhfr 基因共扩增的目的基因的细胞。

7）分泌型碱性磷酸酶基因（seap）

分泌型碱性磷酸酶（secreted alkaline phosphatase，SEAP）是人胎盘碱性磷酸酶的突变体，缺失了细胞膜结合部位的突变蛋白（缺失羧基末端的 24 个氨基酸），无内源性表达，热稳定性比多数细胞产生的内在碱性磷酸酶的同工酶高，最大的特点是能由表达细胞分泌到细胞外。分泌型碱性磷酸酶报告基因系统是研究体外转录活性的有效工具。由于其能够直接分泌到细胞外，不需要常见的报告基因检测中的细胞裂解操作，在任意时间点取细胞培养上清液即可进行重复、动态的检测，可以用于同一样品中基因表达随时间变化情况的检测，而且被检测细胞还可继续用于其他用途。可以间硝基苯磷酸盐（pNPP）和黄素腺嘌呤二核苷酸磷酸为底物进行比色法检测，以间硝基苯磷酸盐（pNPP）为底物时可用标准的比色法测定酶活性，操作简单，反应时间短，成本低，但灵敏度较低；以黄素腺嘌呤二核苷酸磷酸为底物进行比色测定，其灵敏度较高。另外，SEAP 也可通过化学发光底物实现高灵敏度检测，基本原理是 SEAP 可催化 D-萤光素-O-磷酸盐水解生成 D-萤光素，后者可作为萤光素酶的底物，此方法灵敏度高，接近于萤光素酶报告基因的检测。

3. GUS 活性的检测

β-葡萄糖苷酸酶（GUS）可对多种 β-葡萄糖苷酯类人工底物进行催化，常用的底物有 5-溴-4-氯-3-吲哚基-β-D-葡萄糖醛酸苷酯（5-bromo-4-chloro-3-indolyl-β-D-glucuronide，X-Gluc）、4-甲基伞形酮酰-β-D-葡萄糖醛酸苷酯（4-methylumbelliferyl-β-D-glucuronide，MUG）和对硝基苯-β-D-葡萄糖醛酸苷酯（p-nitrophenyl-β-D-glucuronide，pNPG）（见图 21-4）。使用不同的底物，检测 GUS 活性的方法也不同。

1）组织化学染色法

组织化学染色法（histochemical assay）是以 X-Gluc 为底物，检测 GUS 在植物细胞或组织中的分布情况及其活性。其原理是，GUS 能将 X-Gluc 水解为无色的吲哚衍生物，后者经氧化二聚作用形成 5-溴-4-氯-靛蓝（5-bromo-4-chloro-indigo，该物质也正是 β-半乳糖苷酶催化 X-Gal 所产生的物质，见图 9-4）。5-溴-4-氯-靛蓝的沉积，可使具有 GUS 活性的细胞或组织部位呈现肉眼或显微镜下可见的蓝色。进行组织化学染色时，需用 Triton X-100 作为通透剂，使 X-Gluc 扩散到植物组织和细胞内部，并加入铁氰化钾和亚铁氰化钾作为氧化剂，促进氧化二聚作用，避免无色吲哚衍生物因渗漏而在其他部位被过氧化物酶转变为蓝色物质。植物叶绿素会降低蓝色物质的分辨率，对此可用不同浓度的乙醇对绿色材料进行脱色处理，使背景呈现为黄白色。由于 5-溴-4-氯-靛蓝不溶于乙醇，乙醇脱色处理并不会减弱蓝色或改变蓝色物质的分布。由于细菌也会产生 GUS，在对植物材料进行组织化学染色时，应严格设置对照，避免细菌污染导致的假阳性结果。另外还要注意，黑麦等少数植物有内源性 GUS 活性，对于这样的植物不宜选用 *gus* 基因作为报告基因。组织化学染色法操作简便，不需要像荧光法或紫外分光光度法那样提取 GUS 的粗酶液，可直接对植物的愈伤组织、不定芽、叶片、根、茎、幼苗等进行染色处理，获得目的基因在组织部位的分布及表达信息。

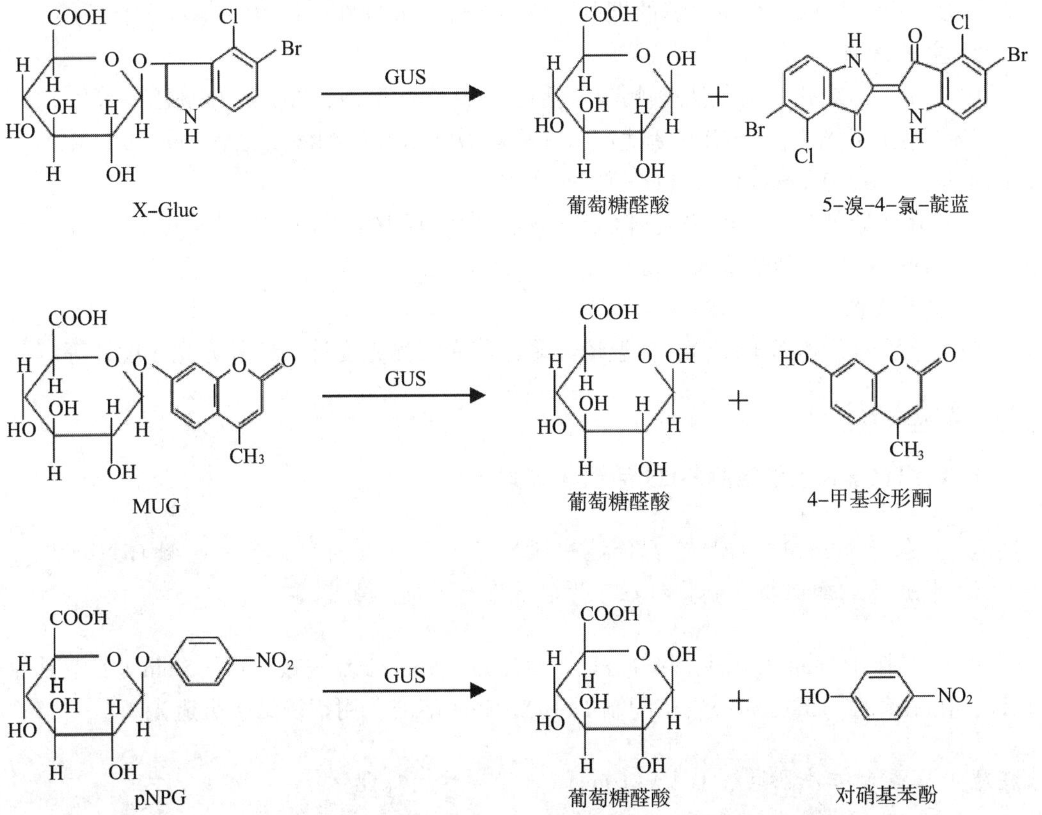

图 21-4　GUS 的功能

2）荧光法

荧光法检测 GUS 活性时，以 MUG 为底物。GUS 能将 MUG 水解为 4-甲基伞形酮（4-methylumbelliferone，4-MU）和 β-D-葡萄糖醛酸。4-MU 的羟基在强碱性条件下可发生解离，解离后的 4-MU 能被 365nm 紫外线激发，产生 455nm 荧光，用荧光分光光度计可以对荧光进行定量分析。荧光法检测 GUS 活性时需提取 GUS 粗酶，提取缓冲液中应加入 Triton X-100 等去污剂，以提高破碎植物细胞或细胞器的效率，加入 β-巯基乙醇或二硫苏糖醇（DTT），使 GUS 的巯基处于还原态，并加入适量 EDTA，螯合二价阳离子，避免其抑制 GUS 活性。

3）紫外分光光度法

紫外分光光度法检测 GUS 活性时，主要是以 pNPG 为底物。GUS 能将 pNPG 水解为对硝基苯酚，在 pH 为 7.15 时，对硝基苯酚在 $400\sim420\mathrm{nm}$ 之间有最大吸收峰，溶液可呈黄色，因此，可通过测定反应液在 $415\mathrm{nm}$ 处的吸光度值来检测 GUS 活性，检测时应以对硝基苯酚为标准样品。采用紫外分光光度法测定 GUS 活性操作简单，不需要复杂的仪器，但是灵敏度不高，有些植物色素与对硝基苯酚有相同或相近的最大吸收峰，会干扰 GUS 活性的测定。

三、实验材料

1. 生物材料

转基因烟草植株、组织培养的烟草叶片、抗性芽或抗性愈伤组织（实验十五）。

2. 主要试剂

（1）用于组织化学染色法检测 GUS 活性：X-Gluc 溶液，$70\%\sim100\%$ 乙醇等。

（2）用于荧光法检测 GUS 活性：GUS 提取液，GUS 检测液 I （含 1mmol/L MUG），1mmol/L 4-MU，$0.2\mathrm{mol/L}$ Na_2CO_3 等。

（3）用于紫外分光光度法检测 GUS 活性：GUS 提取液，GUS 检测液 II （含 1mmol/L pNPG），1mmol/L 对硝基苯酚（pNP），$0.2\mathrm{mol/L}$ Na_2CO_3 等。

3. 主要仪器

微量移液器，超净工作台，恒温培养箱，荧光分光光度计，紫外分光光度计等。

四、实验内容

1. 组织化学染色法检测 GUS 活性（方案一）

注意：抗性愈伤组织、抗性芽、抗性植株均可采用组织化学染色法检测 GUS 活性，抗性愈伤组织也可制作组织切片后再进行染色、观察。

（1）配制 0.1mol/L 磷酸钾缓冲液（pH7.0）、5mmol/L 铁氰化钾、5mmol/L 亚铁氰化钾，在无菌的 1.5mL 离心管中配制 1mL X-Gluc 溶液，用铝箔纸包裹避光。

注意：① 配制方法见附录 I，X-Gluc 溶液必须现用现配。
② X-Gluc 见光易分解，应避光放置，下同。

（2）切取少量烟草叶片、抗性芽的叶片或愈伤组织，完全浸没于 X-Gluc 溶液中，颠倒混合数次，用铝箔纸包裹避光。

注意：可将非转基因的阴性材料作为对照，以消除本底 GUS 的影响。

（3）$37^{\circ}\mathrm{C}$，染色 $1\sim2\mathrm{h}$，即可看到蓝色。

注意：如有必要，可过夜染色。

（4）如果是绿色材料，染色后依次转入 70%，80%，90%，100%乙醇，进行脱色处理，直至绿色褪尽。

注意：① 在每个乙醇浓度下脱色 10~20min。
　　　② 绿色褪尽后，非转基因的阴性对照材料呈黄白色。

（5）肉眼观察，白色背景上的蓝色小点即为 GUS 表达位点。

2. 荧光法检测 GUS 活性（方案二）

（1）配制 GUS 提取液、GUS 检测液 I（含 1mmol/L MUG）、1mmol/L 4-MU 储存液和 0.2mol/L Na$_2$CO$_3$ 溶液。

注意：① 配制方法见附录 I。
　　　② 配制的 GUS 提取液在临用前加入 β-巯基乙醇。
　　　③ 4-MU 溶液应避光放置。

（2）用 GUS 提取液稀释 1mmol/L 4-MU 储存液，得到不同浓度的稀释液：0，0.1，1，10，100μmol/L，取 200μL 各稀释液，分别加入 200μL GUS 检测液 I、800μL 0.2mol/L Na$_2$CO$_3$ 溶液，轻轻混匀，在激发光 365nm、发射光 455nm 下检测荧光强度，绘制标准曲线，获得线性方程。

注意：Na$_2$CO$_3$ 溶液可终止反应，并创造碱性条件，使 4-MU 发生解离，下同。

（3）剪取 1g 新鲜的植物材料于研钵中，加入少量无菌的石英砂，充分研磨，加入 1mL GUS 提取液，继续研磨 2~3min，充分混匀并破碎细胞。

（4）将细胞破碎液转移到 1.5mL 离心管中，13000r/min 离心 15min，将上清液全部转移到新的离心管中，用于 GUS 活性的测定，或置于 -70℃ 超低温冰箱中保存。

（5）在第一个 1.5mL 离心管中加入 200μL 上清液、800μL 0.2mol/L Na$_2$CO$_3$ 溶液，轻轻混匀后，加入 200μL GUS 检测液 I，再次混匀。

注意：尽管第一个离心管中含有 GUS 粗酶，但由于加了 Na$_2$CO$_3$ 溶液，不再发生催化反应，因此可作为阴性对照。

（6）在第二个 1.5mL 离心管中加入 200μL 上清液，加入 200μL GUS 检测液 I，轻轻混匀。

（7）将两个离心管用铝箔纸包裹避光，在 37℃ 水浴锅中反应 20~60min，然后在第二个离心管中加入 800μL 0.2mol/L Na$_2$CO$_3$ 溶液终止反应。

（8）在激发光 365nm、发射光 455nm 下检测样品的荧光强度，根据步骤（2）所得的 4-MU 标准曲线和线性方程，计算样品中的 GUS 活性。

注意：每分钟催化 MUG 产生 1μmol 4-MU 的酶量为一个国际单位（IU）。

（9）用 Bradford 法测定提取物中总蛋白的含量，计算每毫克蛋白质中的 GUS 活性（IU/mg）。

注意： 参见实验十四。

3. 紫外分光光度法检测 GUS 活性（方案三）

（1）配制 GUS 提取液、GUS 检测液 II（含 1mmol/L pNPG）、1mmol/L 对硝基苯酚储存液和 0.2mol/L Na_2CO_3 溶液。

注意： ① 配制方法见附录 I。
② 配制的 GUS 提取液在临用前加入 β-巯基乙醇。
③ 对硝基苯酚溶液应避光放置。

（2）用 GUS 提取液稀释 1mmol/L 对硝基苯酚储存液，得到不同浓度的稀释液：0，0.1，1，10，100μmol/L，取 200μL 各稀释液，分别加入 200μL GUS 检测液 II、800μL 0.2mol/L Na_2CO_3 溶液，轻轻混匀，在 415nm 下检测吸光度值，绘制标准曲线，获得线性方程。

（3）剪取 1g 新鲜的植物材料于研钵中，加入少量无菌的石英砂，充分研磨，加入 1mL GUS 提取液，继续研磨 2~3min，充分混匀并破碎细胞。

（4）将细胞破碎液转移到 1.5mL 离心管中，13000r/min 离心 15min，将上清液全部转移到新的离心管中，用于 GUS 活性的测定，或置于 -70℃ 超低温冰箱中保存。

（5）在第一个 1.5mL 离心管中加入 200μL 上清液、800μL 0.2mol/L Na_2CO_3 溶液，轻轻混匀后，加入 200μL GUS 检测液 II，再次混匀。

注意： 尽管第一个离心管中含有 GUS 粗酶，但由于加了 Na_2CO_3 溶液，不再发生催化反应，因此可作为阴性对照。

（6）在第二个 1.5mL 离心管中加入 200μL 上清液，再加入 200μL GUS 检测液 II，轻轻混匀。

（7）将两个离心管用铝箔纸包裹避光，在 37℃ 水浴锅中反应 20~60min，然后在第二个离心管中加入 800μL 0.2mol/L Na_2CO_3 溶液终止反应。

（8）在 415nm 下检测吸光度值，根据步骤（2）所得的对硝基苯酚标准曲线和线性方程，计算样品中的 GUS 活性。

注意： 每分钟催化 pNPG 产生 1μmol 对硝基苯酚的酶量为一个国际单位（IU）。

（9）用 Bradford 法测定提取物中总蛋白的含量，计算每毫克蛋白质中的 GUS 活性（IU/mg）。

五、思考题

（1）什么是报告基因？常见的报告基因有哪些？各有什么特点？

（2）在转基因研究中，报告基因起什么作用？

（3）组织化学染色法检测 GUS 活性的原理是什么？

（4）荧光法检测 GUS 活性的原理是什么？

（5）紫外分光光度法检测 GUS 活性的原理是什么？

实验二十二　　Western 杂交检测外源基因的表达 ▼

一、实验目的

（1）掌握植物蛋白质提取的方法；

（2）掌握 Western 杂交的原理、方法和整体流程；

（3）掌握碱性磷酸酶催化的显色反应的原理和方法；

（4）掌握 Western 杂交膜再生的方法。

二、实验原理

1. Western 杂交概述

利用 Northern 杂交或 RT-PCR 技术，可以确定目的基因的转录水平和转录的时空特点等，但是目的 mRNA 的积累，并不意味着目的蛋白能被有效地翻译出来或在正确的部位积累。例如，由于目的基因与表达载体的密码子偏爱特性不吻合，目的蛋白的产量可能不高，或者目的蛋白不能被正确地加工、转运，不能在正确的亚细胞部位积累，这些都会影响外源基因对转基因材料生物性状的控制。因此，有必要直接从蛋白质水平来检测目的蛋白的表达部位和表达量。Western 杂交（Western blotting）是分析目的蛋白表达情况的可靠方法。

Western 杂交的原理是，利用 SDS-PAGE 技术分离总蛋白，再将分离的蛋白质转移和固定到固相膜上，即进行蛋白质分子的印迹，然后用抗体与膜上的目的蛋白杂交，进而通过一定的方法显色，揭示目的蛋白是否表达及表达水平。Western 杂交的本质为蛋白质与蛋白质分子之间的特异性结合，也即抗体与抗原（目的蛋白）之间的免疫亲和，因此也被称为免疫印迹（immunoblotting）。

Western 杂交具有很高的灵敏度，能够从总蛋白的粗提物中检测到 50ng 目的蛋白，如果能将总蛋白粗提物进行部分纯化或完全纯化，灵敏度还可以进一步提高，甚至能检测出 1ng 目的蛋白。

2. Western 杂交的基本过程

1）植物总蛋白的提取与定量

植物总蛋白的提取，同样采用在液氮条件下研磨的方法，然后加入具有一定盐离子浓度和 pH 值的蛋白质提取液，保证目的蛋白处于完全溶解的状态，并维持目的蛋白的稳定性。为了避免蛋白质变性和降解，一般在 4℃ 左右的低温下操作。由于 Western 杂交具有高灵敏度，因而总蛋白的粗提物可用于后续操作，不一定要进行纯化。

保证各样品中总蛋白含量一致，对于分析目的蛋白在各组织中的表达水平极为重要。因此，Western 杂交前也需要对总蛋白进行定量分析，原理和方法可参见实验十四。

2）SDS-PAGE

SDS-PAGE 技术的原理和方法可参见实验十二。为了提高总蛋白的分离效果，可采用较小的电流进行电泳。为了更好地监测电泳过程和电泳效果，一般使用"彩虹"预染蛋白质分子量标记，这种分子量标记中的各个蛋白质条带已被预先染色，不需要经过考马斯亮蓝染色就能看到这些条带，并且不同的蛋白质条带呈现不同的颜色。

3）转膜

经 SDS-PAGE 实现总蛋白的分离之后，将分离胶和固相膜以一定的方向和次序放入凝胶夹（三明治夹）（见图 22-1），采用电转移法将凝胶中的蛋白质印迹到膜上。在电转移过程中，凝胶中的 SDS、β-巯基乙醇等干扰因素也可以被去除，使蛋白质恢复天然构象，能被抗体有效识别。

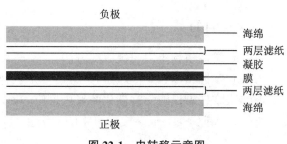

图 22-1　电转移示意图

在 Western 杂交实验中，常用的固相膜有硝酸纤维素膜（nitrocellulose membrane，NC 膜）、聚偏氟乙烯膜（polyvinylidene fluoride membrane，PVDF 膜）、重氮化纤维素膜和阳离子化尼龙膜，它们都能结合蛋白质，但结合量存在一定的差异。在这些固相膜中，硝酸纤维素膜因价格便宜、无须活化、易结合蛋白质等优点而应用最广。

4）杂交

具体的杂交，可分为封闭膜上的暴露位点、加入一抗杂交、加入二抗杂交这三大步骤。

① 封闭：与 Southern 杂交和 Northern 杂交类似，为了避免抗体与固相膜的非特异性结合，也需要对膜进行封闭处理，通常用含 1% BSA 或脱脂奶粉的封闭液处理 1h 以上。

② 一抗：封闭膜上的暴露位点之后，根据抗体效价作适当稀释后就可以加入一抗进行杂交。所谓"一抗"，就是指能够直接特异性识别目的蛋白的多克隆抗体或单克隆抗体，它是用纯化的目的蛋白免疫小鼠（或兔子等）得到的，或者进一步利用单克隆抗体技术制备而来。

③ 二抗：由于一抗是未经标记的，不能直接显示实验结果，这时需要加入二抗继续杂交。二抗相当于通用抗体，它能够识别特定动物来源的抗体，也就是说，它能够特异性地识别实验中的一抗。另外，二抗还带有特定的标记，如放射性的[125]I、非放射性的过氧化物酶或碱性磷酸酶等，用于揭示杂交结果。对于酶类，也可以不直接连接在二抗上，如二抗用生物素标记，酶用生物素亲和蛋白标记，这样，酶可以借助生物素亲和蛋白与生物素之间的亲和作用而结合到二抗上。

5）显色

显色操作可揭示杂交信号（见图 22-2），采用什么显色方法是由二抗上携带的标记决定的。

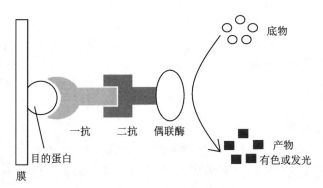

图 22-2　Western 杂交及显色原理示意图

① 同位素放射自显影：如果二抗上携带的是放射性同位素标记，那么就采用放射自显影的方法来显色，原理和方法与 Southern 杂交、Northern 杂交中的相同。

② 过氧化物酶（peroxidase）显色：过氧化物酶，如辣根过氧化物酶（horseradish peroxidase，HRP），可催化可溶性的二氨基联苯胺（diaminobenzidine，DAB）产生不溶于水和乙醇的棕色产物，该产物沉淀在目的蛋白条带所在位置，显示出杂交信号。因此，DAB 是辣根过氧化物酶最敏感、最常用的显色底物，被广泛地用于蛋白印迹。辣根过氧化物酶也可以催化特定的底物，使之转变成荧光产物，如超敏 ECL 化学发光试剂，可以直接用荧光发光计（luminometer）检测信号，或者直接用荧光 CCD 扫描，或者用自显影技术将荧光信号曝光在 X 光片上。采用化学发光试剂的灵敏度比 DAB 显色高数百倍，可检测到 1pg 目的蛋白。

③ 碱性磷酸酶（alkaline phosphatase）显色：在碱性磷酸酶催化下，5-溴-4-氯-3-吲哚基磷酸盐（BCIP）被水解，转变成具有强反应性的产物，该产物进一步与氮蓝四唑（NBT）发生反应，形成不溶性的深蓝色或蓝紫色的化合物，在目的蛋白条带所在位置沉淀下来，显示出信号带。

三、实验材料

1. 生物材料

转基因烟草（实验十五）。

2. 主要试剂

（1）用于蛋白质的提取与浓度测定：0.5mol/L Tris-HCl（pH8.0），0.5mol/L EDTA（pH8.0），100mmol/L PMSF，考马斯亮蓝 G-250 染料，BSA 标准溶液（1.0mg/mL）等。

（2）用于 SDS-PAGE：30%丙烯酰胺凝胶储存液（Acr：Bis = 29：1），10% SDS，1.5mol/L Tris-HCl（pH8.8），1.0mol/L Tris-HCl（pH6.8），10%过硫酸铵（AP），四甲基乙二胺（TEMED），2×SDS 上样缓冲液，1×Tris-Gly 电泳缓冲液，"彩虹"预染蛋白质分子量标记，去离子水等。

（3）用于 Western 杂交：硝酸纤维素膜（NC 膜），滤纸，转膜缓冲液，TNT 缓冲液，封闭液，第一抗体（抗血清，简称一抗），碱性磷酸酶偶联的羊抗兔第二抗体（简称二抗），NBT-BCIP 显色液，膜再生液等。

3. 主要仪器

微量移液器，高速冷冻离心机，紫外分光光度计，垂直电泳槽，电泳仪，电泳转移仪，脱色摇床或分子杂交炉等。

四、实验内容

1. 植物蛋白质的提取

（1）配制提取缓冲液：用微量移液器吸取 200μL 0.5mol/L Tris-HCl（pH8.0）、2μL 0.5mol/L EDTA（pH8.0）和 797μL 去离子水，加入 1μL 100mmol/L PMSF，混匀。

> **注意：** ① 由于 PMSF 在水溶液中极不稳定，提取缓冲液应现用现配。
> ② PMSF 有强毒性，使用时应戴手套操作。

（2）称取 0.1g 烟草叶片，在液氮中充分研磨成粉末，转移到 1.5mL 离心管中。

（3）加入 200μL 提取缓冲液，涡旋振荡使之充分混匀，在 4℃ 下继续振荡 30~60min。

（4）4℃，12000r/min 离心 15min，将上清液转移到一个新的 1.5mL 离心管中。

> **注意：** 小心吸取上清液，避免吸到沉淀物，如果混有少量沉淀，可再离心一次。

（5）取少量上清液，用 Bradford 法测定上清液中总蛋白的浓度，以"μg/μL"表示。

（6）用无菌水调整样品中蛋白质的浓度，使之为 4μg/μL。

（7）加入等体积的 2×SDS 上样缓冲液，100℃ 加热 10min。

（8）10000r/min 离心 5min，将上清液转移到另一个新的 1.5mL 离心管中。

（9）SDS-PAGE：取 10μL 上清液点样，在相邻泳道点入"彩虹"预染蛋白质分子量标记。

> **注意：** ① SDS-PAGE 的方法参见实验十二。
> ② 每个泳道中植物样品的总蛋白为 20μg。
> ③ "彩虹"预染蛋白质分子量标记用于监测电泳过程中蛋白质的分离情况。

2. 蛋白质的转膜

（1）配制转膜缓冲液（1L）。

> **注意：** 配制方法见附录Ⅰ。

（2）电泳结束后，取出凝胶，切下分离胶，并在切角标记方向。

（3）将凝胶浸泡在转膜缓冲液中，平衡 30min。

（4）裁剪与凝胶大小一致的一张硝酸纤维素膜（NC 膜）和四张定性滤纸。

（5）用转膜缓冲液浸透硝酸纤维素膜（NC 膜）、定性滤纸和海绵，平衡 15min。

（6）打开凝胶夹，在电泳槽转移液内，以夹三明治的方式，依次加入海绵垫、两层滤纸、凝胶、硝酸纤维素膜、两层滤纸和海绵（见图 22-1）。

> **注意**：每加一层都用手指或玻璃棒赶尽气泡。

（7）将凝胶夹夹紧，并彻底清除内部的气泡，放入转移槽，加满转膜缓冲液。

（8）正确接通电源线，150mA 恒流，4℃，3h，将凝胶上的蛋白质转印到硝酸纤维素膜上。

> **注意**：① 硝酸纤维素膜一侧接正极。
> ② 低温操作有利于提高转膜质量。

3. 蛋白质分子杂交

（1）配制 TNT 缓冲液（1L）、封闭液（100mL）。

> **注意**：配制方法见附录 I。

（2）将转有蛋白质的硝酸纤维素膜取出，标记出方向和标准分子量蛋白质的条带位置。

（3）封闭：将硝酸纤维素膜浸入封闭液，放在摇床上，室温孵育 2h。

> **注意**：封闭非特异性蛋白质结合位点。

（4）洗膜：倒掉封闭液，加入 TNT 缓冲液，在摇床上洗膜 3 次，每次 10min。

（5）一抗结合：用封闭液稀释抗血清（1:1000）形成一抗孵育液，将硝酸纤维素膜浸泡在一抗孵育液中，摇动，在 4℃下过夜结合。

（6）洗膜：用 TNT 缓冲液在摇床上洗膜 3 次，每次 10min。

> **注意**：去除非特异性结合的一抗。

（7）二抗结合：用封闭液稀释与碱性磷酸酶偶联的羊抗兔二抗（1:1000），将硝酸纤维素膜浸入二抗孵育液中，摇动，在室温下，结合 90min。

（8）洗膜：同步骤（4）和（6）用 TNT 缓冲液洗膜 3 次，每次 10min。

> **注意**：去除非特异性结合的二抗。

（9）显色：配制 NBT-BCIP 显色液（10mL），将硝酸纤维素膜放入 NBT-BCIP 显色液中，轻轻摇动，连续观察显色反应，待目的蛋白的条带显色清楚之后，用去离子水冲洗硝酸纤维素膜，终止显色反应。

> **注意**：① NBT-BCIP 显色液应现用现配，配方及配制方法见附录 I。
> ② 显色通常只需数秒至数分钟。

（10）将硝酸纤维素膜晾干，照相，分析目的蛋白的分子量大小及表达水平。

4. 膜的再生

（1）配制膜再生液（500mL），预热至50℃。

> **注意：** 配制方法见附录Ⅰ；在通风橱中加 β-巯基乙醇。

（2）将硝酸纤维素膜正面朝下，放入膜再生液中，50℃荡洗 30~60min。

（3）倒尽膜再生液，同步骤（4）和（6）加入 TNT 缓冲液洗膜 4 次，每次 5~10min。

（4）将再生的硝酸纤维素膜浸泡于 TNT 缓冲液中，置于4℃冰箱中保存。

五、思考题

（1）Western 杂交的原理是什么？试描述其整体流程。

（2）利用电转移法将凝胶中的蛋白质转印到硝酸纤维素膜时，有哪些因素会影响转膜效率？

（3）在 Western 杂交的封闭液中，BSA 或脱脂奶粉起什么作用？在 Southern 杂交和 Northern 杂交时，使用什么作为封闭剂？

（4）在 Western 杂交时，常用哪些检测系统？

（5）NBT-BCIP 显色的原理是什么？

第四篇

重组杆状病毒篇

实验二十三　重组杆状病毒的构建与制备

一、实验目的

（1）掌握昆虫杆状病毒表达载体系统的特点；

（2）掌握构建重组杆状病毒的原理和方法；

（3）掌握提取重组杆状病毒 DNA 的方法；

（4）掌握验证重组杆状病毒的方法。

二、实验原理

1. 杆状病毒

杆状病毒（baculovirus）是具有囊膜的大型环状双链 DNA 病毒，其 DNA 分子呈超螺旋状折叠，目前已有文献报道的杆状病毒超过 700 种。杆状病毒粒子被包裹在蛋白晶体结构中，根据包裹的蛋白晶体结构的差异，可分为核型多角体病毒（nucleopolyhedrovirus，NPV）和颗粒体病毒（granulovirus，GV）。苜蓿银纹夜蛾核型多角体病毒和家蚕核型多角体病毒是其中最具代表性的杆状病毒，也是目前应用最广泛、研究最深入的两种杆状病毒。

杆状病毒基因组的研究工作，最初以苜蓿尺蠖核型多角体病毒（*Autographa californica* multiple nucleopolyhedrovirus，AcMNPV）为材料，于 1994 年完成其全基因组的解析。家蚕核型多角体病毒（*Bombyx mori* nucleopolyhedrovirus，BmNPV）于 1996 年完成全基因组解析。根据 GenBank 数据库的检索结果，截止至 2023 年 11 月，已有 91 种杆状病毒的全基因组序列得到了解析（https：//www.ncbi.nlm.nih.gov/genomes/GenomesGroup.cgi?taxid=10442）。比较不同杆状病毒的基因组特征可以发现，目前已测序的杆状病毒的基因组大小介于 80~180kb 之间，G+C 含量为 32%~57%，共有 89~181 个基因（一般认为长度大于 150bp 的开放阅读框就是一个基因），这些基因约占整个基因组的 90%。

近年来，对杆状病毒的应用研究主要集中在以下三个方面：

① 作为基因工程四大表达系统之一，用于表达外源基因；

② 作为基因转移载体，用于基因治疗；

③ 作为生物杀虫剂，用于虫害的生物防治。

2. 昆虫杆状病毒表达载体系统

昆虫杆状病毒表达载体系统（Baculovirus expression vector system，BEVS）于 20 世纪 80 年代初问世，它是以昆虫杆状病毒为外源基因载体、以昆虫和昆虫细胞为受体的表达系统。与大肠杆菌、酵母、哺乳动物细胞表达系统相比，昆虫杆状病毒表达载体系统具有以下几个方面的优点：

① 操作安全性高：杆状病毒宿主专一性强，只感染无脊椎动物，不能在脊椎动物细胞内复制和增殖，也不能整合到脊椎动物细胞染色体上。

②　表达水平高：杆状病毒基因组的多角体蛋白基因（ph）是病毒复制的非必需基因，并且具有强启动子，可引导外源基因高效表达，重组蛋白的表达水平可达 1～500mg/L，可占宿主总蛋白的 30% 以上；由于 ph 启动子是极晚期启动子，表达产物不会干扰病毒的复制和子代病毒粒子的释放，所以该表达系统还可表达具有细胞毒性的蛋白质。

③　具有翻译后加工能力：杆状病毒表达载体系统能对重组蛋白进行翻译后加工，包括糖基化、磷酸化、信号肽切除等，修饰位点与天然蛋白完全一致，因此所获得的重组蛋白具有比较完整的生物学功能。不过，糖基化修饰的寡糖种类与哺乳动物细胞存在一定差异。

④　克隆能力强，可同时表达多个基因：杆状病毒基因组庞大，可克隆较大的外源DNA，而不影响基因的表达和病毒复制、包装；正是由于其克隆能力强，可在同一个载体上克隆多个外源基因，因此表达产物经加工后，还能形成具有生物活性的异源二聚体或多聚体。

⑤　具有内含子剪切功能：杆状病毒借助昆虫细胞进行基因表达，能表达来源于真核基因组的断裂基因，在 RNA 加工阶段去除内含子，形成成熟的 mRNA。

⑥　具有重组蛋白定位功能：昆虫杆状病毒表达载体系统还能对重组蛋白进行正确的亚细胞定位，如将核蛋白转运到细胞核内，将膜蛋白定位于质膜上，将分泌蛋白分泌到细胞外等。

昆虫杆状病毒表达载体系统也存在以下缺点：

①　由于杆状病毒的感染会导致宿主死亡，所以不能进行连续生产，每批次生产都需要重新感染。

②　昆虫细胞与哺乳动物细胞的糖基化方式存在一定差异，昆虫细胞的糖基化相对简单，多不分支，侧链甘露糖成分高，缺乏复合寡糖。

自从 1983 年首次利用 AcMNPV 成功表达人 β-干扰素以来，已有数百种外源基因在昆虫杆状病毒表达载体系统中得到表达，包括干扰素、白介素、乙肝表面抗原、各种生长因子及受体等。近年来，科学工作者还开发出杆状病毒表面展示系统，用于疫苗的生产。

3.　构建重组杆状病毒的策略

利用昆虫杆状病毒表达载体系统进行外源基因表达的关键，就是构建重组杆状病毒，使外源基因受控于 ph 启动子等晚期强启动子，在昆虫细胞或昆虫体内实现表达。由于杆状病毒基因组庞大，如 AcMNPV 基因组为 134kb，BmNPV 基因组为 128kb，大部分常用的限制性内切酶都在基因组中具有多个识别位点，难以对杆状病毒基因组进行直接操作，因此，需要采用一定策略进行间接操作，然后再构建重组杆状病毒。

1）同源重组法

Clontech 公司的 BacPAK 杆状病毒表达载体系统，是采用同源重组法的代表。

该系统使用了转移载体（transfer vector），如 pBacPAK8（见图 23-1）。转移载体是能在大肠杆菌中进行操作的质粒，除了含有来源于 pUC 系统的复制起点和抗生素抗性基因，还拥有一段特殊的 DNA 片段，该片段与 AcMNPV 基因组的某个区域具有同源性，一般选择 ph 基因附近的序列作为同源序列。在转移载体的同源序列内部具有一个基因表达盒，多克隆位点（MCS）位于 *ph* 启动子的下游，将外源基因克隆到转移载体上，就可使外源基因受控于 *ph* 启动子。在多克隆位点下游，还有一个来源于 SV40 病毒的加尾信号（SV40 PA），这对于在真核系统中形成成熟的 mRNA 是必需的。

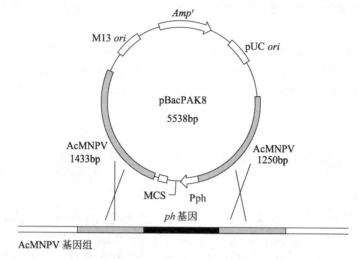

图 23-1　BacPAK 杆状病毒表达载体系统

通过常规的基因操作，构建含有外源基因的重组转移载体，然后将重组转移载体与病毒基因组 DNA 共转染昆虫细胞，在昆虫细胞内，重组转移载体的同源序列和杆状病毒基因组的同源序列发生同源重组，重组转移载体上的外源基因借助同源重组就能整合到杆状病毒基因组中。

传统的方法是通过空斑法（plaque assay）筛选重组杆状病毒（见图 23-2），其原理在于：野生型杆状病毒具有完整的 *ph* 基因，其编码产物为多角体蛋白，ODV 病毒粒子（见实验二十五）经多角体蛋白包装后，形成光学显微镜下可见的多角体；对于重组杆状病毒，由于发生了同源重组，原有的 *ph* 基因的结构遭到破坏，不能编码多角体蛋白，也不能形成多角体，导致空斑形成。但是，重组杆状病毒产生的比例仅为 0.1%～1%，需经过多轮筛选才能得到纯种的重组杆状病毒。因此，利用空斑法筛选重组杆状病毒的效率很低，实验周期长，通常需要一个月左右。

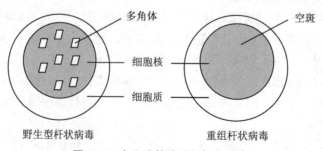

图 23-2　空斑法筛选重组杆状病毒

2）转座子法

Invitrogen 公司的 Bac-to-Bac（bacterium-to-baculovirus）杆状病毒表达载体系统，是采用转座子法的代表。该系统使用了供体质粒（donor plasmid）和大肠杆菌 DH10Bac

菌株。

　　供体质粒，如 pFastBac1（见图 23-3），是能在大肠杆菌中进行操作的质粒，具有来源于 pUC 系统的复制起点和 *Amp^r* 基因，还有一个基因表达盒，其中多克隆位点（MCS）上游有 *ph* 启动子，下游有 SV40 病毒加尾信号（SV40 PA），表达盒上游还有 *Gen^r* 基因，表达盒和 *Gen^r* 基因的外侧还有 mini-Tn7 转座子的左、右臂（Tn7L 和 Tn7R）。

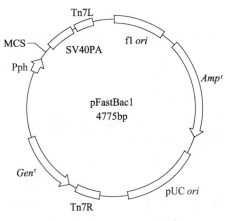

图 23-3　pFastBac1 图谱

　　大肠杆菌 DH10Bac 菌株是 DH10B 的衍生菌株（见附录 III），携带杆粒（bacmid）bMON14272 和辅助质粒（helper plasmid）pMON7124。所谓杆粒，就是指将杆状病毒基因组 DNA 克隆到细菌人工染色体后形成的杆状病毒基因组，其能以较低的拷贝数在大肠杆菌中稳定遗传，具有 *Kan^r* 基因、*lacZ* 基因和位于 *lacZ* 基因上的 *att*Tn7 位点，可支持蓝-白斑筛选。

　　通过常规的基因操作，构建含有外源基因的重组供体质粒，将重组供体质粒转化大肠杆菌 DH10Bac 感受态细胞后，辅助质粒具有 *Tet^r* 基因，可提供转座相关的酶类，识别供体质粒上的转座子，使外源基因表达盒和 *Gen^r* 基因一起转座，插入 *lacZ* 基因上的 *att*Tn7 位点，破坏 α-肽段的互补功能（见图 23-4）。因此，在含有卡那霉素、四环素、庆大霉素、IPTG、X-Gal 的 LB-BAC 平板上，可直接利用蓝-白斑筛选筛选出重组杆状病毒，其中含有外源基因的重组杆状病毒的菌落显白斑，含有非重组病毒的菌落显蓝斑。

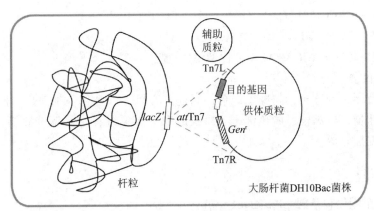

图 23-4　Bac-to-Bac 杆状病毒表达载体系统

　　白斑中的重组杆状病毒，也即重组杆粒，相当于大肠杆菌的一个质粒，可利用常规的质粒 DNA 提取方法获得，转染昆虫细胞后，就可产生重组病毒粒子，用于后续研究，包括重组蛋白的生产。

　　Bac-to-Bac 杆状病毒表达载体系统，是在大肠杆菌中通过蓝-白斑筛选筛选出重组杆状病毒，没有重组杆状病毒和非重组杆状病毒交叉污染的问题，无须经过烦琐的空斑筛选，可快速构建重组杆状病毒，实验周期可缩短至 7～10 天。

目前，AcMNPV、BmNPV 等多种杆状病毒都已建立了 Bac-to-Bac 系统。本教程借助 Bac-to-Bac 系统构建重组 BmNPV。

三、实验材料

1. 生物材料

pFastBac1，pFB-eg*fp* DNA，ThjaNPV 基因组 DNA，大肠杆菌 DH5α 菌株，大肠杆菌 DH10Bac 菌株。

2. 主要试剂

（1）用于重组供体质粒的构建：10×PCR 缓冲液，dNTP，*Taq* DNA 聚合酶（5U/μL），无菌水，琼脂糖，1×TAE 电泳缓冲液，6×DNA 上样缓冲液，EB 储存液（10mg/mL），SanPrep 柱式 DNA 胶回收试剂盒，10×K 缓冲液，10×M 缓冲液，*Bam*H I（15U/μL），*Kpn* I（10U/μL），*Hind* Ⅲ（15U/μL），10×T4 DNA 连接缓冲液，T4 DNA 连接酶（350U/μL），溶液I，溶液Ⅱ，溶液Ⅲ，Tris 饱和酚，氯仿：异戊醇（24：1），异丙醇，70%乙醇，TE 溶液（pH8.0），RNase A（10mg/mL），LB 液体培养基（不含任何抗生素），LB 平板（含 Amp，100μg/mL），氨苄青霉素（Amp，100mg/mL）等。

（2）用于重组杆状病毒的构建与验证：LB-BAC 平板，卡那霉素（Kan，50mg/mL），庆大霉素（Gen，10mg/mL），四环素（Tet，10mg/mL），100mmol/L IPTG，50mg/mL X-Gal，10×LA PCR 缓冲液，dNTP，*LA Taq* DNA 聚合酶（5U/μL）等。

（3）用于 PCR 扩增的引物及其序列：

EGFPF2：5'-TTAGGTACCGTGAGCAAGGGCGAGGA-3'

EGFPR2：5'-CGCAAGCTTTTACTTGTACAGCTCGTCCAT-3'

phrF：5'-GCGGGATCCATGTCTAGTTCGCGTTCGGTA-3'

phrR：5'-CGCGGTACCAACTATTACACATTCTTGTTGC-3'

BacM13F：5'-GTTTTCCCAGTCACGAC-3'

BacM13R：5'-CAGGAAACAGCTATGAC-3'

3. 主要仪器

微量移液器，制冰机，超净工作台，高速离心机，PCR 仪，加热块，微波炉，制胶板，水平电泳槽，电泳仪，脱色摇床，凝胶成像分析系统，水浴锅，冰箱，-70℃超低温冰箱，恒温摇床等。

四、实验内容

1. 构建重组供体质粒 pFastBac1-*egfp*-*phr*

（1）采用 SDS 碱裂解法从大肠杆菌 DH5α（pFastBac1，*Amp*ʳ）菌株中提取 pFastBac1 质粒 DNA。

（2）设计引物，利用 PCR 技术扩增 *egfp* 基因（引物为 EGFPF2/EGFPR2，模板为 pFB-eg*fp* DNA）和 *phr* 基因（引物为 phrF/phrR，模板为 ThjaNPV 基因组 DNA），电泳，采用 SanPrep 柱式 DNA 胶回收试剂盒回收目的基因片段。

注意：① 增强型绿色荧光蛋白基因（*egfp*）登录号为 U76561，720bp，CDS。
② ThjaNPV 光修复酶基因（*phr*）登录号为 EU391170，1695bp，CDS。
③ 最好使用高保真的耐高温 DNA 聚合酶，如 *Pfu* DNA 聚合酶，使 PCR 产物中的目的基因序列与原始序列完全一致。

（3）DNA 定量：采用紫外分光光度法对 pFastBac1 DNA 和 PCR 产物进行定量。

注意：1μg pFastBac1 相当于 0.35pmol，1μg *egfp* 相当于 2.1pmol，1μg *phr* 相当于 0.89pmol。

（4）利用 *Kpn* Ⅰ 和 *Hind* Ⅲ 分别对 1μg pFastBac1、1μg *egfp* 基因进行双酶切，完全酶切后，加热灭活限制性内切酶。

注意：*Kpn* Ⅰ/*Hind* Ⅲ 双酶切的通用缓冲液为 1×M 缓冲液。

（5）连接后，转化大肠杆菌 DH5α 菌株感受态细胞，涂布于 LB 平板（含 Amp，100μg/mL）上，采用菌落 PCR 法和酶切法鉴定阳性克隆，获得重组质粒 pFastBac1-*egfp*，具体操作参见实验九和实验十。

（6）进一步将 *phr* 基因连入 pFastBac1-*egfp*，获得重组供体质粒 pFastBac1-*egfp*-*phr*。

注意：方法同上，所用限制性内切酶为 *Bam*H Ⅰ 和 *Kpn* Ⅰ，其通用缓冲液为 0.5×K 缓冲液。

（7）测序验证 pFastBac1-*egfp*-*phr* 上 *egfp* 基因和 *phr* 基因的序列正确无误。

注意：即使在 PCR 扩增时使用了高保真 DNA 聚合酶，也应进行测序验证，这一点对于基因的功能研究尤为重要。

2. 转座子法构建重组杆状病毒

（1）用 CaCl₂ 法制备大肠杆菌 DH10Bac 菌株感受态细胞，保存于 -70℃ 超低温冰箱中。

（2）从 -70℃ 超低温冰箱中取出大肠杆菌 DH10Bac 菌株感受态细胞，于冰上放置 5~10min。融化后，加入 5μL 重组供体质粒 pFastBac1-*egfp*-*phr*，轻轻吸打混匀，于冰上放置 30min。

（3）42℃ 水浴 45s，立即置于冰上 2min。

注意：温度和时间都很重要。

（4）加入 900μL LB 液体培养基（不含任何抗生素），37℃，120r/min 培养 4~6h。

注意： ① 此步骤中不施加选择压，以使受损细胞恢复活力。
　　　　② 培养 4~6h，以实现转座。

（5）配制 LB-BAC 平板，凝固后，放入 4℃冰箱中，避光保存，备用。

注意： 配制方法见附录 I。

（6）取 50μL 连续培养 4~6h 的细菌培养物，均匀涂布于 LB-BAC 平板上，将 LB-BAC 平板倒扣于 37℃恒温培养箱，静置培养 24~48h。

（7）统计 LB-BAC 平板上长出的蓝、白斑菌落数目，计算重组率，以了解转座效率。

注意： 蓝色菌落中含有非重组杆粒，白色菌落中含有重组杆粒。

（8）挑取白色菌落，在 LB-BAC 平板上重新划线，在 37℃恒温培养箱中静置培养 24~48h，得到白色单菌落。

注意： 划线培养可进一步纯化菌种，以获得纯净的重组杆粒。

3. 重组杆状病毒 DNA 的提取

注意： 可按照 Invitrogen 公司的产品说明书提取重组杆粒 DNA，也可采用普通的 SDS 碱裂解法提取重组杆粒 DNA。

（1）在 50mL 离心管中加入 5mL LB 液体培养基（含 50μg/mL Kan，7μg/mL Gen，10μg/mL Tet），用无菌枪头挑取白色菌落，于 LB 液体培养基中轻轻荡洗，37℃，220r/min 振荡培养 20h 左右。

注意： 不宜超过 24h。

（2）取 1.5mL 培养物于 1.5mL 离心管中，8000r/min 离心 1min，收集细胞，去除上清液。

（3）加入 100μL 溶液 I，重新悬浮细胞。

注意： 溶液 I、II、III 的配方、保存和使用方法参见实验一。

（4）加入 200μL 溶液 II，轻轻颠倒离心管混匀，室温放置 5min，待溶液变澄清。

（5）加入 150μL 溶液 III，边加边轻轻振荡，当蛋白质与大肠杆菌基因组 DNA 形成浓厚的白色沉淀时，将样品于冰上放置 5min。

（6）13000r/min 离心 15min。

（7）取 700μL 上清液于新的 1.5mL 离心管中，加入 700μL 预冷的异丙醇，轻轻颠倒离心管混匀，于冰上放置 5~10min，也可在 -20℃冰箱中放置数小时或过夜。

（8）13000r/min 离心 15min，小心弃去上清液，在沉淀物中加入 1mL 预冷的 70%

乙醇，轻轻颠倒数次清洗。

（9）13000r/min 离心 5min，用微量移液器尽量吸尽乙醇溶液，在 60℃ 加热块上加热 5~10min，加入 100μL 无菌的 TE 溶液（pH8.0），在加热块上继续加热 5~10min，促进 DNA 溶解，放入 4℃ 冰箱或 -20℃ 冰箱中保存，备用。

> **注意：**① 该步骤应在超净工作台上完成，以获得无菌的重组杆粒 DNA，避免其在后续的转染过程中污染昆虫细胞。
> ② 所得的重组杆粒记作 BmNPV-*phr-egfp*。

4. 重组杆状病毒的 PCR 法验证

> **注意：** 尽管蓝-白斑筛选技术比较可靠，但也可能会出现假阳性，因此最好再用另一种方法对重组杆粒进行鉴定。由于杆粒在大肠杆菌中的拷贝数很低，加上杆粒 DNA 上酶切位点复杂，难以采用酶切法进行鉴定。通常使用 PCR 法鉴定，其原理是外源基因在 *lacZ* 上的 *att*Tn7 处，故可利用其两侧的 M13 引物扩增。如果是非重组杆粒，那么扩增产物的大小仅为 300bp 左右，如果是重组杆粒，那么扩增产物的大小应为 $(2300+X)$bp 左右，其中 X 为外源基因长度。

（1）建立 PCR 体系（25μL）：

ddH$_2$O	17.3μL
10×LA PCR 缓冲液	2.5μL
dNTP	1.0μL
BacM13F	0.5μL
BacM13R	0.5μL
杆粒 DNA	3.0μL
LA Taq（5U/μL）	0.2μL

混匀，低速离心收集。

> **注意：** 普通 *Taq* DNA 聚合酶合成能力有限，只能扩增出 3000bp 左右的靶序列，PCR 法鉴定重组杆粒时，靶序列通常为 4000~6000bp，有时甚至更长。因此，此处应使用合成能力更强的耐高温 DNA 聚合酶，如 *LA Taq* 酶、*Ex Taq* 酶等，*LA Taq* 酶和 *Ex Taq* 酶分别可稳定地扩增出 35kb 以内和 20kb 以内的 DNA 片段。

（2）设置 PCR 热循环条件：

94℃，3min
94℃，30s ⎫
55℃，40s ⎬ 35 次循环
72℃，5min ⎭
72℃，5min
10℃，保持
运行 PCR 仪。

注意： 72℃延伸时间按每分钟合成 1000bp 的速率设置。

（3）将 PCR 产物与适量 6×DNA 上样缓冲液混匀，取 10μL 点样于 1% 琼脂糖凝胶的加样孔中，相邻泳道点入 "λ-*Hind* Ⅲ digest" DNA 分子量标记作为参照，在 120V 下电泳 40~60min。

（4）EB 染色 10min，用凝胶成像分析系统照相，分析 PCR 产物大小是否与理论值相符。

注意： 所得的阳性重组杆粒 DNA 用于昆虫细胞的转染。

（5）在 -70℃ 超低温冰箱中保存各阳性菌落的甘油菌：含 pFastBac1-*egfp* 的大肠杆菌 DH5α 菌株、含 pFastBac1-*egfp*-*phr* 的大肠杆菌 DH5α 菌株，含重组杆粒 BmNPV-*phr*-*egfp* 的大肠杆菌 DH10Bac 菌株。

五、思考题

（1）什么是杆状病毒？昆虫杆状病毒有哪些重要应用？
（2）什么是昆虫杆状病毒表达载体系统？它具有哪些特点？
（3）什么是 Bac-to-Bac 杆状病毒表达载体系统？它利用什么原理构建重组杆状病毒？与 BacPAK 杆状病毒表达载体系统相比，Bac-to-Bac 系统有什么突出的优点？

实验二十四　重组杆状病毒介导的蛋白质亚细胞定位

一、实验目的

（1）掌握培养家蚕细胞的方法；
（2）掌握瞬转和稳转的主要特点及异同点；
（3）掌握转染的主要方法及其各自的优缺点；
（4）掌握脂质体法转染家蚕细胞的原理和方法；
（5）掌握利用绿色荧光蛋白研究蛋白质亚细胞定位的方法。

二、实验原理

1. 转染的类型和方法

完成重组杆状病毒的构建之后，需要将其导入昆虫细胞，以实现外源基因的表达。转染（transfection）是借助一定的方法将裸露的 DNA 导入真核细胞的方法，或者更明确地说是输送到动物细胞内。这个概念有别于细菌感受态细胞获得质粒 DNA 的转化（transformation），也有别于由病毒颗粒介导的转导（transduction）。

转染可分为瞬时转染（transient transfection）和稳定转染（stable transfection）。在瞬时转染时，外源 DNA 不能整合到宿主染色体上，不复制，不随着细胞的分裂而进入子代细胞中，外源基因只能瞬时性地在转染的细胞中表达一段时间。然而，导入高拷贝数的遗传物质使其在细胞内的蛋白质表达水平较高。根据所使用载体的不同，瞬时转染后通常可以在1~7天内进行基因检测，瞬时转染的细胞通常在转染后24~96h收获。导入的核酸为超螺旋质粒DNA时，瞬时转染的效果最好，推测可能是由于超螺旋质粒DNA能更有效地被细胞摄取。在稳定转染时，导入的外源DNA可以整合到宿主染色体上，外源基因不仅能在当代细胞中表达，也能随着宿主细胞的增殖而复制，并传递到子代细胞中，或作为附加体质粒保留在细胞中。稳定转染允许外源DNA在转染的细胞及其后代中长期存在。但是，通常是单拷贝或几个拷贝的外源DNA整合到稳定转染的细胞基因组中，因此，其蛋白质表达水平一般低于瞬时转染的表达水平。需根据具体的实验要求和载体特性，选择稳定转染或瞬时转染。瞬时转染和稳定转染的特点及差异详见表24-1。

表 24-1　瞬时转染和稳定转染的特点及差异

瞬时转染	稳定转染
导入的DNA保留在细胞核上，没有整合到基因组中	导入的DNA整合到基因组中
遗传改变是暂时的，导入的遗传物质不传递到子代	遗传改变是永久的，导入的遗传物质能够代代相传
不需要选择性筛选	需要选择性筛选出稳定转染的细胞
DNA载体和RNA都可用于瞬时转染	只有DNA载体可用于稳定转染，RNA本身不能稳定地导入细胞中
高拷贝数遗传物质的导入导致高水平的蛋白质表达	单拷贝数或低拷贝数稳定整合的DNA导致低水平的蛋白质表达
通常在转染后24~96h内收获细胞	需要2~3周的时间筛选出稳定转染的细胞克隆
通常不适用于使用诱导型启动子载体的研究	适用于使用诱导型启动子载体的研究

转染的方法较多，根据转染方式可以通过物理方法、化学方法、生物方法导入外源性核酸以改变细胞的特性，从而达到改造细胞的目的，它是实现细胞基因功能和蛋白质表达研究的重要工具。物理方法包括显微注射法、电穿孔（电击）法、基因枪法等。化学方法主要包括磷酸钙沉淀法、DEAE-葡聚糖转染法、聚阳离子-DMSO法、脂质体法等。生物转染法以病毒转染法为主。这些方法各有优缺点，其中以脂质体法、反转录病毒载体法和电穿孔法等最为常用（见表24-2）。

表 24-2　转染的主要方法及其优缺点

类别	方法	优点	缺点
化学转染方法	阳离子脂质体法	操作简单、快速；细胞毒性低、转染效率高、结果可重复；可转染DNA、RNA和寡核苷酸；适用于瞬时转染和稳定转染	需进行条件优化，血清的存在干扰复合物的形成，导致转染效率低，培养基中血清的缺失可能会增强细胞毒性；转染时间一般不超过24h；某些细胞系不容易转染

续表

类别	方法	优点	缺点
化学转染方法	磷酸钙沉淀法	细胞毒性低、操作简便、容易获得；转染效率高（不限制细胞系）；适用于 DNA 转染，适用于瞬时转染和稳定转染	可重复性较差，具有细胞毒性，不能采用 RPMI 培养基，不适用于体内基因转染
	DEAE-葡聚糖法	操作简单、成本低，结果可重复	对某些细胞有化学毒性，只限于瞬时转染，转染效率低
	其他阳离子聚合物法	结果可重复，转染效率高（限制细胞系）；在血清中稳定，对温度不敏感	对某些细胞有毒性，只限于瞬时转染，不能生物降解
生物转染方法	病毒转染法	转染效率高（原代细胞 80%~90%）；适用于较难转染的细胞系；可用于构建稳定表达或瞬时表达的细胞系及体内转染	技术难度高，存在一定的生物安全问题；实验周期短，病毒滴度高；被转染的细胞系必须含有病毒受体，插入片段大小有限
物理转染方法	电穿孔法	原理简单，不需要载体，不限制细胞类型和条件；可快速转染大量细胞，多应用于基因工程细胞；条件优化后可产生重复性的结果；适用于 DNA 转染，适用于瞬时转染和稳定转染	需要特殊的设备，需要优化电转脉冲和电压参数；对细胞伤害很大，会不可逆地损坏细胞膜，溶解细胞，造成细胞死亡率高，因此需要大量细胞
	基因枪法	方法直接，结果可靠；不限制细胞类型和条件，不限制导入基因的大小和数量；主要用于基因疫苗和农业应用，也可用于动物体内转染	需要昂贵的设备，需要准备微粒，会对样品产生物理损伤，细胞死亡率高，需要大量细胞；转染效率相对较低
	显微注射法	方法直接、结果可靠；不限制细胞类型和条件；不限制导入基因的大小和数量，不需要载体；可以单细胞转染	需要昂贵的设备，具有一定的技术要求，常引起细胞死亡，工作量大，一次只能转染一个细胞
	激光介导的转染（光转染）	不需要载体、转染效率高；可用于转染 DNA、RNA、蛋白质、离子、葡聚糖、小分子、半导体纳米晶体和非常小的细胞；允许单细胞转染或同时转染大量细胞，适用于多种细胞系	需要昂贵的激光显微镜系统，具有一定的技术要求；需要贴壁细胞

1）脂质体转染法

脂质体转染法（lipofection），是借助脂质体（liposome）将外源 DNA 导入受体细胞的方法。脂质体是一种人工的脂质小泡，直径为 50~1000nm，外周由脂质双分子层构成，脂质层的两侧为亲水性基团，中间为疏水性基团，其性质类似于细胞膜，可与细胞膜融合。脂质层所包裹的内腔为水相，外源 DNA 可被包装在内腔，借助脂质体与细胞膜的融合，外源 DNA 可以进入细胞质，再进入细胞核，从而实现外源基因的表达（见图 24-1）。这种方法又叫作脂质体载体法。

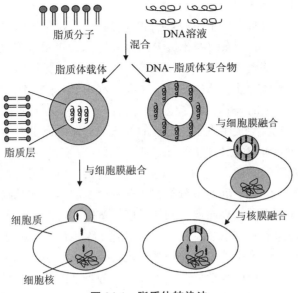

图 24-1　脂质体转染法

阳离子脂质体介导的转染是最常用的转染方式之一。其基本原理是，阳离子脂质体由带正电荷的头基和一个或两个烃链组成，带正电荷的头基与带负电荷的核酸通过静电作用形成复合物，经细胞的内吞作用进入细胞。由于阳离子脂质体带有正电荷，能与带负电荷的 DNA 分子结合，所以，当外源 DNA 与阳离子脂质体混合后，外源 DNA 并不是被包装在脂质体的内腔，而是通过静电作用形成 DNA-脂质体复合物，因此这种方法叫作 DNA-脂质体复合物转染法。此外，由于受体细胞表面也带有负电荷，DNA-脂质体复合物可借助阳离子脂质体与受体细胞强烈结合并融合，使 DNA-脂质体复合物进入细胞质。此时的 DNA-脂质体复合物仍然保持着完好的结构，可进一步与核膜融合，使外源 DNA 进入细胞核，实现外源基因的表达。将重组杆状病毒导入昆虫细胞时，通常采用这种方法。

由于转染机理的优化，使用阳离子脂质体转染法具有较高的转染效率。不过在应用时应避免血清对转染效率的不利影响，最好在转染时使用无血清培养基。此外，还要控制脂质体的用量及转染时间，减少脂质体本身对细胞的毒性。

2）病毒转染法

对于用脂质体不能实现转染的细胞，可以采用病毒介导的转染。目前，腺病毒、反转录病毒和慢病毒载体已广泛用于哺乳动物细胞体内外的基因转染。该方法转染效率较高，在原代细胞中转染效率可达 80%~90%，适用于较难转染的细胞系。

3）电穿孔法（电击法）

电穿孔法的基本原理是，在两极施加高压电场，利用电脉冲在细胞膜上形成暂时的孔使核酸物质能穿过孔进入细胞。电穿孔法操作简单，不需要载体，不限制细胞类型和条件，条件优化后可产生重复性的结果，可快速转染大量细胞。

2. 研究基因功能的方法

研究基因的功能，通常有三个阶段：描述性研究、生物化学研究和活体研究。描述性研究，主要是利用 Northern 杂交技术或 RT-PCR 技术，揭示基因表达的时空特点；生物化学研究，包括分析基因的结构和表达调控序列，借助大肠杆菌、酵母等表达系统获得重组蛋白，研究其离体功能；活体研究，主要是利用 RNAi 技术、反义 RNA 技术或基因敲除技术，抑制靶基因的表达，或者创造突变体，进行功能缺失实验、功能互补实验，观察和分析生物体表型及生理生化指标的变化。活体研究是在活的生命体中揭示基因的功能，是基因功能研究的最高阶段。

当克隆到一个基因时，通常先做一些基础性工作，完成基因功能的初步研究。首先，可以在 NCBI 网站上进行 BLAST 分析，了解这个基因是已知基因还是未知基因。如果是未知基因，可列为研究的兴趣点，如果是已知基因，可进一步了解前人已经研究到什么程度，是否值得深入研究下去。其次，可利用 SMART 工具对推导的蛋白质进行分析，看看有没有特殊的结构域，以及这种结构域有什么样的功能，为后续研究寻找一些思路和方向。经过上述生物信息学分析之后，可以分析基因表达的时空特点、蛋白质的亚细胞定位等，这些实验都有助于推测基因的功能，进一步明确研究方向。

杆状病毒受到紫外线照射时易丧失活性，这成为将其开发成生物杀虫剂的主要抑制因素之一。光修复酶（photolyase）可消除环丁烷嘧啶二聚体（cyclobutane pyrimidine dimer，CPD）和（6-4）嘧啶二聚体，修复由紫外线引起的 DNA 光损伤。光修复酶广泛存在于细菌、真菌、高等植物及所有主要脊椎动物体内，仅在极少数杆状病毒中被发现。在雀纹天蛾核型多角体病毒（*Theretra japonica* nucleopolyhedrovirus，ThjaNPV）中也发现了光修复酶基因，该基因全长 1695bp，编码一条有 564 个氨基酸残基的多肽，具有 DNA 光修复酶结构域（第 121~294 位）和 FAD 结合结构域（第 322~552 位），可能具有生物活性。研究工作者认为，光修复酶是杆状病毒在进化过程中遗留下来的，或者是病毒对当前环境的适应性改变，可增强杆状病毒在自然界的竞争力，但其真核功能尚未得到证实。

证实基因功能的一个间接的方法是揭示蛋白质的亚细胞定位。光修复酶的作用底物为基因组 DNA 中的二聚体，如果一种蛋白质具有光修复酶功能，就应当被定位于细胞核内。推测的 ThjaNPV 光修复酶，在第 22~47 位氨基酸残基处具有一个明显的碱性氨基酸（K/R）区域，其中含有 KKVK 基序和 KKFK 基序，与经典的核定位信号 K-K/R-X-K/R（其中 X 为任意氨基酸）相符，因此推测该蛋白质具有核定位功能。接下来就要用实验证实这一点。本教程利用 GFP 标签法揭示杆状病毒光修复酶的亚细胞定位。

3. 蛋白质的亚细胞定位

一种蛋白质要在生物体内发挥作用，应定位到特定的细胞空间，如细胞质、细胞外、细胞核、线粒体、过氧化物酶体、内质网等，这个就是蛋白质亚细胞定位（subcellular location）。蛋白质亚细胞定位的机制，涉及蛋白质分选（protein sorting），有两条途径：一条是在细胞质基质中完成多肽链的合成，然后转运到膜围绕的细胞器及细胞质基质的特定部位；另一条是蛋白质合成在游离核糖体上起始之后，由信号肽引导转移至粗糙内质网，新生肽边合成边转入粗糙内质网腔中，随后经高尔基体运输到溶酶体、细胞膜或分泌到细胞外。

　　蛋白质分选或亚细胞定位的依据在于蛋白质自身所带的信号序列，如信号肽、内质网定位信号、线粒体定位信号、核定位信号等。一个蛋白质的信号序列可通过相关的生物信息学软件进行预测，例如 PSORT、TargetP、SubLoc、MitoProt II 和 PredictProtein 等。

　　常用的蛋白质亚细胞定位的方法有免疫荧光（酶标）法、免疫电镜法、GFP 标签法等。

　　① 免疫荧光（酶标）法：利用荧光标记的抗体识别目的蛋白（抗原）的原理，研究蛋白质在细胞内的分布。该方法涉及荧光抗体制备、标本处理、免疫染色等过程，需要使用荧光显微镜或激光共聚焦显微镜。也可用辣根过氧化物酶等代替荧光素与抗体偶联，这样只需使用普通显微镜就可以观察结果。免疫荧光法具有快速、灵敏、特异性强的特点，但分辨率有限。

　　② 免疫电镜法：利用直径 1~100nm 的胶体金对抗体进行标记，抗体与超薄切片上的抗原结合后，借助电子显微镜研究蛋白质在细胞超微结构上的分布，如在核膜、内质网等超微结构上的分布。由于金颗粒在电镜下容易识别，免疫电镜法具有很高的分辨率，能在超微结构水平揭示蛋白质的定位、蛋白质转运或分泌的动态过程等。

　　③ GFP 标签法：就是将目的蛋白与绿色荧光蛋白（GFP）融合表达（见图 24-2），利用荧光显微镜或激光共聚焦显微镜观察绿色荧光的分布，从而揭示蛋白质的亚细胞定位。GFP 可以融合在目的蛋白的 N 端，也可以融合在目的蛋白的 C 端，前提是 GFP 不干扰目的蛋白的亚细胞定位，而目的蛋白也不影响 GFP 的荧光特性。GFP 标签法具有快速、简便的特点，已被广泛用于动物、植物和微生物蛋白质的亚细胞定位研究。另外，还可以进一步利用通用的 GFP 抗体做免疫电镜，间接地观察目的蛋白在细胞超微结构上的分布。

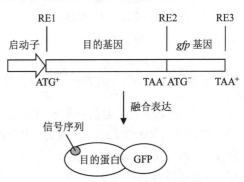

RE1~3—3 种不同限制性内切酶的酶切位点。

图 24-2　GFP 标签法

　　使用免疫荧光法和免疫电镜法时，应设置严格的阴性对照，避免抗体非特异性反应导致错误结论产生。GFP 标签法也要设置阴性对照，即观察 GFP 自身在宿主细胞中的亚细胞定位情况。此外，使用免疫荧光法和 GFP 标签法时，最好设置阳性对照。例如，发现目的蛋白可定位于细胞核时，可借助已知的核定位蛋白质的荧光抗体或 DAPI 荧光染料显示细胞核所在区域。

三、实验材料

1. 生物材料

重组杆状病毒 BmNPV-*phr*-*egfp* DNA（实验二十三），家蚕（BmN）细胞。

2. 主要试剂

昆虫细胞培养基 Tc-100，胎牛血清（fetal bovine serum，FBS），阳离子脂质体等。

3. 主要仪器

pH 计，不锈钢除菌过滤器，超净工作台，CO_2 细胞培养箱，倒置显微镜，荧光显微镜等。

四、实验内容

1. 家蚕细胞的转染

注意：在超净工作台上操作，严格遵守无菌操作的要求，避免污染昆虫细胞。

（1）昆虫细胞培养基 Tc-100 的配制：称取 20.4g Tc-100 干粉、0.35g NaHCO$_3$，将其充分溶解于 1L 超纯水中，用 10mol/L NaOH 溶液调节 pH 至 6.1～6.2，用 0.22μm 滤膜过滤除菌，分装后保存于 4℃冰箱。

注意：无血清 Tc-100 用于转染家蚕细胞，含 10% FBS 的 Tc-100 用于家蚕细胞的培养。

（2）家蚕细胞的准备：将 1mL 生长状态良好的家蚕细胞（细胞密度约为 2×10^5 个/mL）接种于直径为 35mm 的细胞培养皿中，在 28℃恒温培养箱中过夜培养，长至铺满 70%～80%培养皿底部时即可用于转染实验。

注意：使用处于对数生长期的细胞进行转染，可获得较高的转染效率。

（3）转染试剂的配制：取 5～10μg 重组杆状病毒 BmNPV-*phr-egfp* DNA，加入适量的无血清 Tc-100 至 100μL，混匀，得到溶液 A；取 8μL 阳离子脂质体，加入 92μL 无血清 Tc-100，混匀，得到溶液 B；将溶液 A 与溶液 B 轻轻混匀，室温静置 15min，制备 DNA-脂质体复合物。

（4）细胞的转染：用无血清 Tc-100 清洗步骤（2）中的家蚕细胞 2～3 次，去除残留的血清；加入 800μL 无血清 Tc-100 后，再加入步骤（3）中配制好的 200μL DNA-脂质体复合物，在 28℃下培养 2h；去除上清液，加入 1mL 含 10% FBS 的 Tc-100 培养基，在 28℃下继续培养 2～3 天。

注意：转染时应使用无血清培养基，避免血清影响转染效率，但在维持昆虫细胞的生长时需要使用有血清培养基。

（5）亚细胞定位的观察：在荧光显微镜下，观察家蚕细胞内有无绿色荧光信号及绿色荧光信号所在的亚细胞区域。

注意：根据生物信息学预测的结果，表达的光修复酶可能定位于细胞核内。

2. 重组杆状病毒的扩增与保存

注意：经转染后，重组杆状病毒的出芽型病毒（BV）粒子的滴度较低，用转接的方式对病毒进行扩增，以得到滴度较高的 BV 粒子，可用于感染家蚕细胞，或通过注射方式感染家蚕幼虫或蛹。

（1）将转染后培养 2~3 天的细胞培养物转入无菌的 1.5mL 离心管中，5000r/min 离心 5min，将上清液转移到另一个无菌的 1.5mL 离心管中。

注意： 上清液中含有重组杆状病毒的 BV 粒子。

（2）取 20μL 上清液接种于含有 $2×10^5$ 个家蚕细胞的细胞培养皿中，在 28℃下培养 2~3 天。

（3）按步骤（1）的方法收获细胞培养物的上清液，置于 4℃冰箱中避光保存。

注意： 病毒长期保存时，需加入 FBS，使其终浓度至少为 2%。

五、思考题

（1）动物细胞的转染方法有哪些？

（2）脂质体法转染动物细胞的原理是什么？阳离子脂质体有什么特性？

（3）什么是蛋白质的亚细胞定位？其主要机理是什么？

（4）什么是绿色荧光蛋白标签？其有哪些应用价值？

实验二十五　　重组杆状病毒感染家蚕幼虫

一、实验目的

（1）了解转基因动物的应用现状；

（2）了解动物转基因的主要方法；

（3）了解杆状病毒的生活史；

（4）掌握杆状病毒感染家蚕幼虫的方法；

（5）掌握病毒滴度的测定方法；

（6）掌握病毒半致死浓度的测定方法。

二、实验原理

1. 转基因动物的应用现状

转基因动物技术是 20 世纪 80 年代初发展起来的一项生物领域高新技术。1980 年 Gordon 等将克隆的 PV40 病毒 DNA 注入小鼠受精卵原核，然后移植于假孕的母鼠输卵管，获得了两只转基因小鼠。1982 年 Palmiter 和 Hrinster 将重组的生长激素基因注入小鼠受精卵原核，产生了"超级"鼠，首次证明了导入的外源基因能在转基因动物中表达。1985 年 Palmiter 等把人的生长激素基因导入兔、绵羊和猪的基因组均获得成功。1997 年，举世轰动的克隆羊"多莉"的诞生使转基因克隆动物成为现实，转基因动物研究得到了进一步发展。用实验方法将外源基因插入动物生殖细胞的基因组，将其表达、遗传并能正常繁衍的动物称为转基因动物（transgenic animals）。转基因动物已成为探讨基因调控机理、致癌基因作用和免疫系统反应的有力工具。转基因动物在人类遗传疾病的研究中具有重要应用价值，被认为是生物技术的又一重大突破。现代医学研究证明，人类的大多数疾病都与遗传有关。利用转基因技术可制作各种研究人类疾病的动物模型，为类似疾病的诊断和治疗积累宝贵的资料。转基因动物作为人类疾病模型可以代替传统的动物模型进行药物筛选，具有准确、经济、实验次数少、显著缩短实验时间等优点，现已成为人们试图进行"快速筛选"的手段。研究证明，合适的动物模型对研究基因突变引起遗传性疾病的机制十分有效，为遗传性疾病的基因治疗及药物的研究奠定了坚实的理论基础和实验基础。

传统的改良育种只能在同种或亲缘关系很近的物种之间进行，且以自然突变作为选种的前提，而自然界自然突变的发生概率相当低。利用转基因技术改良动物品种则可以克服上述问题，创造新突变或打破物种间基因交流限制，加快动物改良进程。利用转基因动物作为生物反应器，生产在人体内原本稀少的功能蛋白是转基因动物应用的又一重要领域。其中，动物乳腺生物反应器是目前生产外源蛋白最有效的生物反应器，也是目前国际上唯一证明可以达到商业化生产水平的生物反应器。

转基因动物还可以用来生产人体需要的各类"部件"。在人用的器官供体培育方面，最早是用小鼠进行实验，现在已生产出了可为人类提供器官的转基因猪。由于转基因猪与人在解剖和生理方面具有许多相似的生物学特性，因而被视为人类器官移植的理想材料。但是转基因动物器官移植所涉及的未知的、不确定的因素太多，属于基因工程中风险最大的应用领域。

和植物转基因技术一样，动物转基因技术也涉及外源基因的获取、载体的构建、受体的选择、基因导入、供转基因胚胎发育的体外培养系统和宿主动物等方面的内容。

2. 动物转基因的主要方法

生产转基因动物的方法有很多，如显微注射法、反转录病毒载体法、精子载体法、胚胎干细胞介导法、体细胞克隆介导法、电穿孔法、人工染色体介导的基因转移法、DEAE-葡聚糖法、脂质体载体法和磷酸钙沉淀法等，这些方法各有其优缺点，在转基因动物生产中有着不同的应用。在上述各种方法中，显微注射法、反转录病毒载体法、胚胎干细胞介导法、电穿孔法、精子载体法等最为常用，下面分别简单介绍。

（1）显微注射法：是最常用且成功率较高的方法。在显微镜下借助显微操作仪，将毛细玻璃管直接插入受精卵的雄原核中（较大的原核），注入特定的外源基因，即为基因显微注射法。此法的优点是，在一定设备和经验条件下，实验过程大为简化；任何DNA都可直接导入原核内，导入的外源DNA在卵裂前与受体基因组整合，整合效率较高；不需要载体，直接转移目的基因，目的基因的长度可达100kb；实验周期短，可直接获得纯系。其缺点在于需要贵重精密仪器，技术操作难度大；导入的外源DNA通常以多拷贝的形式随机地整合于受体基因组中，整合位点和整合的拷贝数无法控制，易造成宿主动物基因组的插入突变，引起相应的性状改变，重则致死。

（2）反转录病毒载体法：以反转录病毒为载体，把重组的反转录病毒载体DNA包装成高滴度病毒颗粒，感染发育早期的胚胎，将外源基因导入宿主染色体内的方法称为反转录病毒载体法。此法操作简单，可通过注射将重组病毒转移到囊胚腔内，也可将去透明带的胚胎与分泌重组病毒颗粒的细胞共培养，以达到将外源DNA转移到胚胎中去的目的。

　　这一方法的优点是，重组反转录病毒可同时感染大量胚胎。感染后的整合率较高，目的基因不易被破坏；外源 DNA 在受体细胞基因组中的整合通常是单拷贝、单位点整合，适用于难以观察到原核的禽类受精卵；不需要昂贵的显微注射设备。本方法的缺点是，由于选用的受体是早期胚胎，不是受精卵，外源 DNA 在动物各种组织中分布不均，不易整合到生殖细胞中；由于病毒衣壳大小的限制，目的基因一般不超过 10kb，否则影响活性和稳定性。此外，病毒 DNA 可能影响外源基因在宿主动物体内的表达。

　　（3）胚胎干细胞介导法：胚胎干细胞（embryonic stem cell，ES 细胞）是指从囊胚期的内细胞团中分离出来的尚未分化的胚胎细胞，具有发育全能性，能进行体外培养、扩增、转化和制作遗传突变型等遗传操作。如果将 ES 细胞移植到正常发育的囊胚腔中，它们能很快地与受体的内细胞团聚集在一起，参与正常的胚胎发育。用重组的反转录病毒作为载体感染 ES 细胞，再将此 ES 细胞移植入受体囊胚腔，可发育成携带着特定外源 DNA 的个体。

　　这一方法的优点是，外源 DNA 的整合率高，整合在生殖细胞中的比例也很高，植入囊胚前可筛选合适的转化的 ES 细胞，克服了以前只能在子代选择的缺点。缺点是不易建立 ES 细胞系，长期培养后会出现细胞分化现象；生产的转基因动物都是嵌合体，实验周期长。

　　（4）电穿孔法：是将供体 DNA 与受体细胞充分混匀，利用电脉冲在细胞膜上形成瞬时的纳米大小的孔。其基本原理是在外界的高电压短脉冲作用下，细胞膜电位发生改变，细胞膜产生瞬间可逆性电穿孔，从而使一定大小的外源 DNA 从细胞外扩散到细胞质和细胞核内，并进一步整合到宿主 DNA 上，达到转基因目的。

　　（5）精子载体法：利用精子作为外源基因载体，借助受精作用把外源基因导入受精卵，整合到受精卵的基因组中。此方法简单、方便，不仅不需要复杂而昂贵的设备，而且可省去不少繁杂的操作和条件准备工作；同时该方法依靠生理受精过程，避免了对原核的损伤。但该法有些结果不能重复，在实践中成功率较低，研究者对于精子是否可作为外源 DNA 载体也存在争论。这项技术尚处在探索阶段。该法可以将人工授精、体外受精与转基因结合起来。

　　转基因动物制作过程步骤烦琐，实验周期较长，这里就不再详细介绍。本教程以鳞翅目模式昆虫家蚕为研究材料，介绍重组杆状病毒感染家蚕幼虫常用的两种方法。

3. 杆状病毒的生活史

　　在整个生命周期中，核型多角体病毒具有两种形式：一种是包涵体衍生型病毒（occlusion-derived virus，ODV），另一种是出芽型病毒（budded virus，BV），它们在感染宿主过程中扮演不同的角色。包埋型病毒（occluded virus，OV）释放在病虫尸体周围的环境中，随着食物进入宿主肠道，在中肠的碱性条件下，多角体裂解，释放出 ODV 粒子，原发感染中肠细胞。病毒感染宿主后，产生大量 BV 粒子，借助继发性感染在宿主细胞间传播；到了感染晚期，产生大量 ODV 粒子，ODV 粒子被包埋进多角体，形成包埋型病毒，随虫尸的崩解释放到环境中（见图 25-1）。

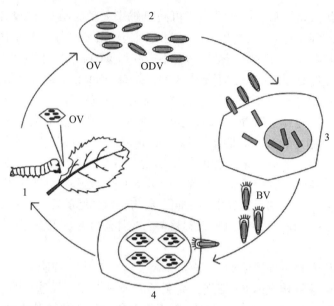

1—环境中的多角体病毒随食物进入昆虫肠道；2—多角体病毒在昆虫肠道的碱性条件下裂解，释放出 ODV 粒子；3—ODV 粒子感染肠道细胞，产生大量 BV 粒子，引起继发性感染；4—在感染晚期，宿主细胞核内产生多角体病毒，随虫尸的崩解释放到周围环境中。

图 25-1　杆状病毒的生活史

4. 杆状病毒生物杀虫剂

虫害是影响农业生产的主要因素之一，至少有 6000 种以上害虫能使农作物遭到不同程度的损害。加强对农作物虫害的防治是提高农作物产量的主要措施之一，传统方法主要是使用化学农药，化学农药的过度使用已对生态环境及人类健康造成了较为严重的影响。因此，许多国家都已开展了生物防治的研发和应用工作。由于杆状病毒的天然宿主是无脊椎动物，其中许多宿主都是重要的农作物害虫，所以杆状病毒可开发成安全有效的生物杀虫剂，替代或减少化学农药的使用。由于具有选择性强、环境友好、不易产生抗性等优点，在全球范围内，杆状病毒被大面积地应用于针对性防治许多重要作物中的害虫。目前，我国已登记的核型多角体病毒杀虫剂有 58 种，颗粒体病毒杀虫剂有 2 种，包括针对棉铃虫、甜菜夜蛾、斜纹夜蛾、苜蓿银蚊夜蛾、芹菜夜蛾和小菜蛾、菜青虫等害虫的农药产品（中国农药信息网，www.chinapesticide.org.cn/zwb/dataCenter）。

虽然杆状病毒生物杀虫剂具有安全性高、杀虫效果好、持久性好、无宿主抗性等突出优点，但是还存在宿主范围过窄、杀虫速度缓慢等问题，因而限制了其应用。当前，科研人员针对野生型杆状病毒的不足进行各种遗传改造，包括有利基因的引入、不利基因的敲除等，以扩大宿主范围、提高杀虫效率、缩短致死时间等。

5. 家蚕生物反应器

家蚕（*Bombyx mori* L.），又称桑蚕，属于鳞翅目、蚕蛾科，是鳞翅目的模式昆虫，也是一种重要的经济昆虫。作为模式昆虫，家蚕具有以下优点：① 资源丰富、突变体多；② 基因组破译、遗传背景清晰；③ 世代短、繁育系数高；④ 饲养成本低、材料来源广；⑤ 无动物保护或逃逸、饲养安全。与家蚕细胞的离体培养相比，家蚕大小适合、操作便利，此外，饲养家蚕要求低，成本低廉，有利于规模化生产，因此，科学家提出了构建家蚕生物反应器的设想。所谓家蚕生物反应器，就是利用携带外源基因的家蚕核型多角体病毒（BmNPV）感染家蚕幼虫或蛹，生产具有重要经济价值的蛋白质，如药用蛋白、疫苗、保健食品等。

由于核型多角体病毒的两种病毒形式都具有感染性，所以制作家蚕生物反应器也有两种方法：一种是将包埋型病毒添加到饲料中，经口感染家蚕幼虫；另一种是将 BV 粒子注射到家蚕幼虫体内或蛹体内（见图 25-2），直接感染其

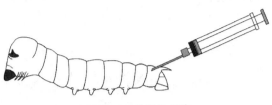

图 25-2　注射法接毒

细胞，并在宿主体内传播。第一种方法操作起来显然更加方便，但需要注意的是，基因工程中所用的 BmNPV 已缺失了多角体蛋白（*ph*）基因，因此，在使用第一种方法时，应当另外引入 *ph* 基因。在使用第二种方法时，不需要引入 *ph* 基因，因为该基因的缺失不会影响 BV 粒子的发育及感染性，但是在注射时，要尽量减小对幼虫或蛹的损伤，避免其死亡。

三、实验材料

1. 生物材料

重组杆状病毒 BmNPV-*phr*-*egfp* BV 粒子（实验二十四），重组杆状病毒 BmNPV-*Clbiph* 多角体病毒，家蚕（Bm）细胞，家蚕幼虫。

2. 主要试剂

昆虫细胞培养基 Tc-100，胎牛血清（FBS）等。

3. 主要仪器

超净工作台，CO_2 细胞培养箱，倒置显微镜，荧光显微镜等。

四、实验内容

1. 注射法感染家蚕

> **注意：** 用 BmNPV-*phr*-*egfp* BV 粒子感染家蚕细胞，借助绿色荧光，用终点稀释法测定 BV 病毒液的滴度，然后用注射法感染家蚕幼虫。BV 粒子的滴度以 $TCID_{50}$ 单位/mL 表示，$TCID_{50}$（50% tissue culture infective dose，半数组织感染量）是指使半数单层细胞孔（管）出现细胞病变的病毒稀释度。

（1）将生长状态良好的家蚕细胞传代至 96 孔板中（100μL/孔），在 28℃ 下，于 CO_2 细胞培养箱中培养 24h 左右。

（2）取重组杆状病毒 BmNPV-*phr*-*egfp* BV 粒子悬液，用无血清昆虫培养基进行 10 倍系列稀释（10^{-1} 至 10^{-6}）。

（3）用无血清昆虫培养基清洗家蚕细胞 3 次，去除培养昆虫培养基中的血清。

（4）取 50μL 各稀释度的病毒液，分别接种于家蚕细胞中，每个稀释度接种 4 孔，并设立未加病毒液的对照，在 28℃ 下，病毒吸附 1h。

（5）用无血清昆虫培养基清洗 3 次，去除未结合的病毒，每孔加 100μL 含 10%

FBS 的昆虫培养基，在 28℃下，于 CO_2 细胞培养箱中培养 4~6 天。

（6）在荧光显微镜下，观察并记录哪些稀释度的病毒液接种后有绿色荧光，哪些没有绿色荧光。

（7）按 Reed-Muench 法计算病毒原液的滴度，以 $TCID_{50}$ 单位/mL 表示。

> **注意：** $TCID_{50}$ = 高于 50%病变的病毒最高稀释度的对数 +（高于 50%的病变率 － 50%）/（高于 50%的病变率 － 低于 50%的病变率）。

（8）取 100μL 各稀释度的病毒液，通过注射方式，分别接种于家蚕幼虫体内，每个稀释度接种于 50 条家蚕，并设立未加病毒液的对照，饲养 3~10 天。

（9）在饲养期间，每天观察和记录家蚕的感染症状及出现的游走行为，统计各稀释度下家蚕的死亡时间及死亡率。

（10）根据步骤（9）中的死亡率数据，分析 BmNPV-*phr*-*egfp* BV 粒子的半致死浓度（median lethal concentration，LC_{50}），以 $TCID_{50}$ 单位/mL 表示。

（11）在紫外灯下，观察虫尸是否具有绿色荧光。

（12）捣碎虫尸，在光学显微镜下观察虫尸中是否含有多角体病毒。

2. 饲喂法感染家蚕

> **注意：** 先用血细胞计数板分析重组杆状病毒 BmNPV-*Clbiph* 多角体病毒的浓度（个/mL），然后用不同稀释度的病毒液感染家蚕，分析多角体病毒的半致死浓度（LC_{50}）。

（1）充分悬浮重组杆状病毒 BmNPV-*Clbiph* 多角体病毒，经适当稀释后，在光学显微镜下，用血细胞计数板分析原液中多角体病毒的浓度。

（2）取重组杆状病毒 BmNPV-*Clbiph* 多角体病毒原液，用无菌水进行 10 倍系列稀释（10^{-1} 至 10^{-6}）。

（3）将各稀释度的病毒液喷洒在桑叶上，饲喂经饥饿处理的家蚕，每个稀释度接种于 50 条家蚕，并设立未加病毒液的对照。

（4）用不加病毒液的桑叶正常饲养家蚕 4~10 天，每天观察和记录家蚕的感染症状及出现的游走行为，统计各稀释度下家蚕的死亡时间及死亡率。

（5）根据步骤（4）中的死亡率数据，分析 BmNPV-*Clbiph* 多角体病毒的 LC_{50} 值，以个/mL 表示。

（6）捣碎虫尸，在光学显微镜下观察虫尸中是否含有多角体病毒。

五、思考题

（1）动物转基因的方法主要有哪些？各有哪些优缺点？

（2）核型多角体病毒有哪两种病毒形式？它们在病毒的生活史中各起什么作用？它们是否都能感染离体昆虫细胞？它们是否都能通过注射或饲喂方式接种于宿主昆虫的幼虫？

（3）用离体细胞测定 BV 粒子的滴度时，影响 $TCID_{50}$ 值的因素有哪些？

（4）BV 粒子感染家蚕幼虫的 LC_{50} 值是多少？其影响因素有哪些？

（5）多角体病毒饲喂家蚕幼虫的 LC_{50} 值是多少？其影响因素有哪些？

第五篇

基因编辑篇

实验二十六　　sgRNA 的选择和引物设计　▼

一、实验目的

（1）了解基因组编辑技术的发展历史、主要类型及其基本原理。

（2）了解三种基因组编辑技术的异同点。

（3）掌握 sgRNA 设计的基本原则和方法。

二、实验原理

基因组编辑技术能够让人类对目的基因进行"编辑"，实现对特定 DNA 片段的敲除（knock out）、敲入（knock in）等。目前主要有三种基因组编辑技术，分别为人工核酸酶介导的锌指核酸酶（zinc finger nuclease，ZFN）技术，类转录激活因子样效应物核酸酶（transcription activator-like effector nuclease，TALEN）技术和 RNA 引导的 CRISPR/Cas 核酸酶技术（见表 26-1）。上述三种基因组编辑技术的基本原理相同，均借助于特异性 DNA 双链断裂（double-strand break，DSB）激活细胞的天然修复机制，主要包括两种途径：第一种是低保真性的非同源末端连接修复（non-homologous end joining，NHEJ），此修复机制非常容易发生错误，导致修复后发生碱基的插入或缺失（insertions and deletions，InDels），从而造成移码突变，最终达到基因敲除的目的。如果一个外源性供体基因序列存在，NHEJ 机制会将其连入 DSB 位点，从而实现定点的基因敲入。第二种 DNA 双链断裂修复途径为同源介导的修复（homology directed repair，HDR），这是一种细胞内修复 DNA 双链损伤的机制，只有当细胞核内存在与损伤 DNA 同源的 DNA 片段时，HDR 才能发生，修复主要发生在细胞的 G2 期和 S 期。这种基于同源重组的修复机制保真性高，但是发生概率低。在一个带有同源臂的重组供体存在的情况下，供体中的外源目的基因会通过同源重组完整地整合到靶位点，不会出现随机的碱基插入或缺失。在一个基因两侧同时存在 DSB 及同源供体的情况下，可以进行原基因的替换。当细胞核内没有相应的同源 DNA 片段时，细胞将利用另一种方式 NHEJ 修复损伤，因此 NHEJ 是细胞内主要的 DNA 双链断裂损伤修复机制。

表 26-1　三种不同基因组编辑技术的比较

类别	ZFN	TALEN	CRISPR/Cas9
构成	ZF Array::*Fok* I	TALE Array::*Fok* I	Cas9::sgRNA
识别模式	蛋白质-DNA	蛋白质-DNA	RNA-DNA
识别长度	18~36bp	24~40bp	20bp
识别序列特点	以 3bp 为单位	5′前一位为 T	3′序列为 NGG
靶向元件	ZF array 蛋白	TALE array 蛋白	sgRNA 核酸
切割元件	Fok I 蛋白	Fok I 蛋白	Cas9 蛋白
切割类型	双链断裂；单链缺刻	双链断裂；单链缺刻	双链断裂；单链缺刻

续表

类别	ZFN	TALEN	CRISPR/Cas9
构建难易	难度大	较容易	容易
细胞毒性	较大	一般	较小
特异性	较高	一般	一般
优势	单位点编辑	单位点编辑	多位点编辑
技术难度	困难	较容易	非常容易
脱靶效应	较高	一般	较轻

ZFN 技术是第一代基因组编辑技术，其功能的实现是基于具有独特的 DNA 序列识别的锌指蛋白（zinc finger protein，ZFP）发展起来的。1986 年，Diakun 等首先在真核生物转录因子家族的 DNA 结合区域发现了 Cys2/His2 型锌指模块。1996 年，Kim 等首次人工连接了锌指蛋白与核酸内切酶。2005 年，Urnov 等发现一对由 4 个锌指连接而成的 ZFNs 可识别 24bp 的特异性序列，由此揭开了 ZFN 在基因组编辑中的应用。ZFN 由锌指蛋白和 *Fok* I 核酸内切酶组成，由 ZFP 构成的 DNA 识别域能识别 DNA 特异性位点并与之结合，而由 *Fok* I 构成的切割域则执行剪切功能，两者结合可使靶位点的双链 DNA 断裂。于是，细胞可以通过同源重组修复机制和非同源末端连接修复机制来修复 DNA，两者都可造成移码突变，由此达到基因敲除的目的。该技术通过改造 ZFP 的结构域，可以人为地设计识别特定 DNA 的 ZFP 并促使其与目的 DNA 序列进行结合，随后 *Fok* I 对 DNA 双链进行切割形成 DSB，促使完成 DNA 的自我修复，实现目的基因的敲除。ZFN 诱导的基因组编辑技术可应用于很多物种及基因位点的编译，具有一定的应用潜力。2009 年科学家首次使用 ZFN 技术制造了世界上第一个基因敲除大鼠，该技术在发展过程中具有设计简单、效率较高的特点，但是周期长、易脱靶、细胞毒性大等缺陷制约了该技术的推广。

TALEN 技术是第二代基因组编辑技术。2009 年，研究人员在黄单胞菌（*Xanthomonas*）中分离出类转录激活因子效应物（transcription activator-like effector，TALE），它的蛋白核酸结合域的氨基酸序列与其靶位点的核酸序列有较恒定的对应关系。随后，TALE 特异识别 DNA 序列的特性被用于取代 ZFN 技术中的锌指蛋白，即用 TALE 去替代 ZFN 中的锌指部分，这也代表了 TALEN 技术的诞生。2012 年，《科学》杂志将 TALEN 技术列入了年度十大科学突破之一。TALEN 技术的主要原理是通过两个 TALEs 靶向识别靶点两侧的序列；每个 TALE 融合一个 *Fok* I 内切酶结构域；*Fok* I 通过 TALE 靶向形成二聚体切割靶点，诱导双链断裂，促使 DNA 进行自我修复过程并最终实现基因组编辑的目的。TALEN 技术具有设计灵活、识别特异性强的优点。

ZFN 用 30 个氨基酸组成一个对应三碱基的 DNA 识别结构域，而 TALE 蛋白用 34 个氨基酸组成一个仅精准对应一个碱基的 DNA 识别结构域。此外，相比于 ZFN 技术，TALE 有一个决定性的优点，就是可模块化，通过删减、添加、自由组合不同的 TALE 蛋白，可以轻易地定位 DNA 片段，将基因编辑周期缩短。其可设计性更强，不受上下游序列影响，具有比 ZFN 更广阔的应用潜力。但是，用脂质体转染法或电穿孔法转染细胞构建细胞系时，病毒运送 DNA 序列的能力有限；而使用病毒侵染法递送外源 DNA

进行基因治疗时，其转染效率与蛋白质大小成反比，因此太大的 TALEN 蛋白导致 DNA 的切割效率降低。另外，该技术也与 ZFN 一样，存在脱靶率高、细胞毒性大的缺点。

RNA 引导的 CRISPR/Cas 核酸酶技术是第三代基因组编辑技术。21 世纪初，人们发现多数原核细菌除了拥有典型的限制/修饰机制外，还能借助 CRISPR/Cas 系统抵御噬菌体和外源质粒 DNA 的入侵。这些细菌的基因组上含有成簇排列、规则间隔的短回文重复序列（clustered regularly interspaced short palindromic repeats，CRISPR）及其基因座附近伴随的一系列保守的同源基因，这些基因被命名为 CRISPR-associated system，即 Cas 基因。Cas 基因是一类基因家族，它们所编码的蛋白质被称为 Cas 蛋白。Cas 蛋白具有与核酸结合的功能以及核酸酶、聚合酶、解旋酶等活性。CRISPR/Cas 是基因组 DNA 上的一段特殊的序列，源于细菌及古细菌中的一种获得性免疫系统，能够识别出入侵细菌的病毒，并通过一种特殊的酶破坏入侵的病毒。在这个系统中，只凭借一段 RNA 便能识别外来基因并将其降解的功能蛋白引起了研究者的兴趣。2012 年，法国科学家埃马纽尔·夏彭蒂耶（Emmanuelle Charpe）和美国科学家珍妮弗·安妮·道德纳（Jennifer A. Doudna）在《科学》杂志发文，首次证实在体外系统中 CRISPR/Cas9 为一种可编辑的短 RNA 介导的 DNA 核酸内切酶，指出 CRISPR/Cas9 系统在体外能"定点"对 DNA 进行切割，CRISPR 在活细胞中有修改基因的能力，标志着 CRISPR/Cas9 基因组编辑技术的成功问世。随后，其他几个研究小组相继证明了该工具可用于修饰小鼠和人类细胞中的基因，开启了 CRISPR/Cas9 爆炸性的发展征程。在此之前，要改变细胞、植物，乃至于生物体中的基因非常耗时，有时甚至是不可能的。如今，理论上来说，研究人员可以利用基因剪刀在任何指定的 DNA 位置上剪切，然后通过细胞与生俱来的 DNA 修复系统改写生命密码。利用这项技术，研究人员可以极其精确地改变动物、植物和微生物的 DNA。2020 年诺贝尔化学奖揭晓，Emmanuelle Charpe 和 Jennifer A. Doudna 因"开发出一种基因组编辑方法"而共同获得这一奖项。

当前，RNA 引导的 CRISPR/Cas 核酸酶技术被认为能够在活细胞中最有效、最便捷地"编辑"任何基因。Cas 蛋白是一种核酸内切酶，可以对目的基因进行剪切，如 Cas9、Cas12 和 Cas13。目前，CRISPR/Cas9 系统是研究最深入、技术最成熟、应用最广泛的类别。CRISPR/Cas9 系统由 Cas9 核酸内切酶与 sgRNA（single guide RNA）构成。转录的 sgRNA 折叠成特定的三维结构后与 Cas9 蛋白形成复合体，指导 Cas9 核酸内切酶识别特定靶标位点，在 PAM（protospacer adjacent motif）序列上游处切割 DNA 造成双链 DNA 断裂，并启动 DNA 损伤修复机制。CRISPR 靶向特异性是由两部分决定的，一部分是 RNA 嵌合体和靶 DNA 之间的碱基配对，另一部分是 Cas9 蛋白复合体和一个短 DNA 序列，这个短的 DNA 序列通常在靶 DNA 的 3' 端作用，被称为 PAM。从不同菌种中分离的 CRISPR/Cas 系统，其 CrRNAs（或者是人工构建的 sgRNA）靶向序列的长度不同，PAM 序列也可能不同。这种双链 DNA 断裂可以启动细胞内的修复机制，主要包括两种途径：非同源末端连接途径（NHEJ）和同源介导的修复（HDR），实现基因的敲除或敲入（见图 26-1）。因为其简单、廉价和高效，CRISPR/Cas9 已经成为全球最为流行的基因组编辑技术，被称为编辑基因的"魔剪"。科学家通过它可以高效、精确地改变、编辑或替换植物、动物甚至是人类身上的基因，经过改造的 CRISPR 技术被广泛地应用于农业和生物医药领域，如利用其进行信号通路相关基因的寻找、药物靶点筛选、原发性疾病药物研究以及基因治疗等。

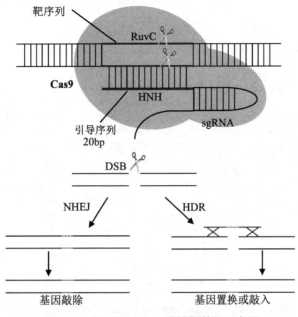

图 26-1　CRISPR/Cas9 编辑靶基因示意图

CRISPR/Cas9 作为一种第三代基因组编辑技术，其切割靶序列仅需要 sgRNA 以及由 sgRNA 引导的 Cas9 蛋白，利用 Cas9 蛋白在多个 sgRNA 引导下对基因组多个特异性区段进行切割，产生双链断裂的特性，可创制单基因、多基因乃至单碱基的基因编辑突变体。它的特点和优势如下：

① 操作简单，靶向精确性更高。

② CRISPR/Cas9 技术是由 RNA 调控的对 DNA 的修饰，其基因修饰可遗传。

③ 基因修饰率高，基因调控方式多样，例如敲除、插入、抑制、激活等。

④ 可实现对靶基因多个位点的同时敲除。

⑤ 无物种限制。

⑥ 实验周期短，最快仅需 2 个月，可节省大量时间和成本。

RNA 引导的 CRISPR/Cas 核酸酶技术成功应用的关键在于 sgRNA 靶向序列和基因组序列必须完全匹配，Cas 蛋白才会对 DNA 进行剪切，因此 sgRNA 的选择和设计至关重要。下面我们将以油菜 *BnGSE5* 基因为例介绍如何进行 sgRNA 的设计以实现 *BnGSE5* 基因的敲除。

三、实验材料

BnGSE5 基因，GenBank 数据库中的登录号为 XM_009124111.3。

四、实验内容

（1）首先进行基因序列的获取，在 NCBI 网站（https：//www.ncbi.nlm.nih.gov/）找到 *BnGSE5* 基因的 cDNA、mRNA，标注出外显子区，该基因含有两个外显子，1065bp

（外显子 1，387bp；外显子 2，678bp），编码 354 个氨基酸。

（2）将基因信息下载到本地，建议保存为 Fasta 格式以便进行后续操作，得到图 26-2 所示效果。

> XM_009124111.3:65-1507 PREDICTED: Brassica rapa protein IQ-DOMAIN 14
(LOC103847075), mRNA
ACGCTCGCTGTACTTTCTCCACTCCCACTTGTCTCTGCTTCTAAACTCTTTAATACTTTTGTCCGAACAA
AAAACTCAACCGGAGAACAAATTTAGCAAAAAAAACCATCGGGTGATTTTCCGGCGATGAAGTAACTATG
GGTTTCTTCGGTCGACTGTTCGGTAGTAAGAAGAAGCAGGAGAAGTCATCTCTGACAAATAACAACAGAC
GAAAATGGAGCTTCACCACCAGATCCTCAAATCCCGCGACGGCTTTATCGGCGTCGTCTTCTCATCCAAG
CAAGAGACGTTCCGATGAAGGAGTCTTGGACGCCAACCAGCATGCAATAGCCGTCGCAGCTGCTACTGCT
GCTGTAGCTGAGGCGGCACTAGCAGCTGCTCATGCGGCGGCGGAGGTCGTGAGGCTTACCGGAAGAGGCA
GTGGTAGAACCTCGTCGGTTAATCAAACTAATCGGAATAACCGCCGGTGGAGTCAGGAGTATGCAGCGGC
GATAAAGATTCAATCAGCTTTCCGTGGCTACTTGGCGAGGAGGGCGTTGAGAGCATTGAAAGCGTTAGTG
AAGCTCCAAGCGTTAGTTAAAGGGCATATAGTGAGGAAACAAACGGCTGATATGCTGCGTCGGATGCAAA
CGCTGGTTAGGCTCCAAGCTCGAGCTCGAGCATCGCGTTCTTCTCACGTTTCAGAGTCACTCTCAGAGGC
TGAATACATCAAGCTCATTGCAATGGACCATCACCATAACCATCGTTATCAGATGGGTTCGAGCCGTTGG
AACGCACCGTTGTACAATGAAGACAATGACAAGATCCTAGAAGTGGATACTTGGAAGCCTCACTTCCCTT
CCTACCATAAGGAGTCCCCAAGGAAAAGAGGATCACTTATGGTCCCGACAGGTATGGAGAACAGTCCACA
AGCAAGGTCTAGACCAGGAAGCAGCAGCGGTGGCGGTTCAAGGAGAAGAACGCCGTTTACGCCAACGAGA
AGCGAGTACGAGTACTACTCTGGGTATCACCCTAACTACATGGCTAACACTGAGTCATACAGAGCGAAAG
TCCGGTCACAAAGTGCACCTAGACAGAGGCTTCGAGAGTTCTCTTCAGAGAGTGGATACAAAAGGTCAGC
GCAGGGACAGTATTACTACTACACAGCCGTGCTGAGCGATCGTTTGATCAGCGTTCGGATTATGGAGGG
GTTTATTTCTGATCAGTTAGGTCGAAACCAAAGTGAGTTCTTCATTTCCCAATGCTGATCCTGTTTTGTT
TTAATATAGGATTTTTTATTTATTTTAAAAGTGAGTGGAATGTGTGTAAAGTAGATTTTGAGATACAAGT
GTAGACAGTGATCAATCACTGTTGTGTATTTTCTTTTGACTAGATCCTACGGTACAGATCTCGTACCAAC
AGGGGTCCACATTTGTCTGATTAAAAAAAAAAATACTTCAATAA

图 26-2　*BnGSE5* 基因的 cDNA

（3）将上述序列复制到 SnapGene 中，基因区域注释后得到图 26-3 所示的注释信息（灰色部分为 *BnGSE5* 基因的 CDS 区域）。

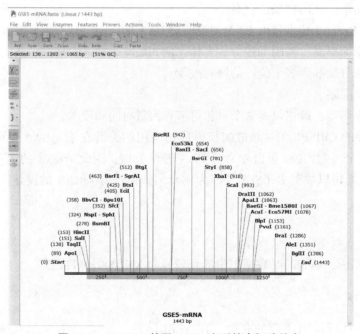

图 26-3　*BnGSE5* 基因 cDNA 序列的内切酶信息

（4）将基因的氨基酸序列提交至在线网站 https：// www. ebi. ac. uk/interpro/，搜索该基因的功能结构域，得到图 26-4 所示信息。

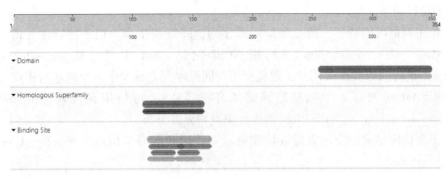

图 26-4　*BnGSE5* 基因的功能结构域信息

（5）sgRNA 的选择：将 *BnGSE5* 基因的外显子序列（Fasta 格式）提交至在线网站 http：// cbi. hzau. edu. cn/CRISPR2/（此网站适用于植物 sgRNA 的设计），得到图 26-5 所示结果，按照靶点设计的原则选择相应的 sgRNA。

seq_id	sgRNA_id	Score	Sequence	strand	pos	%GC
GSE5	Guide62	0.9472	ACAGTATTACTACTACACAC	+	1005	33%
GSE5	Guide97	0.8367	CCTTGGGGACTCCTTATGGT	+	703	55%
GSE5	Guide67	0.7991	TCAGGGTTCGGATTATGGAG	+	1051	50%
GSE5	Guide23	0.7610	GTGGAGTCAGGAGTATGCAG	+	349	55%
GSE5	Guide75	0.7400	GAGGGTGATTGGATGCTGGT	+	178	55%
GSE5	Guide35	0.7372	CGTTTCAGAGTCACTCTCAG	+	559	50%
GSE5	Guide68	0.7310	CGCGGGATTGAGGATCTGCG	+	88	60%
GSE5	Guide19	0.7221	CGTTGGTTAATCAAACTAAG	+	315	35%
GSE5	Guide47	0.7172	TCTAGACCAGGAAGCAGGCA	+	800	55%
GSE5	Guide42	0.7071	CCTACCATAAGGAGTCCCCA	+	723	55%
GSE5	Guide69	0.6870	CGTCGCTGGGATTGGAGGAT	-	91	60%
GSE5	Guide4	0.6870	CAGATCCTCAAATCCGCTGA	+	112	55%
GSE5	Guide103	0.6323	GGACTGTTATTCACACTTGT	-	747	45%
GSE5	Guide111	0.6071	AACTCTCTAAGCCTCTGTCC	+	930	50%
GSE5	Guide73	0.5962	TCATCGGAACGTGTCTTGCT	-	138	55%
GSE5	Guide11	0.5761	ACTAGCAGCTGCTCATGCTG	+	250	60%
GSE5	Guide109	0.5638	TCAGTGTTAGCCATGTAGTT	+	873	45%
GSE5	Guide89	0.5225	AGAGTGGCTACAAAAGGTCA	+	981	45%
GSE5	Guide20	0.5166	AAACTAATCGGGAATAACGC	+	327	40%
GSE5	Guide1	0.5000	GGTTTCTTCGAGTCGACTGT	+	23	50%
GSE5	Guide55	0.4850	CACAAAGTGCACCTAGACAG	+	939	50%
GSE5	Guide33	0.4733	GCGTGGTCAGATCGAGTGGT	+	496	65%
GSE5	Guide56	0.4723	AGAGAGTTCTCTTCAGAGAG	+	965	45%
GSE5	Guide45	0.4395	CCACAAGTAAGGTCTAGACG	+	788	50%
GSE5	Guide24	0.4284	AAGATTCAATCAGCTTTCCG	+	377	40%
GSE5	Guide54	0.4229	AGTCATACAGAGCGAAAGTC	+	915	45%
GSE5	Guide21	0.4155	CTAATGGAATAATGCCCCAG	+	330	55%

图 26-5　*BnGSE5* 基因可能的 sgRNA 靶点

靶点设计的原则：

① 注意是基因组序列，不是 mRNA 序列，↓切割位置应设计在外显子上，并且不能跨外显子，建议一个目的基因设计至少 2 个靶点（尤其是只敲除一个靶基因时），以提高靶点打靶成功的概率。通常在 5' ORF 区和功能结构域各设计 1 个靶点，这样任何 1 个靶点的突变均可产生功能缺失，或 2 个靶点之间的序列被敲除，从而达到基因敲除的目的。

② *U6/U3* 基因由Ⅲ型 RNA 聚合酶转录，转录起始点为固定碱基（U6 以 G 碱基开始，U3 以 A 碱基开始）。因此，由 U6/U3 启动子驱动的 sgRNA 首个碱基为 G 或 A。

③ 靶序列（方框内序列）长度为 18～20bp 均可，一般为 19bp；靶点序列 GC 含量越高，敲除成功率越高（GC 含量尽量不要低于40%，GC 含量为 50%～75%时打靶效率

较高），避免"TTTT"序列，以防 RNA Pol Ⅲ 将其作为转录终止信号。

④ 目的基因正反链的打靶效率基本相同，都可被选为靶标序列，即反向互补序列也可用于设计靶点。

⑤ 靶序列尽可能特异，避免敲除同源序列，降低脱靶率。靶点特异性分析：靶点序列＋NGG（前后各加 50bp），利用 NCBI 网站 Blast 工具（选 somewhat similar sequences）进行同源性搜索比对，避免使用与同源序列差异少于 5 个碱基的靶点（在切点附近和 PAM 序列有 2 个碱基差异就具有特异性），可使用在线软件 CRISPR－P（http://cbi.hzau.edu.cn/CRISPR2/）进行靶点特异性分析。

⑥ 靶序列应尽量避免包含后续构建克隆需要用到的酶切位点序列（SnapGene，见图 26-3）。

⑦ 当用一个靶序列敲除 2 个或 2 个以上同源基因时，需选择同源基因中碱基序列完全相同的区域为靶位点。

⑧ 靶位点尽量避免产生典型的二级结构。靶序列与 sgRNA 序列产生连续 7bp 以上的配对（注意：RNA 可以产生 U–G 配对）会抑制其与基因组 DNA 靶序列的靶点结合。可利用在线软件（http://mfold.rna.albany.edu/?q＝mfold/RNA-Folding-Form2.3）做二级结构分析。

按照上述原则，以 PAM 序列之前的 20 个碱基序列为编辑的靶点序列，根据靶点位置、GC 含量和网站预测的脱靶率确定合适的靶点用于目的基因的敲除，例如 5'-GTG-GAGTCAGGAGTATGCAGCGG–3'（U6 启动子，阴影标注碱基 CGG 表示 Cas9 的 PAM 序列）。

（6）靶点接头引物设计：设计两个互补 DNA 序列，在正向序列（将紧接 NGG 的序列规定为正向序列）前加上 GGCA 碱基，在反向互补序列前加上 AAAC 碱基。两个引物分别为

g++（F 向）：5'-GGCANNNNNNNNNNNNNNNNNNNNNGG– 3'

g－－（R 向）：   3'-NNNNNNNNNNNNNNNNNNNNCAAA-5'

18~20bp

注意：① 下划线部分为靶序列，正向引物不包括 NGG。
② 可同时设计检测靶位点的引物，该引物用于检测基因组是否包含该靶点序列（敲除前），并检测敲除后的靶点序列是否发生突变。
③ 设计 PCR 产物长度为 500~1000bp，靶点序列离前段引物 200~500bp，以便于测序分析。
④ Example 的序列设计为
g++：5'-GGCAGTGGAGTCAGGAGTATGCAG – 3'
g－－：5'-AAACCTGCATACTCCTGACTCCAC – 3'

（7）在候选基因外显子区域找到 2 个或 2 个以上含有 PAM 序列的特异性靶点序列，按照上述方法加上接头引物。

（8）将设计好的引物交由生物技术公司合成，纯化方式为 iPAGE。

五、思考题

（1）基因组编辑技术主要有哪些？各有什么优缺点？

（2）基因组编辑技术的基本原理是什么？其修复机制有哪两种？异同点是什么？

（3）在进行基因敲除时，为什么要选择 2 个或 2 个以上靶点？

（4）选择靶点时进行同源性搜索比对的目的是什么？当用一个靶序列敲除 2 个或 2 个以上同源基因时，需选择什么样的碱基序列作为靶点序列？

（5）将待敲除基因的序列在 SnapGene 进行基因区域注释的目的是什么？

实验二十七　植物 CRISPR/Cas9 载体构建及基因敲除

一、实验目的

（1）掌握植物 CRISPR/Cas9 多基因编辑载体构建的方法；

（2）掌握中间载体及终载体的验证方法；

（3）掌握基因敲除基本操作步骤和实验方法。

二、实验原理

根据 2020 年的分类，CRISPR/Cas 系统包括 Class Ⅰ（包括 Ⅰ 型、Ⅲ 型和Ⅳ型）和 Class Ⅱ（包括Ⅱ型、Ⅴ型和Ⅵ型）两大类、六种类型和 33 种亚型。在第一类 CRISPR/Cas 系统中，其效应模块由多亚单位的效应复合物组成（如 Cas3、Cas5-Cas8、Cas10 和 Cas11）；而第二类 CRISPR/Cas 系统的效应模块仅含有单个大的多结构域蛋白质效应物（如 Cas9、Cas12 和 Cas13）。Ⅱ型 CRISPR/Cas9 技术最早用于小鼠和人类基因组编辑，是当前研究最深入、技术最成熟、应用最广泛的系统。它只需要单独的 Cas9 蛋白即可在向导 RNA（guide RNA，gRNA）的引导下完成对 DNA 的定点切割。Cas9 蛋白行使功能需要 CRISPR 转录而来的 crRNAs（CRISPR RNAs）和反式激活的与 CRISPR 重复区互补的 tracrRNA（trans-activating crRNA）二者形成的复合物参与。为了操作简便，研究人员将 crRNAs 和 tracrRNA 融合到同一条单链中，设计出相应的单链向导 RNA（single guide，sgRNA），此 sgRNA 与特定的靶序列互补。CRISPR/Cas9 基因组编辑技术的基本原理就是，Cas9 蛋白与人工设计的 sgRNA 结合成为 sgRNA-Cas9 蛋白复合体并在 sgRNA 引导之下结合到特定的核苷酸序列切割目标 DNA 分子造成双链断裂，细胞内非同源末端连接（NHEJ）修复的方式造成断裂位点随机插入、删除等突变。CRISPR/Cas9 技术通过这种方式引入特定基因位点的突变，从而实现基因组的定向编辑（具体实验原理参见实验二十六）。

实现目的基因定向基因组改变的 CRISPR/Cas9 技术的发展彻底改变了基因组编辑。近十几年来，研究人员已成功将 CRISPR/Cas9 基因组编辑技术应用到多种生物，极大地促进了功能基因组的研究。比如，通过基因组编辑技术实现对植物多基因调控性状的改良，如耐寒、抗旱和高产优质新品种（系）的筛选和培育。在动物研究方面，

CRISPR/Cas9 基因组编辑技术已成功应用于小鼠、大鼠、斑马鱼、果蝇和猴子等的基因组编辑。此外，CRISPR/Cas9 技术可用于内源基因表达的调节、表观基因组修饰、活细胞染色体位点标记、单链 RNA 的编辑和高通量基因筛选。最近，随着 CRISPR/Cas9 技术的进一步发展，研究人员已开发出很多基于 CRISPR 的模型，比如细胞模型、动物模型和生物医学模型等。当前，基因组编辑技术也被用于药物研发、疾病治疗和异体器官移植等。

利用 CRISPR/Cas9 基因组编辑技术进行动物、植物或细胞等的基因组编辑，其实验操作流程大致相同（见图 27-1）。第一，确定待敲除基因的靶位点。确定待敲除基因的靶位点要根据物种、基因名称或者基因 ID 在 NCBI 查找到该基因的 CDS 区，分析其相应的基因结构，明确 CDS 的外显子部分。对于蛋白编码基因，如果该蛋白具有重要结构功能域，最好将基因敲除位点设计在编码该结构域的外显子上；如果不能确定基因产物的性质，可选择将待敲除位点置于起始密码子 ATG 后的第一个外显子上。如果是 microRNA，可以将待敲除位点设计在编码成熟 microRNA 的外显子或在编码成熟 microR-NA 的外显子的 5' 和 3' 侧翼序列。第二，设计可识别靶位点的 sgRNA。确定待敲除位点后，将 23~250bp 的外显子序列输入在线软件免费设计 sgRNA，利用在线软件选择脱靶概率小的序列作为 sgRNA 模板序列（为保证敲除效果，最好设计 2 个或 2 个以上 sgRNA 用于目的基因的敲除），然后将设计好的 sgRNA 模板序列送生物技术公司合成（同时设计好检测目的基因的引物，送生物技术公司一起合成）。第三，构建可表达 sgRNA 和 Cas9 的载体。根据待敲除基因的来源，选择合适的载体构建可表达 sgRNA 和 Cas9 的质粒（不同物种来源的基因用到的载体有所不同，可根据实验需要购买生物技术公司相应的构建试剂盒）。质粒构建后需要送商业公司测序，确保质粒构建准确无误。第四，sgRNA 的活性检测（详见实验二十八）。此步为可选步骤，增加此步骤可提高后续实验成功的概率，达到基因敲除的目的。第五，将构建好的基因编辑元件递送至相应的受体细胞。CRISPR/Cas9 基因组编辑技术可以用于多种细胞类型的基因编辑，包括哺乳动物细胞、酵母菌、昆虫细胞和植物细胞等。哺乳动物细胞通常采用脂质体转染法或电转化法，植物细胞通常采用农杆菌介导法（尤为普遍）或基因枪法。其中，人类细胞是最常用的细胞模型之一，可以用于疾病模型的构建、药物筛选和基础研究等方面。第六，敲除基因的克隆或植物单株的筛选和鉴定。通过 PCR 和测序的方法对成功转染的细胞或再生植物单株进行筛选，鉴定出具有敲除目的基因的细胞或植物单株。总之，使用 CRISPR/Cas9 技术进行基因敲除时，需要选择合适的 sgRNA 和基因递送方法，最终达到敲除目的基因的目的。

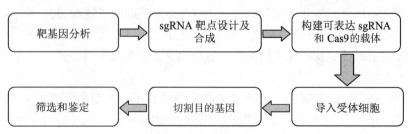

图 27-1　CRISPR/Cas9 基因组编辑实验流程

三、实验材料

1. 生物材料

早熟甘蓝型油菜自交系 "Y127"，入门载体 SKm-sgRNA（见图 27-2），植物双元表达载体 pC1300-Cas9（见图 27-3），大肠杆菌 DH5α 菌株，农杆菌 GV3101 感受态细胞。

图 27-2　SKm-sgRNA 载体结构示意图

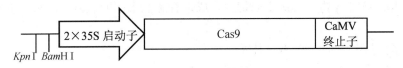

图 27-3　pC1300-Cas9 载体结构示意图

GV3101 菌株核基因中含有筛选标签——利福平抗性基因 *rif*，此菌株携带一个无自身转运功能的胭脂碱型 Ti 质粒 pMP90（pTiC58DT-DNA），该质粒含有 *vir* 基因。pMP90（pTiC58DT-DNA）质粒自身的 T-DNA 转移功能被破坏，但可以帮助转入的双元载体 T-DNA 顺利转移。pMP90（pTiC58DT-DNA）型 Ti 质粒含有筛选标签——庆大霉素抗性基因 *gen*，因此 GV3101 菌株具有利福平抗性和庆大霉素抗性，适用于拟南芥、烟草、玉米、土豆等植物的转基因操作。

2. 主要试剂

（1）培养基配制试剂：MS 粉，MS 粉（含有机成分），琼脂粉，蔗糖，甘露醇，木糖，乙磺酸，乙酰丁香酮，2,4-二氯苯氧乙酸（2,4-D，1mg/mL），吲哚乙酸（IAA，0.5mg/mL），1-萘乙酸（NAA，1mg/mL），激动素（KT，0.2mg/mL），卡那霉素（Kan，50mg/mL），氨苄青霉素（Amp，500mg/mL），庆大霉素（Gen，50mg/mL），利福平（Rif，50mg/mL），潮霉素（HYG，50mg/mL，DMSO 配制），特美汀（Timentin，300mg/mL），反式玉米素（ZT，0.5mg/mL），0.1%HgCl$_2$，75%乙醇，去离子水等。

（2）用于中间载体和最终载体的构建：限制性内切酶 *Aar* I（Ferment 公司），*Kpn* I，*BamH* I，*Sal* I，*Xho* I，*Nhe* I，*Xba* I 及其相应的缓冲液（NEB 公司），T4 连接酶，10×T4 连接缓冲液，10×PCR 缓冲液，dNTP，*Taq* DNA 聚合酶，引物及序列根据具体要敲除的基因自行设计，琼脂糖，1×TAE 电泳缓冲液，6×DNA 上样缓冲液，EB 储存液（10mg/mL），SanPrep 柱式 DNA 胶回收试剂盒，氯仿：异戊醇（24：1），异丙醇，70%乙醇，TE 溶液（pH8.0），RNase A（10mg/mL），LB 液体培养基（不含任何抗生素），LB 平板（含 Kan，50μg/mL）等。

（3）其他试剂：STS[Ag(SO$_3$)$_2$]$^{3-}$，0.2%HgCl$_2$，75%乙醇等。

3. 主要仪器

微量移液器，制冰机，超净工作台，高速离心机，PCR 仪，微波炉，制胶板，水平电泳槽，电泳仪，凝胶成像系统，水浴锅，冰箱，-70℃超低温冰箱，恒温摇床，光照培养箱等。

四、实验内容[①]

1. 构建可表达 sgRNA 的质粒（中间载体）

（1）将每个靶点的接头引物用 ddH$_2$O 溶解成 100μmol/L 储存液。

（2）对应的 g++引物与 g--引物退火：

g++引物	20μL
g--引物	20μL

混匀，在 PCR 仪中 100℃ 反应 5min，室温自然冷却退火，得到带有黏性末端的靶位点双链结构片段。

（3）SKm-sgRNA 进行 Aar Ⅰ酶切，形成带有黏性末端的载体。SKm-sgRNA 的结构见图 27-2。

Aar Ⅰ酶切 SKm-sgRNA 载体体系：

Aar Ⅰ 10×缓冲液	5μL
50×寡核苷酸	1μL
Aar Ⅰ	1μL
载体 SKm-sgRNA	1~2μg
ddH$_2$O	补足体积至 50μL

37℃酶切 3~6h，用试剂盒纯化酶切产物。

（4）连接：将酶切后的 SKm-sgRNA 载体和退火后的片段进行连接［摩尔浓度比为 1:（5~10）］。

连接反应体系：

引物退火产物（第 2 步产物）	7μL
SKm-sgRNA/Aar Ⅰ（第 3 步产物）	20~50ng
T4 连接酶	0.5μL
10×T4 连接缓冲液	1μL

混匀，低速离心收集，16℃水浴或金属浴连接 2~3h。

（5）转化：连接后转化感受态的大肠杆菌 DH5α，转化方法参见实验九。

（6）重组质粒的鉴定：将转化连接产物的大肠杆菌涂于 LB 平板（含 Kan，50μg/mL）上，次日在 LB 平板上挑取单克隆 6 个，溶于 20μL LB 液体培养基中，涡旋，将部分菌液接种到 LB 液体培养基中，37℃，220r/min 振荡培养；对应的剩余菌液用作模板进行菌落 PCR，以 T3 引物和 g--搭配进行菌落 PCR 阳性检测（500bp 左右），经琼脂糖凝胶电泳确定阳性克隆。

（7）测序验证：利用通用引物 T7 或 T3 对菌落 PCR 阳性克隆进行测序验证，确保

——————————

① 此部分内容主要参考以下实验方法，并根据具体实验操作略作修改：a. 水稻多基因敲除系统，中国水稻研究所，王克剑课题组；b. 多靶点 pCRISPR 载体（单子叶和双子叶植物）使用方法，华南农业大学，刘耀光课题组；c. 甘蓝型油菜下胚轴遗传转化体系，陕西省杂交油菜研究中心油菜分子育种实验室。

中间载体构建准确无误。

2. 多个中间载体的聚合

利用 *Bam*H I 和 *Bgl* II 同尾酶的属性，将构建好的 SKm-sgRNA 中间载体进行聚合（可以进行多个 SKm-sgRNA 中间载体的聚合）。作为载体的 SKm-sgRNA 用 *Kpn* I 和 *Bam*H I 进行酶切，提供片段的 SKm-sgRNA 用 *Kpn* I 和 *Bgl* II 进行酶切（见图 27-4）。

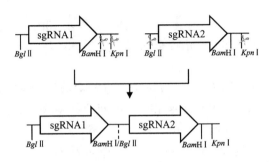

图 27-4　sgRNA 组装示意图

由于 SKm-sgRNA 上设计有 3 对同尾酶 *Bam*H I & *Bgl* II，*Xba* I & *Nhe* I，*Xho* I & *Sal* I，可用于 4 个之内 sgRNA 的一步法快速连接。为了简化操作，本实验聚合两个 sgRNA（sgRNA1 和 sgRNA2）。SKm-sgRNA1 作为载体用 *Kpn* I 和 *Bam*H I 进行双酶切，SKm-sgRNA2 用 *Kpn* I 和 *Bgl* II 进行双酶切，酶切反应体系如下：

SKm-sgRNA1 的酶切反应体系：

10×NE 缓冲液 2.1	2μL
SKm-sgRNA1	XμL
*Bam*H I	1μL
Kpn I	1μL
ddH$_2$O	YμL

SKm-sgRNA2 的酶切反应体系：

10×NE 缓冲液 1.1	2μL
SKm-sgRNA2	X'μL
Kpn I	1μL
Bgl II	1μL
ddH$_2$O	Y'μL

> **注意：** ① $X+Y=16$，$X'+Y'=16$。
> ② SKm-sgRNA2 的酶切反应体系中，*Kpn* I 在 NE 缓冲液 1.1 中的活性为 100%，而 *Bgl* II 在 NE 缓冲液 1.1 中的活性仅为 10%，为保证切割效率，可延长酶切反应时间（过夜酶切）。酶切结束后，取少量酶切产物用琼脂糖凝胶电泳检测，若酶切效果不佳，在剩余的酶切产物中加入其两倍体积的无水乙醇（于-20℃冰箱中放置 30min~1h），离心，晾干后加入 NE 缓冲液 3.1（*Bgl* II 在 NE 缓冲液 3.1 中的活性为 100%，按照说明书操作），再次酶切 1h。

酶切完成后用试剂盒纯化酶切产物，连接。

连接反应体系：

sgRNA1 酶切产物	8ng
sgRNA2 酶切产物	8ng
T4 连接酶	0.5μL
10×T4 连接缓冲液	1μL
ddH$_2$O	补足体积至 10μL

混匀，低速离心收集，16℃水浴或金属浴连接 2~3h。

3. 构建至最终载体

（1）pC1300-Cas9 载体用 *Kpn* I 和 *Bam*H I 进行双酶切（pC1300-Cas9 载体的结构见图 27-3）。聚合后的 SKm-sgRNA1-sgRNA2 中间载体用 *Kpn* I 和 *Bgl* II 进行双酶切，酶切完成后用琼脂糖凝胶电泳回收目的片段。

（2）连接：将回收目的片段连接到 pC1300-Cas9 载体上（最终载体）。

pC1300-Cas9/*Kpn* I+*Bam*H I	50ng
SKm-sgRNA1-sgRNA2/*Kpn* I+*Bgl* II	8ng
T4 连接酶	0.5μL
10×T4 连接缓冲液	1μL
ddH$_2$O	补足体积至 10μL

混匀，低速离心收集，16℃水浴或金属浴连接 2~3h。

（3）终载体测序：根据使用的载体和 sgRNA，利用相应的引物对终载体进行测序，保证质粒构建正确，为后续基因敲除提供保障。

4. 冻融法转化农杆菌感受态细胞（参见实验十五）

将构建好的表达载体（经测序验证构建正确）通过液氮冻融法转入农杆菌 GV3101 中，涂于平板后在 28℃下倒置培养 48h，挑取单菌落于含有相应抗生素的 LB 液体培养基中，28℃，200r/min 振荡培养 14~16h。采用基因特异性引物（根据待敲除基因序列自行设计）进行菌落 PCR，鉴定出含有待敲除基因的农杆菌，置于 4℃冰箱中保存，备用。

> **注意**：农杆菌的培养温度为 28℃；农杆菌 GV3101（*Rif*^{r}, *Gen*^{r}, *Kan*^{s}）；转化质粒为含有外源目的基因的 pC1300-Cas9 质粒。

5. 用含有待敲除基因的农杆菌浸染甘蓝型油菜下胚轴，获得转基因植株

（1）种子灭菌和消毒：用 75% 乙醇浸泡种子 30~45s，倒掉乙醇，用无菌水冲洗一遍，加入适量的消毒液（84 消毒液或 0.2% HgCl$_2$ 溶液均可，消毒液配比为无菌水：84 消毒液=1：1）消毒 10~15min，倒掉消毒液，用无菌水冲洗种子 4~5 遍。

> **注意**：① 灭菌和消毒时间不能过长，否则影响种子发芽。
> ② 对污染较重的种子，消毒时间可延长至 20min。

（2）播种：用无菌镊子将灭菌的种子播种到 M0 培养基上，每个培养瓶 15~20 粒，

将培养瓶置于无菌培养间，暗光、25℃下培养 5~6 天。

（3）外植体的制备及浸染：

① 准备菌液（步骤 4 已鉴定出含待敲除基因的农杆菌）：吸 2mL 培养好的菌液（LB 培养基，OD_{600}＝0.6~0.8）于灭菌离心管中，5000r/min 离心 5~10min，弃上清液；用等体积农杆菌悬浮培养基 DM（提前配制，高温灭菌后加 AS，AS 终浓度为 100μmol/L）悬浮，离心，弃上清液，再用 2mL DM（含 AS）悬浮。取 2mL 菌液，加入 18mL DM 培养基稀释，调 OD_{600} 至 0.4~0.6。

② 无菌剪刀剪下播种 6 天后的油菜幼苗下胚轴，放置于 M1 液体培养基中，用无菌解剖刀将下胚轴切成长度为 0.8~1.0cm 的小段（尽量 45°斜切，以提高浸染效率）。

③ 将切好的下胚轴放到配好的浸染液中，浸染 10~15min，中间摇晃 4~6 次（浸染时以每个培养皿 20mL 菌液、80~100 个外植体较为合适）。

④ 将下胚轴置于无菌滤纸上，吸去多余的菌液，之后转到 M1 培养基上，每个培养皿 20 个，25℃下暗培养 2 天。

⑤ 将暗培养 2 天的下胚轴转到 M2 培养基，25℃下光照培养 21 天（昼 16h/夜 8h）。

⑥ 将培养 3 周的下胚轴转到 M3 培养基，每 2~3 周继代一次，直至出现绿芽。

⑦ 转入 M4 生根培养基，待生根后移栽至营养钵。

> **注意：**① 整个实验过程应保持无菌操作，以防止污染。
> ② 浸染时间不宜过长，否则外植体易死亡。
> ③ 可先配制菌液，待外植体全部切完后将其一起放入配好的菌液中，然后开始计时。
> ④ 本实验选用早熟甘蓝型油菜自交系"Y127"作为实验材料，此为快生油菜，无须春化，若选用其他品种的冬油菜，需在转入 M4 生根培养基后放入低温春化培养箱培养 2~4 周，以完成春化过程。
> ⑤ 不同植物的生长特性各有不同，开展实验前应提前了解，以保证实验顺利开展。
> ⑥ 用于感染下胚轴的菌液浓度要适当，不宜过高或过低。
> ⑦ 带菌物品（包括用过的培养基）经灭菌消毒后才能倒掉。

6. 转基因植株筛选与鉴定

生根后移栽至营养钵的幼苗（T0 代植株）长至 5~6 片叶时，取部分叶片采用 CTAB 法提取基因组 DNA，同时提取野生型叶片作为阴性对照进行 PCR，PCR 产物酶切鉴定（未被切开的为阳性植株）或 PCR 产物直接测序鉴定，统计抗性苗数量并移栽至育苗土中继续培养，可移栽至大田，也可放入人工气候室培养，直至收获。

五、思考题

（1）中间载体和最终载体构建完成后如何进行鉴定？其目的是什么？

（2）SKm-sgRNA 中间载体和 pC1300-Cas9 载体各有何特点？其在基因敲除中的作用分别是什么？

（3）什么是春化？作物春化的作用是什么？

实验二十八　sgRNA 的活性检测（Surveyor 法）▼

一、实验目的

（1）了解 sgRNA 活性检测的方法；

（2）掌握 Surveyor 法检测 sgRNA 活性的方法；

（3）掌握 293 细胞转染验证的流程及注意事项。

二、实验原理

1. sgRNA 活性检测的方法

根据靶基因可以设计多个 sgRNA，不同的 sgRNA 介导的 Cas9 对 DNA 的切割效率不同，因此在利用 CRISPR/Cas9 技术构建基因敲除或敲入动物前需要先对 sgRNA 进行活性验证，选取能够介导具有更高切割效率的 sgRNA。sgRNA 活性的检测可以使用 sgRNA 靶点筛选试剂盒，试剂盒检测方法具有快速、工作量小，并且可以大批量进行的优点。也可将构建好的 sgRNA 质粒转入 293 细胞，使用 T7 核酸内切酶验证 sgRNA 的切割效率。由于该方法是在活细胞内验证 sgRNA 的切割效率，因此最为准确。当前 sgRNA 活性检测常用的方法：SSA 活性检测、体外切割活性验证和内源活性检测。

1）SSA 活性检测

单链复性（single-strand annealing，SSA）检测可以验证打靶质粒是否具有切割裸露 DNA 的能力，是初步评估 CRISPR/Cas9 技术是否具有活性的一种常用方法。SSA 报告质粒中含有两个不具有活性的萤光素酶（luciferase）编码片段，在两者中间含有一个终止密码子和一段 sgRNA 靶序列。当 CRISPR/Cas9 能对靶序列进行有效切割形成 DNA 双链断裂（double strand break，DSB），细胞通过 SSA 机制对 DNA 序列进行同源重组修复，形成有活性的萤光素酶基因，然后通过荧光检测就可以预测 CRISPR/Cas9 的切割活性。

2）体外切割活性验证

CRISPR/Cas9 技术的剪切活性与 sgRNA 靶点识别序列相关。每个 sgRNA 靶点识别序列不同，剪切活性也有所差异，因此需要筛选出切割效率最高的 sgRNA。

体外 sgRNA 活性检测：使用 Cas9 体外酶切割靶 DNA 序列，得到两条 DNA 片段。通过琼脂糖凝胶电泳，观察 sgRNA 介导的靶 DNA 被切割的百分比，判断 sgRNA 的活性及切割效率。

3）内源活性检测

Surveyor 法即错配内切酶检测法，该方法采用 T7E Ⅰ 内切酶。T7 Endonuclease Ⅰ（T7E Ⅰ）是克隆重组 *T7 Endonuclease Ⅰ* 基因后在大肠杆菌中表达纯化的高活性蛋白，能识别并切割不完全配对 DNA、十字形结构 DNA、Holliday 结构或 DNA 分叉点、异源双链 DNA 及低速切割带切刻位点的双链 DNA。酶切位点为错配碱基 5' 端的第一、第二或第三个磷酸二酯键，用于基因编辑后突变体的检测。在靶点两侧设计合适的引物，PCR 扩增出含有错配突变位点的 DNA 条带。T7E Ⅰ 内切酶可以识别并切割错配的杂合

DNA 双链。将酶切产物进行琼脂糖凝胶电泳，根据切割条带与未切割条带的比例，初步判断 sgRNA 的活性。

2. 影响转染效率的因素

转染效率是判断细胞转染成功与否的重要指标之一，受到诸多因素的影响，如细胞种类和细胞密度、质粒大小和质粒纯度、血清、抗生素及转染试剂等均影响转染效率。其中，转染前的细胞状态和密度、转染时的质粒纯度、转染后的筛选时间及 DNA 与转染试剂的比例对转染效率的影响较大。

1）转染前的细胞状态和密度

转染时细胞密度以 70%~90%（贴壁细胞）或（2~4）×10^6/mL（悬浮细胞）为宜，细胞密度过高严重影响细胞状态，造成细胞周期阻滞、细胞凋亡增加等。另外，细胞传代次数也会影响转染效率，传代次数少的细胞转染效率较低，传代次数较多的细胞转染效率高，但其转染最佳剂量差别较大。另外，支原体污染也严重影响细胞的转染效率，转染前可用环丙沙星处理细胞以去除支原体。

2）转染时的质粒纯度

质粒不纯，比如含有少量盐离子或蛋白、代谢物污染等均会显著影响转染复合物的有效形成；含有内毒素的质粒对细胞有较大的毒性作用。抗生素一般对真核细胞无毒性，但转染过程中细胞通透性增大会使抗生素进入细胞，从而降低细胞活性，导致转染效率低下。

3）转染后的筛选时间

转染后的筛选时间至关重要，一般要在转染 48h 之后开始加抗生素筛选，太晚会筛选不出阳性克隆。

4）DNA 与转染试剂的比例

不同细胞系的转染效率不同，在转染前应根据实验要求和细胞特性、外源核酸种类（DNA、RNA）、基因表达时间、细胞毒性、转染效率等因素挑选出最理想的转染试剂，优化 DNA 与转染试剂的比例。

3. 293 细胞及培养特性

293 细胞比较容易转染，是常用的研究外源基因表达的细胞株。293 细胞系是原代人胚肾细胞转染 5 型腺病毒（Ad5）*E1A* 基因的永生化细胞，是一种 E1 区缺陷互补细胞系。该细胞系是加拿大 McMaster University 的 Graham 和 Miley 于 1976 年用 DNA 转染技术构建而成。293 细胞是贴壁依赖型成上皮样细胞，室温下不贴壁，37℃下培养几天后重新贴壁，表现出典型的腺病毒转化细胞的表型，细胞允许 Ad5 和其他血清型腺病毒在其上增殖。293 细胞系为人亚三倍体细胞系。此细胞系人腺病毒滴度高，是腺病毒载体的包装细胞。腺病毒是继反转录病毒后用于基因治疗研究的热门载体。直接将腺病毒载体导入人体内表达目的基因，可治疗恶性肿瘤、心血管疾病或一些遗传性疾病；也可利用腺病毒载体在 293 包装细胞中表达分泌蛋白质。哺乳细胞的大规模培养方式有三种：贴壁培养、微载体培养、无血清悬浮培养。这三种方式均可用于 293 细胞的大规模培养。293 细胞的培养特性主要有以下几点：

（1）293 细胞明显适应酸性环境，pH 为 6.9~7.1 时可顺利贴壁生长，一般用高糖的 DMEM 培养基。293 细胞在无 Ca^{2+} 或含 Ca^{2+} 培养基中可生长，也可生长在血清浓度降低的培养基中。单层培养细胞在 5%~10% FBS-DMEM 培养基中能很好地生长。

（2）传代：弃培养基，用 0.02% EDTA 和 0.25% 胰酶洗一次（动作要轻柔），以去除血清（血清会抑制胰酶的活性）。加入 1~2mL 含 0.02% EDTA 和 0.25% 胰酶的消化液，轻摇培养瓶，使之流遍所有细胞表面，置于 37℃ 培养箱内消化 5min，直到细胞全部脱落。加入 6~8mL DMEM 培养液，用移液器把贴壁生长的细胞吹打至单个悬浮细胞即可。吸出细胞悬液，分到新培养皿中。293 细胞传代时机为细胞生长密度达到 80%~90% 汇合度，传代比例为一传二至一传四。传代期间，培养基每 2~3 天更换一次。

（3）293 细胞在低代时容易贴壁，生长良好。传到几十代以后，易聚集成团，且贴壁不牢，用 PBS 冲洗时即可能脱落，消化后也不易吹打成单细胞悬液，因此购入时应先大量冻存。

（4）复苏：293 细胞的另一生长特性是贴壁所需时间长，且贴壁不牢。细胞冷冻后、复苏时都有不同程度的肿胀，使用 50mL 培养瓶，待细胞长满瓶底的 70%~80% 时消化冻存，复苏时将其全部接种至 2 个 50mL 培养瓶中较为合适。刚复苏的 293 细胞贴壁很慢，复苏接种后 24h 内可不作观察，以免因晃动而影响细胞贴壁。复苏后 48h 左右观察贴壁情况，并进行首次更换培养基的操作比较合适。换液前宜将培养基预热。

（5）转染：体外进行 293 细胞转染时，若是采用磷酸钙转染，一定要注意不能在 293 细胞长满细胞培养瓶后转染，最好是当 293 细胞长满瓶底的 1/2 或 2/3 时进行磷酸钙转染，这样可以避免细胞大量脱落。

三、实验材料

1. 生物材料

构建好的 pSpCas9-sgRNA 质粒，293 细胞。

2. 主要试剂和耗材

DMEM 培养基，无血清培养基，双抗溶液（含 100μg/mL Str，100μg/mL Amp），FBS（胎牛血清），PBS（磷酸盐缓冲溶液），胰酶/EDTA 消化液，转染试剂（Lipofectamine 3000），T7 核酸内切酶Ⅰ及相应缓冲液（诺唯赞公司），基因组 DNA 提取试剂盒（天根公司），目的基因片段引物（F/R），PrimeSTAR HS DNA 聚合酶（2.5U/μL，TaKaRa 公司），5×PrimeSTAR 缓冲液（含 Mg^{2+}），dNTP，琼脂糖凝胶电泳相关试剂，SanPrep 柱式 DNA 胶回收试剂盒（上海生工），20μL、200μL、1mL 枪头，六孔板，血细胞计数板等。

3. 主要仪器

PCR 仪，微量移液器，超净工作台，离心机，水浴锅，冰箱，-70℃ 超低温冰箱，CO_2 细胞培养箱，倒置显微镜，微波炉，制胶板，水平电泳槽，电泳仪，凝胶成像分析系统等。

四、实验内容

1. 细胞准备

将长势良好的 293 细胞按一定数量传代，如在六孔板上传代至 $1.5×10^6$ 个/孔，传代时培养基需预热。

2. 细胞培养

转染前一天（20~24h），胰酶消化细胞并计数（约 0.4×10^6 个/孔，具体细胞数取决于细胞大小和细胞生长速度），然后接种到另一个六孔板上，在37℃ 5%CO_2培养箱中培养至细胞生长密度达到80%~90%汇合度。组别设计为：293 未转染组（negative control, NC），293 转染组。

3. 转染液制备

在 1.5mL 离心管中制备以下 A 液和 B 液（转染每一个孔内细胞所需的溶液）。

A 液：用无血清培养基稀释 1~10μg DNA（pSpCas9-sgRNA），终量100μL（多孔操作可以批量制备），制成 DNA 稀释液。

B 液：用无血清培养基稀释对应量的转染试剂（根据转染试剂说明书进行），终量100μL，制成转染试剂稀释液，室温静置 5min。

轻轻混合 A 液和 B 液（1∶1 混匀，B 液稀释静置结束后立刻完成，用微量移液器吹吸 10 次以上，充分混匀），室温放置 20min。转染复合物制备完成。

> **注意**：这个过程中不要涡旋或离心；溶液可能会混浊，但不会影响转染；复合物在室温下可以保持稳定 6h。

4. 转染准备

吸去六孔板中的培养基，用 PBS 或者无血清培养基漂洗 2 次，再加入 2mL 无血清培养基。

> **注意**：操作要轻柔，不要将贴壁生长的 293 细胞吹起来。

5. 转染

把转染复合物缓缓加入培养基中（缓慢滴加），摇动六孔板，轻轻摇匀，置于37℃ CO_2 培养箱继续培养。

> **注意**：① 293 细胞贴壁不牢，很容易被吹落，在滴加转染试剂的时候动作要轻柔，换液时要小心沿壁加入，并且培养基要提前预温。
> ② 如果在无血清的条件下转染，则使用含血清的正常生长培养基进行细胞铺板。在加入复合物前移去生长培养基，替换为 2mL 无血清培养基。

6. 换液

培养 4~6h 后吸去无血清转染液，加入正常培养基继续培养 24~48h。72h 内进行下一步实验。

7. 监测

按时用显微镜观察细胞生长状况，并拍照。

8. 基因组 DNA 提取

严格按照试剂盒说明书操作。

9. PCR 扩增目的片段及胶回收

（1）在灭菌的 0.2mL 离心管中依次加入以下成分（总体积为 50μL）：

5×PrimeSTAR 缓冲液	10μL
PrimeSTAR HS DNA 聚合酶（2.5U/μL）	0.8μL
dNTP	2μL
正向引物	1μL
反向引物	1μL
基因组 DNA	1μL
ddH$_2$O	34.2μL

（2）PCR 扩增及琼脂糖凝胶电泳。

（3）胶回收 PCR 扩增出的目的基因片段。

10. T7E Ⅰ 酶切检测

（1）配制实验反应体系：

胶回收 DNA 片段	200ng
10×T7E Ⅰ反应缓冲液	2μL
ddH$_2$O（无核酸酶）	补足体积至 19μL

（2）退火：轻弹离心管使管中成分混匀，低速离心收集，放于 PCR 仪上。执行以下程序：

预变性	95℃	5min
退火	95~85℃	−2℃/s
	85~25℃	−0.1℃/s
	4℃	保持

（3）配制酶切反应体系并酶切：

| 退火后的 PCR 产物 | 19μL |
| T7E Ⅰ | 1μL |

用微量移液器吹打混匀，在 37℃ 下孵育 15min。

（4）进行琼脂糖凝胶电泳，在 100~120V 电压下电泳 40~60min。

注意： 根据分子量大小选择合适的琼脂糖凝胶浓度。

（5）结果分析。

理想的预期结果如下：

负对照：DNA 不被切割

实验组 1：sgRNA1，DNA 被切割

实验组 2：sgRNA2，DNA 被切割

实验组 3：sgRNA3，DNA 被切割

……

并且切割后的片段长度加起来，等于未被切割 DNA 片段的长度。

如果得到上述结果，说明 sgRNA-Cas9 未转染组中的 DNA 保持了原有的正确序列，转染 sgRNA-Cas9 质粒后的细胞，基因已经被编辑。此外，还可根据 sgRNA1，sgRNA2，sgRNA3……切割后 DNA 条带的亮度来判断其活性及切割效率。

五、注意事项

（1）使用高纯度的 DNA（$OD_{260}/OD_{280}=1.8$）有助于获得较高的转染效率。对于质粒而言，建议使用无内毒素质粒提取试剂盒进行质粒提取。

（2）细胞的生长状态对细胞的转染效率影响较大，转染时要选择处于良好生长状态的细胞。

（3）细胞转染实验需要在无菌条件下进行，以避免细菌和真菌污染影响实验结果。

（4）实验前需要对实验器材和试剂进行消毒处理，保持实验环境的清洁和无菌。转染试剂要避免长时间暴露在空气中。

（5）注意个人防护，操作时穿实验室外套，戴一次性手套、口罩和无菌帽，避免误吸实验试剂或其误入眼睛等。

六、思考题

（1）sgRNA 活性检测的目的是什么？当前 sgRNA 活性检测的方法主要有哪些？各有什么优缺点？

（2）为什么选择 293 细胞转染 sgRNA-pSpCas9？在进行 293 细胞培养时有哪些注意事项？

（3）影响转染效率的因素有哪些？如何提高转染效率？

第六篇

开放性实验

实验二十九　利用分子生物学技术鉴定纤维素降解微生物

一、实验目的

（1）掌握从土壤样品中筛选纤维素降解微生物的方法；

（2）掌握利用分子生物学技术鉴定微生物的方法；

（3）掌握 T-A 克隆的原理和方法；

（4）掌握构建系统进化树的方法。

二、实验原理

1. 纤维素降解微生物

1）纤维素资源及利用

纤维素（cellulose）是自然界中分布最广、含量最多的一种多糖，占植物界碳含量的 50% 以上。纤维素是植物细胞壁的主要成分，是由葡萄糖分子通过 β-1,4-糖苷键连接而成的直链状的大分子多糖。通过光合作用，植物每年可产生超过 100 亿吨的干物质，其中一半以上都是纤维素和半纤维素，但是绝大部分尚未被人类利用，仅 11% 左右用于生产农作物产品、饲料、造纸及加工木材等方面。如果能够有效地利用那些没有被开发的纤维素资源，将它们转化成葡萄糖，则其可以提供大量的食品和工业原料，还可以进一步发酵生产乙醇等能源物质。因此，纤维素的开发和利用对于解决环境污染和能源危机等问题具有重要意义。

纤维素不溶于水及乙醇、乙醚等有机溶剂，化学性质比较稳定。要将纤维素转变成单糖，传统的方法是利用强酸、强碱或高温高压条件进行处理，这种工艺成本较高，存在一定的安全隐患，同时也会造成环境污染。一般来说，生物产生的酶类作用条件比较温和，在常温常压下能够进行有效的催化。因此，如果能采用酶法来降解纤维素，那将是利用纤维素的一种很好的替代性方案。

在自然界中存在着许多能够利用纤维素资源的生物，特别是一些微生物，如芽孢杆菌、软腐菌等细菌，木霉、曲霉、青霉等腐生性真菌，它们能够产生大量纤维素酶（包括内切葡聚糖酶、外切葡聚糖酶和 β-葡萄糖苷酶等），可以有效地降解纤维素。因此，纤维素降解微生物的筛选及其所产纤维素酶的开发与研究，对于纤维素的生物转化和综合利用具有重要的意义。

2）纤维素降解微生物的筛选

筛选纤维素降解微生物，需要考虑两个问题。

第一个问题：从什么环境中筛选？一类微生物要在特定的环境中生存下来，首先要适应这个环境，那么什么样的微生物才能更好地适应这个环境呢？这就要看这个环境本身具有什么样的特点，这个特定的环境会对这类微生物起到怎样的自然选择作用。因此，要筛选纤维素降解微生物，最好是到纤维素含量比较丰富的环境中去寻找，比如腐叶较多的树林土壤，又如食草动物的肠道或排泄物等。另外，如果试图获得耐高温或耐酸碱的纤维素酶，那么需要到更特殊的环境中去寻找，如温泉污泥、海洋污泥、盐碱地等。

　　第二个问题：用什么方法筛选？在一个环境里，微生物的种类往往比较丰富，即使在一个很特殊的环境里，生存下来的微生物也远不止一种。因此，需要一种行之有效的方法，把具有特定功能的微生物筛选出来。这就需要使用选择性（筛选）培养基，在这种选择性培养基上，只有目标微生物能很好地生长，而其他非目标微生物不能生长，或生长得很缓慢。微生物的生长需要碳源和氮源等，纤维素降解微生物的特点是能够降解纤维素，也即能够利用纤维素作为碳源。因此，如果在培养基中只加入纤维素（如羧甲基纤维素）作为碳源，那么纤维素降解微生物就能够在这种选择性培养基上很好地生长，而其他微生物则不能生长或生长缓慢。但是不同纤维素降解微生物降解纤维素的能力不同，最好在筛选到纤维素降解微生物的同时，还能初步了解它们降解纤维素的能力。这时，可在选择性培养基中加入刚果红染料，使整个培养基呈现红色背景，这是因为刚果红能够使大分子的纤维素着色。但是，刚果红不能使降解的纤维素着色，如果一种微生物能够降解纤维素，那么就会在其菌落周围形成透明圈（见图29-1），根据透明圈的大小，可以初步比较各种微生物降解纤维素能力的大小。因此，筛选纤维素降解微生物时，所使用的选择性培养基中应含有羧甲基纤维素和刚果红。

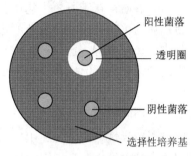

图 29-1　纤维素降解微生物的功能筛选

2. 微生物的分类鉴定方法

1) 经典分类鉴定方法

　　经典分类鉴定方法，就是利用传统方法对微生物的形态、生理、生化、生态、生活史、血清学反应等指标进行检测，以确定微生物的分类地位。获得微生物的纯种培养物后，根据平板上菌落的特征和液体培养的特征，初步判断它是细菌、真菌、放线菌还是酵母。一般来说，细菌的菌落较小，形态特征较少，液体培养时培养液混浊；而真菌的菌落较大，形态特征比较丰富，液体培养时培养基往往澄清。判断出大体类别后，接着检测相关的指标。对于细菌，使用较多的是生理、生化、遗传特征等指标；对于真菌，使用菌落、菌丝、有性孢子、无性孢子的形态特征作为主要指标；对于放线菌或酵母，通常同时以形态特征和生理特征为鉴定指标。

　　经典分类鉴定方法，操作烦琐，周期较长，很大程度上依赖于经验，不易为入门者所掌握。但对于常规菌种的鉴定，通常还是使用经典的分类鉴定方法。目前已发展出了一些简便、快速、可靠的商品化的鉴定系统，如法国的 API 系统，其共分为 15 种鉴定系统，覆盖了所有细菌的菌属，可鉴定出超过 600 种不同的菌种。例如，其中的 API 20E 系统是鉴定肠道杆菌的试剂条，试剂条上有 20 个分隔室，含有不同的脱水培养基、试剂或底物，每个分隔室可进行一种生化反应，个别分隔室可进行两种生化反应，总共可以进行 23 个微型生化鉴定。将细菌的悬浮液接种于各分隔室，培养 24h 左右后，即可通过细菌自身代谢作用发生的颜色变化，或加入试剂后发生的颜色变化，判读结果，以数字形式查对检索表就可以得到细菌的种名。

2) 现代分类鉴定方法

随着分子生物学技术的发展，微生物的分类鉴定方法也快速发展起来，即从传统的表型特征的鉴定，深入到遗传特征等方面的鉴定，也即采用现代分类鉴定方法。DNA是细菌、真菌等微生物的遗传物质，特定种类的微生物具有特定的 DNA 碱基组成和 DNA 序列特征，这些特征的相似或差异，代表了不同微生物之间的亲缘关系的远近。利用现代分子生物学手段对微生物进行分类鉴定，通常是依据 DNA 碱基组成（GC 含量）、DNA 分子杂交特性、16S rDNA 序列、ITS 序列等进行的。

① 16S rDNA 序列：细菌和放线菌的分子鉴定常用 16S rDNA 序列（见图 29-2）。16S rRNA 全长 1600bp 左右，普遍存在于原核生物中，参与蛋白质的生物合成。在长期的进化过程中，16S rRNA 分子在序列上具有很高的保守性，但也存在一些变异度较大的区域，不同的细菌在这些区域会存在不同程度的差别，即具有一定

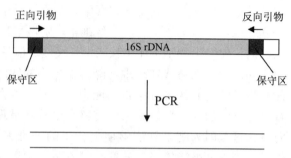

图 29-2　细菌 16S rDNA 序列分析

的种属特异性。由于 16S rRNA 在原核生物中的含量丰富，其对应的基因 16S rDNA 在基因组中的含量也较高，因此较容易获得，成为早期分子进化研究中的"分子钟"。根据 16S rDNA 的保守区设计通用引物，然后将微生物的基因组 DNA 作为模板进行 PCR 扩增，获得 16S rDNA 序列就变得更为简单。

② ITS 序列：ITS（internal transcribed spacer，内转录间隔区）序列，是指位于两个基因之间的序列，也即基因间隔区的序列。由于 16S rDNA 的保守性很高，对于亲缘关系很近的微生物可能难以进一步区分，这时可以考虑分析变异度较大的区域，如位于 16S rDNA 和 23S rDNA 之间的基因间隔区。对于同一菌种的不同菌株，该基因间隔区的序列长度变异低于 2%，序列同源性在 87% 以上，具有更好的种特异性。ITS 序列可以通过 PCR 技术快速得到。利用分子生物学技术鉴定真菌时，也常使用 ITS 序列。在真菌的基因组中，18S rDNA、5.8S rDNA 和 28S rDNA 三者以基因簇的形式存在，根据 18S rDNA 和 28S rDNA 的保守区设计通用引物，就可以利用 PCR 技术同时获得 18S rDNA/5.8S rDNA 的 ITS 序列、5.8S rDNA 的 ITS 序列和 5.8S rDNA/28S rDNA 的 ITS 序列（见图 29-3），总长度在 700bp 左右，非常适合于 DNA 序列分析。

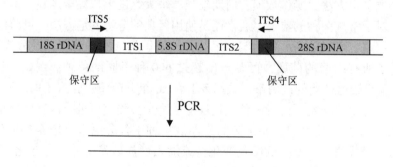

图 29-3　真菌 ITS 序列分析

16S rDNA 序列和 ITS 序列，可以通过 PCR 技术结合 DNA 测序技术获得，然后用于系统进化树的构建，以确定微生物的分类地位。该方法具有简便、快速、容易掌握的特点，在现代分类鉴定方法中最为常用。实验流程为：提取微生物基因组 DNA，PCR 扩增目的 DNA，纯化目的 DNA（或克隆到载体上），DNA 序列测定，BLAST 搜索同源，DNA 序列 alignment 分析，构建系统进化树并作出鉴定，核实鉴定结果。

3. T-A 克隆

采用基于 PCR 技术的分子生物学鉴定方法，可以直接扩增到微生物的 16S rDNA 片段或 ITS 片段，对 PCR 产物中的特异性片段进行回收和纯化后，就可以送生物技术公司进行测序，获得相关的 DNA 序列信息。有大量的样品需要分析时，可以直接对纯化的 PCR 产物测序，但是成功率不是很高。如果将 PCR 产物克隆到载体上再测序，那么成功率可以大大提高。这里介绍将 PCR 产物直接克隆到载体上的方法。

通常所说的 DNA 聚合酶，是指依赖于 DNA 的 DNA 聚合酶，即它合成 DNA 时需要模板 DNA，模板 DNA 有多长，新合成的 DNA 链最多也就这么长，不能额外添加多余的脱氧核苷酸上去。但是，PCR 扩增时使用的 *Taq* DNA 聚合酶，除了具有正常的合成功能之外，还具有不依赖于模板的合成能力，能够在 PCR 产物的 3' 端额外地添加一个脱氧核苷酸，通常为 dATP，即 PCR 产物并不是平末端的双链 DNA，而是两个 3' 端都添加了一个 3'-A 突出端。如果制备一种载体，它本身是线性的双链 DNA，并且两个 3' 端都具有一个突出的 T，那么不需要对 PCR 产物和载体进行限制性内切酶处理，就可以在 DNA 连接酶的作用下，将 PCR 产物连接到载体上。这种载体称为"T 载体"（T vector），这种克隆基因的方式称为"T-A 克隆"（T-A cloning）（见图 29-4）。

T 载体一般都能进行蓝-白斑筛选，可以从生物技术公司购买，如 Promega 公司的 pGEM®-T，TaKaRa 公司的 pMD™18-T、pMD™19-T 等。T 载体也可以在实验室自制得到，方法如下：选择能进行蓝-白斑筛选的载体（如 pUC18），用产生平末端的限制性内切酶（如 *Sma* I）进行切割，接着利用 *Taq* DNA 聚合酶将脱氧核苷酸 dTTP 添加到经过线性化处理的载体的 3' 端，然后对载体进行纯化就得到了 T 载体（见图 29-5）。

利用 T-A 克隆方法，可以非常方便地将来源于微生物的 16S rDNA 片段或 ITS 片段克隆到载体上，然后进行 DNA 序列的测定。得到 DNA 序列之后，解析出不含有载体序列的纯序列，在 NCBI 网站上进行 BLAST 分析，获得与目的序列具有同源性的序列，进而利用 MEGA 软件等构建系统进化树，确定微生物的分类地位，这不仅能确定其种名，而且能了解它与哪些菌株的亲缘关系比较近。

不过，值得注意的是，由于 PCR 技术灵敏度高，很容易扩增到来自实验环境中微生物的 DNA 序列，导致鉴定工作的失败。因此，在提取基因组 DNA 和 PCR 操作过程中，一定要避免 DNA 样品的污染。另外，在获得 DNA 序列信息并给出鉴定结果后，应当进一步利用常规方法，观察实际菌株与推测菌株的形态特征是不是相符，避免作出错误的分类。

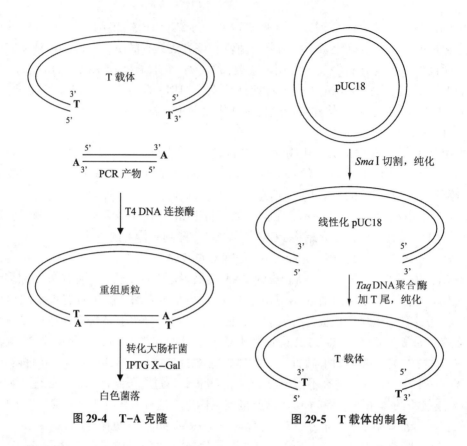

图 29-4　T-A 克隆　　　　图 29-5　T 载体的制备

三、实验材料

1. 生物材料

新鲜的土壤样品，含 pUC18 的大肠杆菌 DH5α 菌株，大肠杆菌 DH5α 菌株感受态细胞。

2. 主要试剂

（1）用于纤维素降解微生物的培养：KH_2PO_4，$(NH_4)_2SO_4$，$MgSO_4 \cdot 7H_2O$，$CaCl_2$，$FeSO_4 \cdot 7H_2O$，$MnSO_4$，$ZnCl_2$，$CoCl_2$，羧甲基纤维素钠（carboxymethyl cellulose sodium，CMC-Na），胰蛋白胨，琼脂粉，刚果红，去离子水等。

（2）用于细菌的革兰氏染色：结晶紫，碘液，95%乙醇，番红液，香柏油等。

（3）用于细菌基因组 DNA 的提取：LB 液体培养基（不含任何抗生素），TE 溶液（pH8.0），10% SDS，蛋白酶 K（20mg/mL），氯仿：异戊醇（24：1），3mol/L NaAc（pH5.2），无水乙醇，70%乙醇等。

（4）用于真菌基因组 DNA 的提取：CTAB，邻菲罗啉，β-巯基乙醇等。

（5）用于 PCR 扩增：10×PCR 缓冲液，dNTP，Taq DNA 聚合酶（5U/μL），无菌水，引物等。引物序列如下：

16SF：5'-AGAGTTTGATCCTGGCTCA-3'

16SR：5'-AAGGAGGTGATCCAGCCGCA-3'

ITS4：5'-TCCTCCGCTTATTGATATGC-3'

ITS5：5'-GGAAGTAAAAGTCGTAACAAGG-3'

（6）用于琼脂糖凝胶电泳及回收：琼脂糖，1×TAE 电泳缓冲液，6×DNA 上样缓冲液，EB 储存液（10mg/mL），SanPrep 柱式 DNA 胶回收试剂盒等。

（7）用于 T 载体的制备：10×T 缓冲液，0.1% BSA，*Sma* I（10U/μL），10×PCR 缓冲液，*Taq* DNA 聚合酶（5U/μL），10mmol/L dTTP，碱性酚：氯仿：异戊醇（25：24：1），λDNA（10ng/μL）等。

（8）用于 T-A 克隆：10×T4 DNA 连接缓冲液，T4 DNA 连接酶（350U/μL），LB 液体培养基，LB 平板（含 Amp，100μg/mL），X-Gal（50mg/mL），100mmol/L IPTG 等。

3. 主要仪器

全自动高压蒸汽灭菌锅，恒温培养箱，恒温摇床，水浴锅，加热块，微量移液器，制冰机，高速离心机，PCR 仪，冰箱，微波炉，制胶板，水平电泳槽，电泳仪，脱色摇床，紫外分光光度计，凝胶成像分析系统等。

四、实验内容

1. 纤维素降解微生物的筛选

（1）增殖培养基的配制：分别称取 2g KH_2PO_4、1.4g $(NH_4)_2SO_4$、0.3g $MgSO_4 \cdot 7H_2O$、0.3g $CaCl_2$、5mg $FeSO_4 \cdot 7H_2O$、1.6g $MnSO_4$、1.7mg $ZnCl_2$ 和 1.7mg $CoCl_2$，溶解于 800mL 去离子水，并定容至 1L。将溶液分装到 150mL 三角瓶中，每个三角瓶装 50mL，并加入 0.1g 羧甲基纤维素钠（CMC-Na），包扎密封后，121℃，高压蒸汽灭菌 20min。灭菌结束后，置于 4℃冰箱中保存，备用。

> **注意：** $FeSO_4 \cdot 7H_2O$、$ZnCl_2$ 和 $CoCl_2$ 的用量较少，难以直接称取，可先配制成高浓度储存液。

（2）筛选培养基的配制：分别称取 0.5g KH_2PO_4、0.25g $MgSO_4 \cdot 7H_2O$、2g 蛋白胨、2g 羧甲基纤维素钠（CMC-Na）、15g 琼脂粉和 0.2g 刚果红，加入 1000mL 三角瓶中，加入 1L 去离子水，包扎密封后，121℃，高压蒸汽灭菌 20min。灭菌结束后，冷却至 60℃左右，摇动，混匀，铺制到玻璃培养皿或一次性培养皿中，置于 4℃冰箱中保存，备用。

（3）增殖培养：从林间的腐叶下挖取少量土壤样品，悬浮于 100mL 无菌水，再以十倍梯度稀释法逐步稀释成 10^{-1}、10^{-2}、10^{-3}、10^{-4}、10^{-5}、10^{-6}，各取 1mL 接种于增殖培养基，28℃，150r/min 振荡培养 2~3 天。

> **注意：** 增殖培养有利于富集纤维素降解微生物。

（4）筛选培养：分别取上述增殖培养物 200μL，均匀涂布于筛选培养基中，28℃静置培养 5~7 天，观察各菌落周围是否形成透明圈，记录产生透明圈的菌落的形态特征。

> **注意：** 在选择性培养基上，能降解纤维素的细菌和真菌都可以生长出来。

（5）纯化培养：将能形成透明圈的单菌落接种到筛选培养基上，28℃静置培养 5~7

天后，测量和记录透明圈的直径。

> **注意：** ① 28℃适合真菌生长，如果挑取的是细菌，那么可在35~37℃下静置培养2~3天。
> ② 菌落周围的透明圈越大，说明该菌株降解纤维素的能力越强。

2. 细菌的革兰氏染色

（1）制片：在载玻片上加一滴蒸馏水，挑取少量菌苔于水滴中，混匀后涂成薄膜，室温干燥后，将载玻片以一定的距离通过火焰上方2~3次进行热固定。

> **注意：** ① 也可取少量细菌悬浮培养物于载玻片上。
> ② 热固定可使细胞形态固定下来，并使细胞牢固地吸附在载玻片上。

（2）初染：滴加少量结晶紫溶液覆盖薄膜，染色1~2min，水洗，去除结晶紫。

（3）媒染：用碘液冲去残留的水，滴加碘液覆盖薄膜约1min，水洗，去除碘液。

（4）脱色：用滤纸吸去载玻片上残留的水，将载玻片适当倾斜，在白色背景下，连续滴加95%乙醇，脱色20~30s，使流出的乙醇无紫色，立即水洗。

（5）复染：滴加番红液复染约2min，水洗，去除番红液。

（6）镜检：室温干燥后，用油镜观察，鉴定该细菌属于革兰氏阴性细菌还是阳性细菌。

> **注意：** 染成红色的为革兰氏阴性细菌，染成蓝紫色的为革兰氏阳性细菌。

3. 革兰氏阴性细菌基因组 DNA 的提取

（1）将纯化的细菌单菌落接种于含有0.5mL LB液体培养基（不含任何抗生素）的1.5mL离心管中，37℃振荡培养4~6h。

（2）取100μL细菌培养物于新的无菌的1.5mL离心管中，8000r/min离心1min，去尽上清液，加入445μL无菌的TE溶液（pH8.0），用微量移液器反复吸打，重新悬浮细菌。

（3）加入50μL 10% SDS、5μL蛋白酶K（20mg/mL），混匀，低速离心收集，37℃消化1~2h，其间经常轻弹管底，使消化充分。

> **注意：** 在提取细菌基因组DNA时，常用SDS破碎细胞，结合使用蛋白酶K，以消化蛋白质。

（4）加入500μL氯仿：异戊醇（24：1），轻轻颠倒混匀，静置5min，13000r/min离心10min，吸取400μL上清液于新的1.5mL离心管中。

> **注意：** ① 上清液可能很黏稠，吸取时要小心，勿吸到蛋白层。
> ② 将枪头尖端剪掉后再吸溶液，可使基因组DNA的完整性较好。

（5）加入40μL 3mol/L NaAc（pH5.2）、800μL预冷的无水乙醇，轻轻颠倒混匀，

在-20℃冰箱中放置20min。

> **注意：** ① 添加NaAc可在溶液中形成高盐环境，这是乙醇沉淀DNA所必需的条件。
> ② 一般无须低温放置即可看到DNA的纤维状沉淀物。

（6）在一个新的无菌的1.5mL离心管中加入500μL 70%乙醇，用枪头将DNA纤维状沉淀物挑取到70%乙醇中洗涤。

（7）小心去除70%乙醇，将离心管放到60℃加热块上，干燥5~10min，加入100μL无菌的TE溶液（pH8.0）溶解DNA，置于4℃或-20℃冰箱中保存，备用。

> **注意：** 取1μL DNA溶液即可用于50μL体系的PCR扩增。

4. 革兰氏阳性细菌基因组DNA的提取

> **注意：** 与革兰氏阴性细菌相比，革兰氏阳性细菌的细胞壁具有很厚的肽聚糖，因此需用溶菌酶处理细胞壁后，SDS和蛋白酶K才能有效裂解细胞。

（1）将纯化的细菌单菌落接种于含有0.5mL LB液体培养基（不含任何抗生素）的1.5mL离心管中，37℃振荡培养4~6h。

（2）取100μL细菌培养物于新的无菌的1.5mL离心管中，8000r/min离心1min，去尽上清液，加入445μL无菌的TE溶液（pH8.0），用微量移液器反复吸打，重新悬浮细菌。

（3）加入50μL溶菌酶（10mg/mL）、5μL RNase A（10mg/mL），37℃消化30~60min。

（4）加入50μL 10% SDS、5μL蛋白酶K（20mg/mL），混匀，低速离心收集，37℃消化1~2h，其间经常轻弹管底，使消化充分。

> **注意：** 在提取细菌基因组DNA时，常用SDS破碎细胞，结合使用蛋白酶K，以消化蛋白质。

（5）加入500μL氯仿：异戊醇（24：1），轻轻颠倒混匀，静置5min，13000r/min离心10min，吸取400μL上清液于新的1.5mL离心管中。

> **注意：** ① 上清液可能很黏稠，吸取时要小心，勿吸到蛋白层。
> ② 将枪头尖端剪掉后再吸溶液，可使基因组DNA的完整性较好。

（6）加入40μL 3mol/L NaAc（pH5.2）、800μL预冷的无水乙醇，轻轻颠倒混匀，在-20℃冰箱中放置20min。

> **注意：** ① 添加NaAc可在溶液中形成高盐环境，这是乙醇沉淀DNA所必需的条件。
> ② 一般无须低温放置即可看到DNA的纤维状沉淀物。

（7）在一个新的无菌的 1.5mL 离心管中加入 500μL 70%乙醇，用枪头将 DNA 纤维状沉淀物挑取到 70%乙醇中洗涤。

（8）小心去除 70%乙醇，将离心管放到 60℃加热块上，干燥 5~10min，加入 100μL 无菌的 TE 溶液（pH8.0）溶解 DNA，置于 4℃或-20℃冰箱中保存，备用。

注意：取 1μL DNA 溶液即可用于 50μL 体系的 PCR 扩增。

5. 真菌基因组 DNA 的提取

（1）将纯化的真菌单菌落接种于 50mL 增殖培养基中，28℃振荡培养 2~3 天。

（2）6000r/min 离心 10min，收集菌丝体，用无菌滤纸吸去大部分水分。

（3）将菌丝体放入研钵中，加入液氮充分研磨成粉末，移入一个无菌的 50mL 离心管中。

（4）采用 CTAB 法提取真菌的基因组 DNA，详细方法可参见实验十六。

注意：真菌含有丰富的多糖类物质，采用 CTAB 法提取基因组 DNA 效果较好。

（5）将基因组 DNA 的原液适当稀释，用于 PCR 扩增。

6. PCR 扩增目的片段及回收

（1）在灭菌的 0.2mL 离心管中依次加入以下成分（总体积为 50μL）：

ddH$_2$O	39.6μL
10×PCR 缓冲液	5μL
dNTP	2μL
正向引物	1μL
反向引物	1μL
DNA	1μL
Taq（5U/μL）	0.4μL

注意：正向引物和反向引物为引物对 16SF/16SR，或 ITS4/ITS5，其中 16SF/16SR 用于扩增细菌的 16S rDNA，ITS4/ITS5 用于扩增真菌的 ITS。

（2）轻弹离心管使管中成分混匀，低速离心收集，放于 PCR 仪上，执行以下程序：

94℃，3min
94℃，20s
60℃，30s ⎫ 32 次循环
72℃，1~2min ⎭
72℃，5min
10℃，保持

注意：扩增真菌的 ITS 只需延伸 1min，扩增细菌的 16S rDNA 需延伸 2min。

（3）进行 1.2%琼脂糖凝胶电泳，100~120V，40~60min。

（4）采用试剂盒法从琼脂糖凝胶中回收目的 DNA 条带，放入 -20℃ 冰箱中保存，备用。具体方法参见实验七。

7. T 载体的制备

（1）提取质粒 pUC18 DNA，并用紫外分光光度法进行定量，参见实验二。

（2）用 *Sma* Ⅰ 切割 5~10μg pUC18 DNA：

ddH$_2$O	58μL
10×T 缓冲液	10μL
0.1% BSA	10μL
pUC18 DNA	20μL
Sma Ⅰ（10U/μL）	2μL

在 30℃ 水浴锅中过夜酶切，然后在 70℃ 下放置 15min，灭活 *Sma* Ⅰ，于冰上放置 1min，离心收集。

（3）进行 1.0% 琼脂糖凝胶电泳，采用试剂盒法从琼脂糖凝胶中回收线性化的 pUC18 DNA，参见实验七。

（4）在线性化 pUC18 DNA 的 3' 端添加 T 尾，反应体系如下：

10×PCR 缓冲液	10μL
10mmol/L dTTP	10μL
pUC18（*Sma* Ⅰ）	79μL
Taq（5U/μL）	1.0μL

在 70℃ 水浴锅中温育 2h，于冰上放置 1min，离心收集。

（5）按照"3. 革兰氏阴性细菌基因组 DNA 的提取"中步骤（4）~（7）进行操作，纯化加尾产物。

（6）取 0.5~1μL DNA 用于琼脂糖凝胶电泳，以 λDNA（10ng/μL）标准溶液为参照，进行定量分析，参见实验十六。

（7）用无菌水适当稀释加尾产物，使其浓度为 50ng/μL，即为 T 载体。将 T 载体分装到 10 个无菌的 1.5mL 离心管中，放入 -20℃ 冰箱中保存，备用。

> **注意：** 反复冻融容易导致 T 载体 3' 端的 T 碱基丢失，无论是自制的还是商品化的 T 载体，最好都分装后保存。

8. 目的片段的 T-A 克隆

（1）建立下列连接反应体系：

10×T4 DNA 连接缓冲液	1.0μL
T 载体	1.0μL
PCR 产物	7.0μL
T4 DNA 连接酶（350U/μL）	1.0μL

混匀，低速离心收集，16℃ 水浴或金属浴连接 2~3h 后，转入 4℃ 冰箱中过夜连接。

> **注意：** 可使用自己制备的 T 载体，也可使用商品化的 T 载体。

（2）采用热击法转化大肠杆菌 DH5α 菌株的感受态细胞，将重悬细胞均匀涂布于加有 X-Gal 和 IPTG 的 LB 平板上，倒扣于 37℃恒温培养箱中，静置培养 12~15h。

（3）挑取 4~6 个白色菌落进行液体培养，使用 pUC18 的通用引物 M13F／M13R 进行菌落 PCR，进一步鉴定阳性克隆。

9. DNA 测序与进化树分析

（1）选 3 个阳性克隆，分别取 100μL 菌液于 3 个新的无菌的 1.5mL 离心管中，用封口膜密封后，送生物技术公司测序。

> **注意：** 细菌的 16S rDNA 长度约为 1600bp，测序时需从两个末端各测定一个反应，才能获得全长的序列信息，而真菌的 ITS 长度约为 700bp，测序时测定一个反应即可。

（2）将测定的 DNA 序列粘贴到 Word 文档中，利用查找功能寻找引物序列，去除两条引物外侧的序列，即获得了 16S rDNA 或 ITS 的纯序列。

（3）利用 Chromas 软件打开原始的测序峰图，核对纯序列上的每个碱基是否正确，如果不正确，以测序峰图为标准，对纯序列作相应修正。

（4）如果是细菌的 16S rDNA 序列，将两个测序反应所获得的纯序列拼接成一条序列。

（5）在 NCBI 网站上，利用 BLAST 工具对修正后的纯序列或拼接序列进行同源性分析，下载相关的 ITS 序列或 16S rDNA 序列。

（6）利用软件 ClustalX 进行对位排列（alignment），然后根据推测的氨基酸序列进行手工校正，最后利用软件 MEGA 11.0（https：／／www.megasoftware.net／）构建系统进化树，确定纤维素降解微生物的分类地位。

> **注意：** 利用软件 MEGA 11.0 构建系统进化树。

（7）根据步骤（5）中得到的信息，核对实际菌株的形态特征是否与经同源比对所获得的菌株相符，进一步确定菌株的分类地位。

（8）查阅文献，了解所获得的菌株在纤维素酶方面的研究进展。

> **注意：** 收集并掌握全面的资料，对于评估研究价值、确定研究方向、设计研究方案具有重要意义。

五、思考题

（1）在什么样的环境里有利于筛选到纤维素降解微生物？为什么？

（2）筛选纤维素降解微生物时使用什么培养基？它基于什么原理？

（3）利用分子生物学技术鉴定微生物的方法有哪些？

（4）为什么选择使用 16S rDNA 和 ITS 序列来鉴定微生物？

（5）什么是 T-A 克隆？它基于什么原理？

实验三十 利用 DNA 分子标记技术分析学生群体的遗传多样性 ▼

一、实验目的

(1) 掌握 DNA 分子标记的概念、种类和特点；

(2) 掌握 DNA 指纹技术的概念和应用价值；

(3) 掌握利用 DNA 分子标记技术分析人类遗传多样性的方法；

(4) 掌握从头发中提取人基因组 DNA 的方法；

(5) 掌握从口腔细胞中提取人基因组 DNA 的方法；

(6) 掌握 PAGE 检测小片段 DNA 的方法。

二、实验原理

1. DNA 分子标记概述

遗传多样性（genetic diversity）是指一种生物不同群体之间或一个群体内不同个体之间遗传变异的总和。遗传标记是分析遗传多样性的有效工具，主要分为形态学标记、细胞学标记、生化标记和分子标记。

在分子标记中，有一类是 DNA 分子标记（DNA molecular marker），它是能反映种群间或生物个体间基因组 DNA 中某些差异性特征的 DNA 片段。由于 DNA 分子标记以生物基因组 DNA 的多态性为基础，所以它具有以下主要优点：

① 稳定性好，重复性好，不受季节、环境、取样组织、细胞类型等因素的影响；

② 数量多，分布广，可分布于整个基因组；

③ 多态性高，且有些为共显性标记，可区分纯合体和杂合体；

④ 操作简便快速，成本低廉等。

DNA 分子标记的种类繁多，依据其发展史可分为三代：

第一代 DNA 分子标记：以限制性片段长度多态性（restriction fragment length polymorphism, RFLP）技术为代表，涉及 Southern 杂交技术，操作方法较为烦琐，周期也长。

第二代 DNA 分子标记：以简单重复序列（simple sequence repeat, SSR）、随机扩增多态性 DNA（random amplified polymorphic DNA, RAPD）、序列标记位点（sequence tagged site, STS）、插入/缺失（insertion and deletion, Indel）多态性等技术为代表，主要涉及 PCR 技术，操作简便快速。

第三代 DNA 分子标记：以单核苷酸多态性（single nucleotide polymorphism, SNP）技术为代表，涉及 DNA 芯片技术，可实现快速的高通量分析。

DNA 分子标记以其突出的优点和手段的多样性，已经广泛应用于生命科学领域，如应用于分子遗传图谱的构建、遗传多样性的分析、种质资源的鉴定、功能基因的定位与克隆、转基因生物的鉴定以及分子标记辅助选择育种等。

2. DNA 指纹技术及其应用

1984 年，英国的亚历克·约翰·杰弗里斯（Alec John Jeffreys）以存在于肌红蛋白基因中的串联重复序列（所谓的"核心序列"）为探针，采用 RFLP 技术对人的基因组 DNA 进行分析。他发现，经过分子杂交后可产生长度不等的条带，这些条带在不同的个体之间具有差异。根据杰弗里斯的推测，采用一种"核心序列"作探针时，两个人出现相同杂交带型的概率仅为 3×10^{-11}，如果同时采用两种"核心序列"作探针，两个人出现相同杂交带型的概率远低于 5×10^{-19}，这足以鉴别出所有人类个体。这些具有差异的杂交带型，就像人的指纹一样是每个人特有的，可以作为个人在遗传物质 DNA 上的特征性标记，因此，它被形象地称为"DNA 指纹"（DNA fingerprinting）。而且，DNA 指纹中的条带大多符合经典的孟德尔遗传定律，也即每个 DNA 条带基本上都能在双亲的 DNA 指纹中找到。

杰弗里斯首次将 DNA 指纹技术成功应用于法医鉴定。1989 年，DNA 指纹技术也获得美国国会的批准，可作为正式的法庭物证手段。目前，DNA 指纹技术已经广泛应用于法医领域的刑侦破案、亲子鉴定，以及疾病诊断、器官配型、罹难者身份确定、考古研究等方面。亲子鉴定用得最多的是 DNA 分型鉴定。人的血液、毛发、唾液、口腔细胞及骨头等都可用于亲子鉴定，十分方便。

DNA 指纹，实际上就是利用 DNA 分子标记技术所揭示出来的 DNA 条带图谱（见图 30-1），因此，随着 DNA 分子标记技术的发展，DNA 指纹技术不再局限于采用 RFLP 技术，而是逐步引入基于 PCR 技术的其他 DNA 分子标记技术。

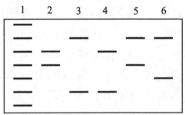

1—等位基因分型标准物（allelic ladders，一种 DNA 相对分子质量标准物）；2—父亲；3—母亲；4—亲生子 1；5—亲生子 2；6—失踪的亲生子 3?

图 30-1　DNA 指纹

目前，法医学上应用最广泛的方法，就是采用 PCR-STR 技术检测可变数目串联重复序列（variable number tandem repeat，VNTR）中的短串联重复序列（short tandem repeat，STR）的多态性。STR 是以 2~5 个核苷酸为重复单位的微卫星序列，在人类基因组中分布广泛，平均每隔 6~10kb 就可能出现一次，大约有一半 STR 具有多态性。根据 STR 两侧的保守序列设计引物，就可以利用 PCR 技术对其多态性进行分析，以揭示不同个体之间的差异性或同一性，这就是所谓的"PCR-STR 技术"。实践表明，以 4 个核苷酸为重复单位的 STR 的重复性和稳定性好，PCR 扩增产物的长度较短（100~400bp），可非常方便地使用聚丙烯酰胺凝胶电泳技术检测出来。为了保证鉴定结果的可靠性，通常同时针对位于不同染色体上的 10~16 个 STR 位点进行遗传多态性的分析。现行的国际标准是经过 FBI 认证的"DNA 联合索引系统"（combined DNA index system，CODIS），该系统针对不同染色体上的 STR 位点进行检测，包括 20 个 Core STRs，12 个 X-染色体 STRs，27 个 Y-染色体 STRs 和 15 个其他常染色体 STRs，各 STR 的详细信息可参考 STR 数据库（http://www.cstl.nist.gov/strbase）。

PCR-STR 技术是基于 PCR 的 DNA 指纹技术，具有快速、高效的特点，只要有少量样品，如残留的血迹、精液、毛发、烟蒂、口香糖，或羊水、胎儿绒毛，甚至腐尸等，就可以从中提取出基因组 DNA，用于遗传多态性的分析。

人基因组 DNA 的提取，通常是在 EDTA 和 SDS 等存在下，采用蛋白酶 K 消化样品中的细胞，如头发的毛囊结构（见图 30-2），接着用酚∶氯仿∶异戊醇抽提，然后在高盐条件下，用预冷的无水乙醇沉淀出 DNA。

3. *TPA25* 基因和 *D1S80* 位点的遗传多态性

为了进一步理解 DNA 指纹技术，本教程将选择两个比较简单的模型，对学生群体的遗传多样性进行检测和分析，这两个模型为位于 8 号染色体上的 *TPA25* 基因和位于 1 号染色体上的 *D1S80* 位点。

1）*TPA25* 基因的插入/缺失多态性

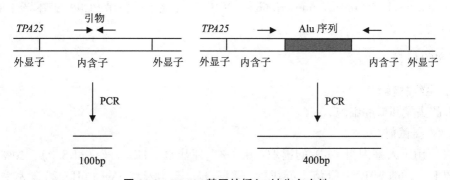

图 30-2　毛发的结构

Alu 序列属于哺乳动物基因组中的短散在元件（short interspersed element，SINE）家族，有近百万份拷贝，因序列中含有限制性内切酶 *Alu* Ⅰ 而得名。Alu 序列也散布于人类基因组中，是人类基因组中最丰富的 SINE，约占总 DNA 的 5%。Alu 序列是一种可移动元件，可能会插到一个基因的内部，如插到外显子中，但更多的是插到内含子中，导致基因的插入/缺失（Indel）多态性。目前已发现 Alu 序列可插到 *TPA25*、*PV92*、*APO*、*ACE* 等多个基因的内含子中。

TPA25 基因是组织型纤溶酶原激活剂基因。Alu 序列的插入位置是这个基因的内含子部分（见图 30-3），不参与编码蛋白质，但是这个区域还是符合孟德尔遗传定律的。在一个人的基因组中，Alu 序列可能插入 *TPA25* 基因的内含子，也可能没有插入。另外，在该 DNA 区域上，这个人可能是纯合体，也可能是杂合体。

图 30-3　*TPA25* 基因的插入/缺失多态性

根据 Alu 序列插入位置两侧的保守序列设计引物，就可以利用 PCR 技术扩增出这个区域。如果 PCR 扩增产物的长度只有 100bp，那么说明等位基因上都没有 Alu 序列的插入（记作"−/−"）；如果 PCR 扩增产物的长度为 400bp，由于 Alu 序列的长度约为 300bp，那么说明等位基因上都有 Alu 序列的插入（记作"+/+"）；如果能同时扩增到 100bp 和 400bp 这两个长度的产物，那么说明该区域处于杂合状态（记作"+/−"）。统计每个样品的 PCR 扩增结果，可获得特定群体中的基因型频率和基因频率信息。

2）*D1S80* 位点的 VNTR 多态性

D1S80 位点位于人 1 号染色体短臂的非编码区，有较大的变异度，呈现出较大的遗传多样性。尽管它位于非编码区，但是符合孟德尔遗传定律，每个人都有两个拷贝的

D1S80 位点，其中一份来自父亲，另一份来自母亲，因此它可能是纯合的，也可能是杂合的。*D1S80* 位点是纯合的还是杂合的，取决于来自父亲和母亲的两个拷贝是否具有相同的长度。

D1S80 位点具有可变数目串联重复序列（VNTR），它的基本单位为 16bp，重复次数不等，可重复 14~40 次，它的总长度为 224~640bp，根据两侧的保守序列设计引物，PCR 产物的长度为 354~770bp（见图 30-4）。由于 *D1S80* 位点的多态性较高，故其常用于刑侦破案、亲子鉴定等法医学领域。

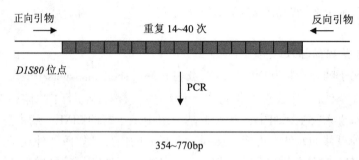

图 30-4 *D1S80* 位点的 VNTR 多态性

4. 小片段 DNA 的聚丙烯酰胺凝胶电泳（PAGE）检测

由于聚丙烯酰胺凝胶电泳比琼脂糖凝胶电泳具有更高的分辨率，所以在分离和鉴定 DNA 片段时，聚丙烯酰胺凝胶电泳主要用于检测小片段 DNA，如 DNA 测序时产生的小片段 DNA、使用 SSR 等分子标记技术产生的小片段 DNA 和使用 DDRT－PCR（differential display of reverse transcriptional PCR，差异显示反转录 PCR）技术产生的小片段 DNA 等。

三、实验材料

1. 生物材料

人的头发和口腔细胞。

2. 主要试剂

（1）用于人基因组 DNA 的提取：0.9% 生理盐水，TE 溶液（pH8.0），10% SDS，蛋白酶 K（20mg/mL），氯仿：异戊醇（24：1），3mol/L NaAc（pH5.2），无水乙醇，70% 乙醇等。

（2）用于 PCR 扩增：10×PCR 缓冲液，dNTP，*Taq* DNA 聚合酶（5U/μL），无菌水，引物等。引物序列如下：

TPA25F：5'－GTAAGAGTTCCGTAACAGGACAGCT－3'

TPA25R：5'－CCCCACCCTAGGAGAACTTCTCTTT－3'

D1S80F：5'－GAAACTGGCCTCCAAACACTGCCCGCCG－3'

D1S80R：5'－GTCTTGTTGGAGATGCACGTGCCCCTTGC－3'

（3）用于聚丙烯酰胺凝胶电泳：30% 丙烯酰胺凝胶储存液（Acr：Bis＝29：1），5×TBE 电泳缓冲液，10% 过硫酸铵（AP），四甲基乙二胺（TEMED），6×DNA 上样缓冲液等。

（4）用于硝酸银染色：无水乙醇，冰乙酸，硝酸银（$AgNO_3$），硫代硫酸钠，氢氧化钠，甲醛，去离子水等。

3. 主要仪器

微量移液器，水浴锅，高速离心机，加热块，PCR 仪，制冰机，冰箱，电泳仪，垂直电泳槽，制胶板，脱色摇床等。

四、实验内容

1. 从头发中提取人基因组 DNA（方案一）

（1）配制 DNA 提取液：在 1.5mL 离心管中加入 200μL 无菌的 TE 溶液（pH8.0）、10μL 10% SDS 和 2μL 蛋白酶 K（20mg/mL），混匀，低速离心，收集溶液。

（2）拔取 5~8 根带毛囊的头发，将毛囊端浸入上述 DNA 提取液中，盖紧离心管，37℃消化 0.5~2h，其间每隔 5min 轻弹管底，使消化充分。

> **注意：** ① 用于实验的头发必须带有毛囊，只有从毛囊细胞中才能提取到人基因组 DNA。
> ② 经常轻弹离心管可使酶解更充分。

（3）加入 200μL 氯仿：异戊醇（24：1），轻轻颠倒离心管，使之混匀，静置 5min，13000r/min 离心 10min，取约 150μL 上清液于新的 1.5mL 离心管中。

> **注意：** 用等体积的氯仿：异戊醇（24：1）抽提酶解产物，可消除蛋白质污染。

（4）加入 15μL 3mol/L NaAc（pH5.2），300μL 预冷的无水乙醇，轻轻颠倒混匀，在−20℃冰箱中放置 20min。

> **注意：** ① 添加 NaAc 可使溶液形成高盐环境，这是乙醇沉淀 DNA 所必需的条件。
> ② DNA 量较大时，无须低温放置即可看到 DNA 的纤维状沉淀物。

（5）13000r/min 离心 10min，小心吸去上清液，加入 400μL 70%乙醇，颠倒混匀，13000r/min 离心 5min，小心去尽上清液。

> **注意：** 用微量移液器小心吸去上清液，避免吸走 DNA 沉淀物。

（6）在 60℃加热块上干燥 5~10min，加入 50μL 无菌的 TE 溶液（pH8.0）溶解 DNA，置于 4℃或−20℃冰箱中保存，备用。

> **注意：** 取 1μL DNA 溶液即可用于 25μL 体系的 PCR 检测。

2. 从人的口腔细胞中提取人基因组 DNA（方案二）

（1）口中含 10mL 矿泉水漱口，去除食物残渣。

（2）口中含 10mL 0.9%生理盐水漱口 1min，洗下少量口腔细胞，将漱口液装入纸杯。

（3）分别取 1.5mL 漱口液于 2 个 2.0mL 离心管中，13000r/min 离心 3min，小心吸去上清液。重复该步骤，将 10mL 漱口液中的口腔细胞收集在上述两个 1.5mL 离心管中。

注意： 用微量移液器小心吸去上清液，避免吸走细胞团。

（4）2 个离心管中分别加入 100μL 无菌的 TE 溶液（pH8.0），用微量移液器反复吸打后，合并于一个离心管中，细胞悬浮液约为 200μL。

（5）加入 10μL 10% SDS、2μL 蛋白酶 K（20mg/mL），混匀，37℃ 消化 0.5~2h，其间每隔 5min 轻弹管底，使消化充分。

注意： 经常轻弹离心管可使酶解更充分。

（6）加入 200μL 氯仿：异戊醇（24：1），轻轻颠倒离心管，使之混匀，静置 5min，13000r/min 离心 10min，取约 150μL 上清液于新的 1.5mL 离心管中。

注意： 用等体积的氯仿：异戊醇（24：1）抽提酶解物，可消除蛋白质污染。

（7）加入 15μL 3mol/L NaAc（pH5.2），300μL 预冷的无水乙醇，轻轻颠倒混匀，在 -20℃ 冰箱中放置 20min。

注意： ① 添加 NaAc 可使溶液形成高盐环境，这是乙醇沉淀 DNA 所必需的条件。
② DNA 量较大时，无须低温放置即可看到少量的 DNA 纤维状沉淀物。

（8）13000r/min 离心 10min，小心吸去上清液，加入 400μL 70% 乙醇，颠倒混匀，13000r/min 离心 5min，小心去尽上清液。

注意： 用微量移液器小心吸去上清液，避免吸走 DNA 沉淀物。

（9）在 60℃ 加热块上干燥 5~10min，加入 50μL 无菌的 TE 溶液（pH8.0）溶解 DNA，置于 4℃ 或 -20℃ 冰箱中保存，备用。

注意： 取 1μL DNA 溶液即可用于 25μL 体系的 PCR 检测。

3. PCR 扩增目的片段

（1）在灭菌的 0.2mL 离心管中依次加入以下成分（总体积为 25μL）：

ddH$_2$O	19.3μL
10×PCR 缓冲液	2.5μL
dNTP	1.0μL
正向引物	0.5μL
反向引物	0.5μL
DNA	1.0μL
Taq（5U/μL）	0.2μL

注意： ① 正向引物和反向引物为引物对 TPA25F/TPA25R，或 D1S80F/D1S80R。
② 在冰盒上操作 *Taq* DNA 聚合酶，以免影响其活性。

（2）轻弹离心管使管中成分混匀，低速离心收集，放于 PCR 仪上，执行以下程序：

94℃，3min

$\left.\begin{array}{l} 94℃，20s \\ 58～65℃，30s \\ 72℃，60s \end{array}\right\}$ 32 次循环

72℃，5min

10℃，保持

注意： ① 使用引物对 TPA25F/TPA25R 时的退火温度为 58℃，使用 D1S80F/D1S80R 时的退火温度为 65℃。
② 此步骤大概需要 2.5h。

4. 聚丙烯酰胺凝胶电泳（PAGE）

注意： 由于丙烯酰胺具有一定的神经毒性，在聚丙烯酰胺凝胶的制备和电泳过程中，都需戴一次性手套进行操作。

（1）正确安装制胶板。

（2）在 150mL 三角瓶中配制 100mL 6% 聚丙烯酰胺凝胶，依次加入以下成分：

ddH$_2$O	59mL
30% Acr–Bis（29：1）	20mL
5×TBE	20mL
10% AP	1mL
TEMED	40μL

注意： 气温过低时，凝胶聚合缓慢，可适当多加 10% AP 和 TEMED，以加快凝胶聚合；而气温过高时，凝胶聚合过快，可适当少加 10% AP 和 TEMED，以减缓凝胶聚合，提高聚合效果。

（3）轻轻混匀，沿玻璃板边缘缓缓加入制胶槽，加至近玻璃板上沿处，插入样品梳。室温静置约 30min，使凝胶完全聚合。

注意： ① 混匀和加入凝胶时动作要轻缓，以免产生气泡。
② 聚合时间随气温变化而不同，遇到异常气温时可按照步骤（2）中的方法处理，或将加了凝胶的制胶槽放在 25℃ 左右的恒温箱中静置。

（4）将制好的凝胶板安装于垂直电泳槽，上、下槽中均加入适量 1×TBE 电泳缓冲液，使之完全浸泡凝胶。

（5）轻轻拔出样品梳，用胶头吸管或微量移液器轻轻吹打凝胶孔，去除未参与聚合的单体，并用细针拨直凝胶孔。

（6）将 PCR 产物与适量 6×DNA 上样缓冲液混匀，取 5μL 点样于凝胶孔中。

（7）接通电源，120V 电泳 4~6h。

> **注意**：可在凝胶侧面挂上冰盒，避免电泳过程中产生的热量导致 Smile 效应。

（8）待溴酚蓝前沿到达电泳槽底部时，切断电源，戴手套取出玻璃板，用解剖刀轻轻撬出其中的一块玻璃板，并在凝胶右下角切去一小片，作为定位标志。

5. 硝酸银染色

> **注意**：在硝酸银染色过程中，需戴一次性手套进行操作，一是避免被残留的丙烯酰胺和硝酸银的毒性损害，二是避免手部被染色。

（1）配制固定液、渗透液、显色液各 200mL，室温放置。

> **注意**：① 气温过低时，含 $AgNO_3$ 的渗透液略呈胶体状，导致渗透效果差，最终难以实现 DNA 条带的染色，遇到这种情况可用微波炉适当加热渗透液，使其温度达到 25℃左右，而固定液、显色液等不必作加热处理。
> ② 显色液中的甲醛应在临用前加入。

（2）将固定液倒入白瓷盘，小心将凝胶从玻璃板上剥落，并将其完全浸没于固定液中，在摇床上轻轻摇动 12min。

> **注意**：① 小心剥离凝胶，避免凝胶破碎。
> ② 轻轻摇动，避免凝胶破碎。
> ③ 经固定液处理后，凝胶强度增加，不易破碎，但仍需小心操作。

（3）倒尽固定液，加入渗透液浸没凝胶，在摇床上摇动 10min。

（4）倒掉渗透液，用去离子水清洗 3 次，倒尽。

（5）倒入 200mL 去离子水，加入 200μL 2% 硫代硫酸钠后，立即用手轻轻摇动 0.5~2min，当溶液略呈棕黄色时，迅速将白瓷盘中的溶液倒尽，加入显色液，并迅速用手摇动白瓷盘，持续摇动 2~5min，至 DNA 条带显现出来。

> **注意**：① 加入硫代硫酸钠后的摇动时间，随气温变化而不同，以溶液刚呈棕黄色为准。
> ② 加入显色液后的摇动时间，也随气温变化而不同，以 DNA 条带清晰、背景色浅为准。

（6）在可见光下观察，照相，记录结果。

（7）分析 *TPA25* 基因的插入/缺失多态性："+/+" "+/−" "−/−" 个体各是多少；基因型频率各是多少；基因频率各是多少；如果是 Hardy-Weinberg 平衡状态，"+/+"

"+/−""−/−" 个体各是多少；实际情况与平衡状态是否存在显著差异。

注意：用 "+" 表示 *TPA25* 基因中有 Alu 序列插入，用 "−" 表示没有 Alu 序列插入，并令 "+" 的频率为 p，"−" 的频率为 q。

（8）分析 *D1S80* 位点的 VNTR 多态性：每个人的 DNA 条带有几种；条带大小各对应多少碱基对；基本单位的重复次数是多少；在群体中，共有多少种基因（DNA 条带）；共有多少种基因型。

注意：*D1S80* 位点的多态性很高，群体过小时不利于遗传分析，这里不再分析基因型频率和基因频率。

五、思考题

（1）什么是 DNA 分子标记？与其他遗传标记相比，DNA 分子标记有哪些优点？常用的 DNA 分子标记有哪些？

（2）什么是 DNA 指纹？它有什么应用价值？

（3）假设某夫妇有三个亲生子，其中一个失踪多年，后来发现一个形貌相似的小孩，相关部门利用 DNA 指纹技术进行鉴定，结果见图 30-1，请问这个小孩是不是这对夫妇的第三个小孩？为什么？

（4）从口腔细胞或头发中提取人基因组 DNA 常用什么方法？

（5）采用硝酸银染色法对聚丙烯酰胺凝胶中的 DNA 条带进行染色的原理是什么？

（6）在 *D1S80* 位点不发生缺失的情况下，任意两个人出现相同 PCR-STR 结果的概率是多少？

（7）什么是基因型频率？什么是基因频率？怎样分析基因型频率和基因频率？

附　录

附录 I 常用培养基、试剂和缓冲液的配制

1. 培养基与抗生素

（1）LB（Luria-Bertani）液体培养基（1L）

称取胰蛋白胨 10g、酵母提取物 5g 和氯化钠 10g，充分溶解于 950mL 去离子水中，滴加 5mol/L NaOH 溶液（约 0.2mL），调节 pH 值至 7.0，加去离子水定容至 1L，分装后高压蒸汽灭菌 20min，冷却后保存于 4℃冰箱中，备用。使用前按实验要求加入适量抗生素储存液。

（2）LB 固体培养基（LB 平板）

在配制好 LB 液体培养基的基础上，加入适量琼脂粉，使之终浓度为 15g/L，高压蒸汽灭菌 20min，冷却至 50~60℃（其间经常轻轻摇动使琼脂充分混匀），按实验要求加入适量抗生素储存液，混匀，铺制平板，冷却凝固后用封口膜封口，将平板倒扣，保存于 4℃冰箱中。

（3）LB-BAC 平板

配制 100mL LB 固体培养基，高压蒸汽灭菌 20min，冷却至 50~60℃，加入 100μL 50mg/mL Kan、70μL 10mg/mL Gen、100μL 10mg/mL Tet、168μL 100mmol/L IPTG 和 200μL 50mg/mL X-Gal，轻轻混匀，铺制平板，避光保存于 4℃冰箱中。最好现用现配。

（4）常用抗生素信息表

抗生素	储存浓度/（mg·mL^{-1}）	工作浓度/（μg·mL^{-1}）
氨苄青霉素（Ampicillin，Amp）	100（水溶液）	20（100）
羧苄青霉素（Carbenicillin，Carb）	500（水溶液）	20（100）
卡那霉素（Kanamycin，Kan）	50（水溶液）	10（50）
链霉素（Streptomycin，Str）	10（水溶液）	10（50）
利福平（Rifampicin，Rif）	50（甲醇溶液）	50
潮霉素（Hygromycin，Hyg）	50（DMSO）	10
特美汀（Timentin）	300（水溶液）	300
庆大霉素（Gentamicin，Gen）	10（水溶液）	7
四环素（Tetracycline，Tet）	10（乙醇溶液）	10（50）
氯霉素（Chloramphenicol，Cml）	34（乙醇溶液）	25（170）

注：① 所有抗生素储存液都应小份分装（1mL/份），−20℃保存；
② 以水为溶剂的抗生素储存液必须用 0.22μm 微孔滤膜过滤除菌，以乙醇或甲醇作为溶剂的抗生素储存液无须除菌处理；
③ 利福平、四环素应避光保存于棕色冻存管内，或用铝箔纸包扎；
④ 镁离子是四环素的拮抗剂，四环素抗性菌的筛选应使用不含镁离子的培养基，如 LB 培养基；
⑤ 在"工作浓度"栏，括号外为严紧型质粒的工作浓度，括号内为松弛型质粒的工作浓度。

2. DNA 电泳相关试剂

（1）50×TAE（pH8.5，1L）

组分浓度：2mol/L Tris-醋酸，100mmol/L EDTA。

称取 242g Tris 碱（三羟甲基氨基甲烷，相对分子质量为 121.1）、37.2g Na$_2$EDTA·2H$_2$O（相对分子质量为 372.24），充分溶解于 700mL 去离子水中，加入 57.1mL 冰乙酸（HAc），混匀后加去离子水定容至 1L，室温保存。

（2）10×TBE（1L）

组分浓度：890mmol/L Tris-硼酸，20mmol/L EDTA。

称取 108g Tris 碱和 55g 硼酸（H$_3$BO$_3$，相对分子质量为 61.8），充分溶解于 800mL 去离子水中，加入 40mL 0.5mol/L EDTA（pH8.0），混匀后定容至 1L，室温保存。

（3）6×DNA 上样缓冲液（10mL，DNA 电泳用）

称取 4g 蔗糖和 0.025g 溴酚蓝，充分溶解于 6mL 去离子水中，定容至 10mL，保存于 4℃ 冰箱中。

（4）EB（10mg/mL，100mL）

称取 1g 溴化乙锭（EB），充分溶解于 100mL 去离子水中，避光保存于棕色试剂瓶，或用铝箔纸包裹，室温保存。EB 的工作浓度为 0.5μg/mL。

> **注意**：EB 具有致癌性，应戴手套和口罩操作。

（5）30% Acr-Bis（29∶1，200mL）

称取 58g 丙烯酰胺（Acr）和 2g 甲叉双丙烯酰胺（Bis）于 150mL 去离子水中，用磁力搅拌器搅拌，使之充分溶解，定容至 200mL，于棕色试剂瓶中在 4℃ 下保存。

> **注意**：丙烯酰胺具有神经毒性，可通过皮肤吸收，其作用具有积累性，配制时应戴手套和口罩。聚丙烯酰胺无毒，但也应谨慎操作，因为其中可能含有少量的未聚合的丙烯酰胺。

（6）10%过硫酸铵（10mL）

称取 1g 过硫酸铵 [AP，(NH$_4$)$_2$S$_2$O$_8$]，完全溶解于 10mL 去离子水中，保存于 4℃ 冰箱中。

> **注意**：可使用 2~3 周，最好现用现配，因为过硫酸铵在水溶液中会慢慢地衰变，水解为硫酸氢铵和过氧化氢。

（7）DNA 银染固定液（200mL）

量取 20mL 无水乙醇、1mL 乙酸、179mL 去离子水，混匀，室温放置。

（8）DNA 银染渗透液（200mL）

称取 0.4g 硝酸银（AgNO$_3$），充分溶解于 200mL 去离子水中，室温放置。

（9）DNA 银染显色液（200mL）

称取 3g 氢氧化钠（NaOH），充分溶解于 200mL 去离子水中，室温放置，使用前再加入 2mL 甲醛。

（10）2%硫代硫酸钠（100mL）

称取 2g 硫代硫酸钠（$Na_2S_2O_3$），充分溶解于 90mL 去离子水中，定容至 100mL，避光保存于棕色试剂瓶中，保存于 4℃ 冰箱中。

3. RNA 电泳相关试剂

（1）DEPC 水（1L）

加入 1mL 焦碳酸二乙酯（DEPC）于 1L 去离子水中（0.1% DEPC），混匀，37℃ 处理 24h，121℃，高压蒸汽灭菌 1~2h。可用于其他试剂的配制。

（2）10×MOPS 电泳缓冲液（1L）

称取 41.8g 吗啉丙磺酸（MOPS），充分溶解于 800mL DEPC 水中，用 2mol/L NaOH 溶液调节 pH 值至 7.0，再加入 20mL 3mol/L NaAc 和 20mL 0.5mol/L EDTA（pH8.0），用 DEPC 水定容至 1L，然后用 0.22μm 微孔滤膜过滤除菌，室温下避光保存。

> **注意**：2mol/L NaOH、3mol/L NaAc 和 0.5mol/L EDTA（pH8.0）均用 DEPC 水配制。

（3）10×RNA 上样缓冲液（10mL）

称取 0.025g 溴酚蓝，充分溶解于 4mL DEPC 水中，加入 20μL 0.5mol/L EDTA（pH8.0，无 RNA 酶活性）和 5mL 甘油，用 DEPC 水定容至 10mL，保存于 4℃ 冰箱中。

4. 蛋白质电泳相关试剂

（1）1.5mol/L Tris-HCl（pH8.8，1L）

称取 181.7g Tris 碱，充分溶解于 800mL 去离子水中，用浓盐酸调节 pH 值至 8.8，定容至 1L。

（2）1.0mol/L Tris-HCl（pH6.8，1L）

称取 121.1g Tris 碱，充分溶解于 800mL 去离子水中，用浓盐酸调节 pH 值至 6.8，定容至 1L。

（3）5×Tris-Gly 电泳缓冲液（1L）

组分浓度：125mmol/L Tris，1.25mol/L 甘氨酸，0.5%（*W/V*）SDS。

称取 15.1g Tris 和 94g 甘氨酸，充分溶解于 800mL 去离子水中，加入 50mL 10% SDS，轻轻混匀，避免气泡产生，定容至 1L，室温保存。临用前稀释。

（4）2×SDS 上样缓冲液（10mL）

称取 0.308g 二硫苏糖醇（DTT）和 0.02g 溴酚蓝，充分溶解于 2mL 去离子水中，加入 1mL 1.0mol/L Tris-HCl（pH6.8）、4mL 10% SDS 和 2mL 甘油，轻轻混匀，避免气泡产生，定容至 10mL，分装后保存于 -20℃ 冰箱中。

（5）SDS-PAGE 考马斯亮蓝染色脱色液（1L）

组分浓度：10%（*V/V*）醋酸，5%（*V/V*）乙醇。

量取 50mL 乙醇、100mL 冰乙酸和 850mL 去离子水，混匀，室温保存。

（6）SDS-PAGE 考马斯亮蓝染色液（1L）

称取 2.5g 考马斯亮蓝 R-250（CBB R-250），充分溶解于 1L SDS-PAGE 脱色液中，隔着滤纸进行抽滤，去除颗粒物质，室温保存。

（7）SDS-PAGE 银染固定液（1L）

组分浓度：50%（*V/V*）甲醇，10%（*V/V*）醋酸。

量取 500mL 甲醇、100mL 乙酸和 400mL 去离子水，混匀，室温放置。

注意： 银染试剂（7）～（11）必须现用现配。

（8）SDS-PAGE 银染浸泡液（250mL）

称取 17g 乙酸钠和 0.5g 硫代硫酸钠，充分溶解于 100mL 去离子水中，加入 75mL 乙醇和 1.25mL 25% 戊二醛，定容至 250mL，室温放置。

（9）SDS-PAGE 银染渗透液（250mL）

称取 0.25g 硝酸银，充分溶解于 250mL 去离子水中，室温放置。临用前加入 50μL 甲醛，混匀。

（10）SDS-PAGE 银染显色液（250mL）

称取 6.25g Na_2CO_3，充分溶解于 250mL 去离子水中，室温放置。临用前加入 25μL 甲醛，混匀。

（11）SDS-PAGE 银染终止液（250mL）

组分浓度：10mmol/L EDTA（pH8.0）。

移取 5mL 0.5mol/L EDTA（pH8.0），用去离子水定容至 250mL，室温放置。

5. DNA 提取相关试剂

（1）质粒 DNA 提取溶液Ⅰ（100mL）

组分浓度：25mmol/L Tris-HCl（pH8.0），10mmol/L EDTA，50mmol/L 葡萄糖。

称取 0.9g 葡萄糖，充分溶解于 80mL 去离子水中，加入 5mL 0.5mol/L Tris-HCl（pH8.0）和 2mL 0.5mol/L EDTA（pH8.0），定容至 100mL，高压蒸汽灭菌 20min，保存于 4℃ 冰箱中。临用时加入适量 RNase A（10mg/mL），使之终浓度为 100μg/mL。

（2）质粒 DNA 提取溶液Ⅱ（100mL）

组分浓度：200mmol/L NaOH，1%（m/V）SDS。

移取 4mL 5mol/L NaOH 和 10mL 10% SDS 溶液于 80mL 无菌去离子水中，轻轻混匀，避免气泡产生，定容至 100mL。

注意： 溶液Ⅱ要现用现配，并在室温下使用。

（3）质粒 DNA 提取溶液Ⅲ（100mL）

组分浓度：3mol/L KAc，5mol/L 冰乙酸。

称取 29.4g KAc，移取 11.5mL 冰乙酸，加去离子水定容至 100mL，高压蒸汽灭菌 20min，保存于 4℃ 冰箱中，使用前置于冰浴中。

（4）细菌裂解液 NSS（1mL）

移取 500μL 0.4mol/L NaOH、450μL 40% 蔗糖和 50μL 10% SDS 溶液于 1.5mL 离心管中，混匀，室温保存。现用现配。

（5）SDS 提取缓冲液（pH8.0，500mL）

称取 1.9g 偏重亚硫酸钠（$Na_2S_2O_5$），充分溶解于 200mL 去离子水中，加入 100mL 0.5mol/L Tris-HCl（pH8.0）、50mL 0.5mol/L EDTA（pH8.0）、50mL 5mol/L NaCl 和 62.4mL 10% SDS 溶液，轻轻混匀，避免气泡产生，调节 pH 值至 8.0，用去离子水定容

至 500mL，置于 65℃ 水浴锅中预热。

> **注意：** 植物基因组 DNA 提取缓冲液要现用现配。

（6）1.5×CTAB 提取缓冲液（pH8.0，500mL）

称取 7.5g 十六烷基三甲基溴化胺（CTAB）和 0.15g 邻菲罗啉，充分溶解于 200mL 去离子水中，加入 75mL 0.5mol/L Tris-HCl（pH8.0）、75mL 0.5mol/L EDTA（pH8.0）和 105mL 5mol/L NaCl 溶液，轻轻混匀，避免气泡产生，调节 pH 值至 8.0，用去离子水定容至 500mL，置于 65℃ 水浴锅中预热。

> **注意：** 植物基因组 DNA 提取缓冲液要现用现配，临用前在通风橱中加入 1mL β-巯基乙醇（β-ME）。

（7）3mol/L NaAc（pH5.2，100mL）

称取 24.61g 无水乙酸钠（NaAc，相对分子质量为 82.03），充分溶解于 60mL 去离子水中，用冰乙酸调节 pH 值至 5.2，用去离子水定容至 100mL，高压蒸汽灭菌 20min，保存于 4℃ 冰箱中，或分装后保存于 -20℃ 冰箱中。

> **注意：** 用于 mRNA 分离的 3mol/L NaAc（pH5.2）需用 DEPC 水配制。

（8）0.5mol/L Tris-HCl（pH8.0，200mL）

称取 60.55g Tris 碱，充分溶解于 120mL 去离子水中，用浓盐酸调节 pH 值至 8.0，用去离子水定容至 200mL，高压蒸汽灭菌 20min，室温保存。

（9）0.5mol/L EDTA（pH8.0，100mL）

称取 18.61g $Na_2EDTA \cdot 2H_2O$（相对分子质量为 372.24），加入 80mL 去离子水，用磁力搅拌器搅拌，用 NaOH 调节 pH 值至 8.0（约 2g NaOH，只有在 pH 值接近 8.0 时，EDTA 才能完全溶解），用去离子水定容至 100mL，高压蒸汽灭菌 20min，室温保存。

（10）TE 溶液（pH8.0，100mL）

移取 2mL 0.5mol/L Tris-HCl（pH8.0）和 0.2mL 0.5mol/L EDTA（pH8.0）于 60mL 去离子水中，混匀后，用去离子水定容至 100mL，高压蒸汽灭菌 20min，保存于 4℃ 冰箱中，或分装后保存于 -20℃ 冰箱中。

6. 重组蛋白分离纯化相关试剂

（1）可溶性重组蛋白结合液 A（pH8.0，200mL）

量取 10mL 1mol/L NaH_2PO_4 和 12mL 5mol/L NaCl，加入 160mL 无菌去离子水，混匀，用 5mol/L NaOH 溶液调节 pH 值至 8.0，用无菌去离子水定容至 200mL，保存于 4℃ 冰箱中。

（2）可溶性重组蛋白清洗液 A（pH8.0，200mL）

称取 0.14g 咪唑（相对分子质量为 68.08），完全溶解于 160mL 无菌去离子水中，加入 10mL 1mol/L NaH_2PO_4 和 12mL 5mol/L NaCl 溶液，混匀，用 5mol/L NaOH 溶液调节 pH 值至 8.0，用无菌去离子水定容至 200mL，保存于 4℃ 冰箱中。

（3）可溶性重组蛋白洗脱液 A（pH8.0，200mL）

称取 3.4g 咪唑，完全溶解于 80mL 无菌去离子水中，加入 10mL 1mol/L NaH$_2$PO$_4$ 和 12mL 5mol/L NaCl 溶液，混匀，用 5mol/L NaOH 溶液调节 pH 值至 8.0，用无菌去离子水定容至 200mL，保存于 4℃冰箱中。

（4）包涵体细胞破碎液（500mL）

量取 50mL 0.5mol/L Tris-HCl（pH8.0）、10mL 0.5mol/L EDTA（pH8.0）和 10mL 5mol/L NaCl 溶液，用无菌去离子水定容至 500mL，保存于 4℃冰箱中。

（5）包涵体清洗液（500mL）

在 500mL 包涵体细胞破碎液中加入 2.5mL Triton X-100，混匀，室温保存。

（6）包涵体重组蛋白结合液 B（pH8.0，200mL）

称取 96g 尿素（相对分子质量为 60.06），充分溶解于 100mL 无菌去离子水中，加入 20mL 1mol/L NaH$_2$PO$_4$ 和 4mL 0.5mol/L Tris-HCl（pH8.0）溶液，用 1mol/L NaOH 溶液调节 pH 值至 8.0，用无菌去离子水定容至 200mL，室温保存。

（7）包涵体重组蛋白清洗液 B（pH6.3，200mL）

配方同包涵体重组蛋白结合液 B，用 1mol/L HCl 溶液调节 pH 值至 6.3，用无菌去离子水定容至 200mL，室温保存。

（8）包涵体重组蛋白洗脱液 B（pH4.5，200mL）

配方同包涵体重组蛋白结合液 B，用 1mol/L HCl 溶液调节 pH 值至 4.5，用无菌去离子水定容至 200mL，室温保存。

（9）0.5% NiSO$_4$（100mL）

称取 0.5g 硫酸镍（NiSO$_4$·6H$_2$O），充分溶解于 90mL 无菌去离子水中，定容至 100mL，保存于 4℃冰箱中。

（10）考马斯亮蓝 G-250 染料（1L）

称取 0.1g 考马斯亮蓝 G-250（CBB G-250），充分溶解于 50mL 95%（体积分数）乙醇中，加入 120mL 85%（体积分数）磷酸，用去离子水定容至 1L，隔着滤纸进行抽滤，去除颗粒物质，室温保存。

（11）BSA 标准溶液（1.0mg/mL，100mL）

称取 0.1g 牛血清白蛋白（BSA），充分溶解于 90mL 无菌去离子水中，定容至 100mL，分装后保存于 -20℃冰箱中。

（12）35mmol/L CDNB（10mL）

称取 0.07g 1-氯-2,4-二硝基苯（CDNB），充分溶解于 10mL 无水乙醇中，保存于 4℃冰箱中，或分装后保存于 -20℃冰箱中。

（13）10mmol/L GSH（10mL）

称取 0.03g 还原型谷胱甘肽（GSH），充分溶解于 10mL 无菌去离子水中，分装后保存于 -20℃冰箱中。

7. 植物组织培养相关试剂

（1）MS 大量元素（20×，1L）

称取 33g NH$_4$NO$_3$、38g KNO$_3$、7.4g MgSO$_4$·7H$_2$O、3.4g KH$_2$PO$_4$ 和 8.8g CaCl$_2$·2H$_2$O，分别完全溶解于适量的去离子水中，依次混合，摇匀，定容至 1L，保存于 4℃

冰箱中。

（2）CaCl$_2$（0.33g/mL，10mL）

称取 3.3g 无水氯化钙（CaCl$_2$），充分溶解于6mL去离子水中，定容至10mL，室温保存。在高浓度下，CaCl$_2$ 与其他成分易形成沉淀物，必须单独配制，在配制培养基时，直接取适量储存液加入培养基中。最好现用现配。

（3）MS 微量元素（200×，100mL）

称取 16.3mg KI、0.12g H$_3$BO$_3$、0.45g MnSO$_4$·4H$_2$O、0.17g ZnSO$_4$·7H$_2$O、5mg Na$_2$MoO$_4$·2H$_2$O、0.5mg CoCl$_2$·6H$_2$O 和 0.5mg CuSO$_4$·5H$_2$O，分别完全溶解于适量去离子水中，依次混合，摇匀，定容至100mL，保存于4℃冰箱中。由于Na$_2$MoO$_4$·2H$_2$O、CoCl$_2$·6H$_2$O 和 CuSO$_4$·5H$_2$O 的用量极少，难以直接称取，可先配制成高浓度储存液，然后取适量储存液加入 MS 微量元素储存液中。

（4）Fe 盐（100×，100mL）

称取 0.28g FeSO$_4$·7H$_2$O 和 0.29g EDTA，分别溶解于适量去离子水中，用 5mol/L NaOH 溶液调节 EDTA 溶液的 pH 值至 6.0 后，与 FeSO$_4$ 溶液混合，摇匀，调节 pH 值至 6.0，去离子水定容至100mL，装入棕色试剂瓶，保存于4℃冰箱中。Fe^{2+} 在溶液中不稳定，易氧化形成 Fe^{3+}，进而形成 Fe(OH)$_3$ 沉淀，用 EDTA 螯合后，Fe^{2+} 在溶液中能稳定存在。

（5）有机物（200×，100mL）

称取 10mg 烟酸（维生素 PP）、10mg 盐酸吡哆醇（维生素 B$_6$）、10mg 盐酸硫胺素（维生素 B$_1$）和 40mg 甘氨酸，分别溶解于 20mL 去离子水中（烟酸可溶于热水），混合后定容至100mL，装入棕色试剂瓶，保存于4℃冰箱中。

（6）6-BA（1mg/mL，100mL）

称取 0.1g 6-苄氨基嘌呤（6-BA），用少量 0.1mol/L HCl 溶液溶解，再加入 ddH$_2$O 定容至100mL，过滤除菌，分装，保存于4℃冰箱中。

注意： 6-BA 在酸、碱中稳定，配制时根据 6-BA 的用途使用 NaOH 或 HCl 溶解。

（7）IAA（0.5mg/mL）

称取 0.05g 吲哚乙酸（IAA）溶于少量 95% 乙醇，加入 ddH$_2$O 定容至100mL，过滤除菌，分装，-20℃避光保存。

（8）NAA（1mg/mL，100mL）

称取 0.1g 1-萘乙酸（NAA）溶于少量 95% 乙醇，再加入 ddH$_2$O 定容至100mL，过滤除菌，分装，保存于4℃冰箱中，避光保存。

（9）2,4-D(1mg/mL)

称取 0.1g 2,4-二氯苯氧乙酸（2,4-D），先用少量 0.1mol/L NaOH 溶液溶解，再加入 ddH$_2$O 定容至100mL，过滤除菌，分装，保存于4℃冰箱中，避光保存。

（10）乙酰丁香酮（100mmol/L）

称取 0.392g 乙酰丁香酮（AS），溶于少量甲醇中，再加入二甲基亚砜（DMSO）定容至20mL，过滤除菌，分装，-20℃避光保存。

（11）激动素（KT，0.3mg/mL）

称取 0.03g 激动素，先用少量 0.1mol/L NaOH 溶液溶解，再加入 ddH$_2$O 定容至 100mL，过滤除菌，分装，-20℃避光保存。

（12）反式玉米素（ZT，0.5mg/mL）

称取 0.05g 反式玉米素，溶于少量 95% 乙醇，再加入 ddH$_2$O 定容至 100mL，过滤除菌，分装，-20℃保存。

（13）STS[Ag(SO$_3$)$_2$]$^{3-}$（现用现配）

储存液：硫代硫酸钠，0.1mol/L（1.58g 溶于 100mL ddH$_2$O 中）；AgNO$_3$，0.1mol/L（1.7g 溶于 100mL ddH$_2$O 中）。

工作液：Na$_2$SO$_3$：AgNO$_3$（V/V）＝4：1，将 AgNO$_3$ 溶于硫代硫酸钠中。

（14）0.1%HgCl$_2$（100mL）

称取 0.1g 氯化汞（升汞，HgCl$_2$），溶解于 90mL ddH$_2$O 中，定容至 100mL，室温保存。

注意：氯化汞剧毒，戴一次性手套和口罩操作。

（15）播种培养基 M0（1L）

称取 2.21g MS 粉（含有机成分）、8g 琼脂粉和 20g 蔗糖，加入 900mL ddH$_2$O，微波炉加热溶解，待完全溶解后用 KOH 溶液调节 pH 值至 5.8，用 ddH$_2$O 定容至 1L，121℃，高压蒸汽灭菌 15min。

（16）农杆菌悬浮培养基 DM（1L）

称取 4.42g MS 粉（含有机成分）和 30g 蔗糖，加入 900mL ddH$_2$O，待完全溶解后用 KOH 溶液调节 pH 值至 5.8，用 ddH$_2$O 定容至 1L，121℃，高压蒸汽灭菌 15min。冷却后在超净工作台上加入 1mL 100mmol/L 乙酰丁香酮（AS）。

（17）基础培养基 M1（1L）

称取 4.42g MS 粉、30g 蔗糖、18g 甘露醇和 8g 琼脂粉，加入 900mL ddH$_2$O，微波炉加热溶解，待完全溶解后用 KOH 溶液调节 pH 值至 5.8，用 ddH$_2$O 定容至 1L，121℃，高压蒸汽灭菌 15min。冷却至适温后在超净工作台上加入 1mL 1mg/mL 2,4-D 和 1mL 0.3mg/mL 激动素（KT），分装（250mL/培养瓶）。

（18）共培养基 M1（250mL）

将 250mL 基础培养基 M1 用微波炉溶解，冷却至适温后在超净工作台上加入 250μL 100mmol/L 乙酰丁香酮（AS）。

（19）筛选培养基 M2（250mL）

将 250mL 基础培养基 M1 用微波炉溶解，冷却至适温后在超净工作台上加入 375μL STS、250μL 300mg/mL 特美汀、50μL 50mg/mL 潮霉素（Hyg）或 250μL 50mg/mL Kan。

（20）出芽培养基 M3（1L）

称取 4.42g MS 粉、10g 葡萄糖、8g 琼脂粉、0.25g 木糖和 0.6g 乙磺酸（MES），加入 900mL ddH$_2$O，微波炉加热溶解，待完全溶解后用 KOH 溶液调节 pH 值至 5.8，用 ddH$_2$O 定容至 1L，121℃，高压蒸汽灭菌 15min。冷却至适温后在超净工作台上加入 1mL 0.5mg/mL 反式玉米素（ZT）、1mL 0.5mg/mL 吲哚乙酸（IAA）、1mL 300mg/mL

特美汀、200μL 50mg/mL 潮霉素（Hyg）或 1mL 50mg/mL Kan。

（21）生根培养基 M4（1L）

称取 2.21g MS 粉、20g 蔗糖和 8g 琼脂粉，加入 900mL ddH$_2$O，微波炉加热溶解，待完全溶解后用 KOH 溶液上调节 pH 值至 5.8，用 ddH$_2$O 定容至 1L，121℃，高压蒸汽灭菌 15min。冷却至适温后在超净工作台上加入 100μL 1mg/mL NAA（α-萘乙酸）和 166μL 300mg/mL 特美汀。

8. 分子杂交相关试剂

（1）20% BSA（100mL）

称取 20g 牛血清白蛋白（BSA），充分溶解于 80mL 无菌去离子水中，定容至 100mL，分装后保存于-20℃冰箱中。

（2）20% SDS（pH7.0，100mL）

称取 20g 十二烷基硫酸钠（SDS）于 80mL 去离子水中，用磁力搅拌器搅拌，使之充分溶解，用数滴浓盐酸调节 pH 值至 7.0，用去离子水定容至 100mL，室温保存。用作 Northern 杂交时，应用 DEPC 水配制。

（3）1×过柱平衡液（400mL）

量取 20mL 0.5mol/L EDTA（pH8.0）、20mL 20% SDS，轻轻混匀，用去离子水定容至 400mL，室温保存。

（4）20×SSC（pH7.0，1L）

称取 175.3g 氯化钠（NaCl）、88.2g 柠檬酸钠（C$_6$H$_5$Na$_3$O$_7$），充分溶解于 800mL 去离子水中，用 NaOH 溶液调节 pH 值至 7.0，用去离子水定容至 1L，室温保存。经适当稀释可得到 6×SSC 溶液和 2×SSC 溶液。用于 Northern 杂交时，用 DEPC 水配制 20×SSC（pH7.0）溶液，高压蒸汽灭菌 20min。

（5）100×Denhardt's 溶液（100mL）

分别称取 2g 聚蔗糖 400（Ficoll 400）、2g 聚乙烯吡咯烷酮（PVP）和 2g 牛血清白蛋白（BSA），溶解于 80mL 去离子水中，定容至 100mL，用 0.22μm 微孔滤膜过滤除菌，保存于-20℃冰箱中。

（6）Southern 预杂交液/杂交液（pH7.0，20mL）

移取 8.4mL 1.0mol/L Na$_2$HPO$_4$、1.6mL 1.0mol/L NaH$_2$PO$_4$、7.0mL 20% SDS（pH7.0）和 1.0mL 20% BSA，轻轻混匀，用去离子水定容至 20mL，预热至 65℃。临用前加入 0.2mL 变性的鲑鱼精 DNA（10mg/mL）。

（7）Southern 洗膜液Ⅰ（2×SSC，0.5% SDS，1L）

量取 100mL 20×SSC（pH7.0）和 25mL 20% SDS（pH7.0），用去离子水定容至 1L，在水浴锅中预热至 68℃。

（8）Southern 洗膜液Ⅱ（1×SSC，0.5% SDS，1L）

量取 50mL 20×SSC（pH7.0）和 25mL 20% SDS（pH7.0），用去离子水定容至 1L，在水浴锅中预热至 68℃。

（9）Southern 洗膜液Ⅲ（0.5×SSC，0.5% SDS，1L）

量取 25mL 20×SSC（pH7.0）和 25mL 20% SDS（pH7.0），用去离子水定容至 1L，在水浴锅中预热至 68℃。

（10）Southern 膜再生液（1L）

量取 5mL 20×SSC（pH7.0）、5mL 20% SDS（pH7.0）和 400mL 0.5mol/L Tris-HCl（pH7.5），轻轻混匀，用去离子水定容至 1L，在水浴锅中预热至 45℃。

（11）Northern 预杂交液/杂交液（20mL）

量取 5mL 20×SSC（pH7.0）、1mL 100×Denhardt's、1mL 20% SDS（pH7.0）和 10mL 甲酰胺，轻轻混匀，用去离子水定容至 20mL，在水浴锅中预热至 42℃。临用前加入 0.2mL 变性的鲑鱼精 DNA（10mg/mL）。预杂交液/杂交液用于甲酰胺方案。

（12）Northern 洗膜液Ⅰ（2×SSC，0.1% SDS，1L）

量取 100mL 20×SSC（pH7.0）和 5mL 20% SDS（pH7.0），轻轻混匀，用去离子水定容至 1L，室温放置。

（13）Northern 洗膜液Ⅱ（0.2×SSC，0.1% SDS，1L）

量取 10mL 20×SSC（pH7.0）和 5mL 20% SDS（pH7.0），轻轻混匀，用去离子水定容至 1L，在水浴锅中预热至 42℃。

（14）Western 转膜缓冲液（1L）

称取 2.42g Tris、11.25g 甘氨酸和 0.4g SDS，充分溶解于 600mL 去离子水中，加入 200mL 甲醇，用去离子水定容至 1L，保存于 4℃冰箱中。

（15）TNT 缓冲液（1L）

量取 20mL 0.5mol/L Tris-HCl（pH8.0）和 30mL 5mol/L NaCl 溶液，加入 0.5mL Tween 20，充分混匀，用去离子水定容至 1L，保存于 4℃冰箱。

（16）Western 封闭液（100mL）

称取 5g 脱脂奶粉，充分溶解于 100mL TNT 缓冲液中，保存于 4℃冰箱中。封闭液应现用现配。

（17）碱性磷酸酶缓冲液（100mL）

称取 1.02g 氯化镁（$MgCl_2 \cdot 6H_2O$，相对分子质量为 203.30），充分溶解于 60mL 去离子水中，加入 20mL 0.5mol/L Tris-HCl（pH9.5）和 2mL 5mol/L NaCl 溶液，用去离子水定容至 100mL。

（18）NBT-BCIP 显色液（10mL）

称取 75mg 氮蓝四唑（NBT）溶解于 1mL 二甲基甲酰胺中，得到 75mg/mL NBT 溶液。称取 50mg 5-溴-4-氯-3-吲哚基磷酸盐（BCIP）溶解于 1mL 二甲基甲酰胺中，得到 50mg/mL BCIP 溶液。量取 10mL 碱性磷酸酶缓冲液，加入 33μL 75mg/mL NBT 溶液和 11μL 50mg/mL BCIP 溶液，混匀，保存于 4℃冰箱中。NBT-BCIP 显色液应现用现配。

（19）Western 膜再生液（500mL）

量取 25mL 1.0mol/L Tris-HCl（pH6.8）、400mL 去离子水、50mL 20% SDS 和 3.5mL β-巯基乙醇（β-ME），混匀，用去离子水定容至 500mL。

9. 报告基因产物检测相关试剂

（1）0.1mol/L K-PBS（磷酸钾缓冲液，pH7.0，100mL）

移取 6.15mL 1.0mol/L K_2HPO_4 和 3.85mL 1.0mol/L KH_2PO_4，用去离子水定容至 100mL，室温保存。

（2）0.1mol/L Na-PBS（磷酸钠缓冲液，pH7.0，100mL）

移取 5.77mL 1.0mol/L Na_2HPO_4 和 4.23mL 1.0mol/L NH_2PO_4，用去离子水定容至 100mL，室温保存。

（3）5mmol/L $K_3[Fe(CN)_6]$（100mL）

称取 0.165g 铁氰化钾（$K_3[Fe(CN)_6]$，相对分子质量为 329.24），充分溶解于 80mL 去离子水中，定容至 100mL，室温保存。

（4）5mmol/L $K_4[Fe(CN)_6]$（100mL）

称取 0.211g 亚铁氰化钾（$K_4[Fe(CN)_6] \cdot 3H_2O$，相对分子质量为 422.39），充分溶解于 80mL 去离子水中，定容至 100mL，室温保存。

（5）X-Gluc 溶液（1mL）

用 20μL 二甲基甲酰胺（DMF）充分溶解 0.5mg X-Gluc，加入 960μL 0.1mol/L K-PBS（磷酸钾缓冲液，pH7.0）、10μL 5mmol/L $K_3[Fe(CN)_6]$、10μL 5mmol/L $K_4[Fe(CN)_6]$，混匀后，再加入 1μL Triton X-100，用铝箔纸包裹，保存于-20℃冰箱中。X-Gluc 溶液必须现用现配。

（6）GUS 提取液（100mL）

称取 0.1g 十二烷基肌氨酸钠，充分溶解于 40mL 去离子水中，加入 50mL 0.1mol/L Na-PBS（磷酸钠缓冲液，pH7.0）、2mL 0.5mol/L EDTA（pH8.0）和 0.1mL Triton X-100，混匀，用去离子水定容至 100mL，室温保存。临用前加入 70μL β-巯基乙醇（β-ME）。

（7）GUS 检测液Ⅰ（25mL）

称取 8.8mg 4-甲基伞形酮酰-β-葡萄糖醛酸苷酯（MUG，相对分子质量为 352.29），溶解于 25mL GUS 提取液中，使 MUG 的终浓度为 1mmol/L，避光保存于 4℃冰箱中。

（8）GUS 检测液Ⅱ（25mL）

称取 7.9mg 对硝基苯-β-D-葡萄糖醛酸苷酯（pNPG，相对分子质量为 315.23），溶解于 25mL GUS 提取液中，使 pNPG 的终浓度为 1mmol/L，避光保存于 4℃冰箱中。

（9）1mmol/L 4-MU（100mL）

称取 0.176g 4-甲基伞形酮（4-MU，相对分子质量为 176.17），充分溶解于 90mL 去离子水中，定容至 100mL，可得到 10mmol/L 4-MU 储存液。取 10mL 4-MU 储存液，用去离子水定容至 100mL，避光保存于 4℃冰箱中。

（10）1mmol/L 对硝基苯酚（100mL）

称取 0.139g 对硝基苯酚（pNP，相对分子质量为 139.11），充分溶解于 90mL 去离子水中，定容至 100mL，可得到 10mmol/L 对硝基苯酚储存液。取 10mL 对硝基苯酚储存液，用去离子水定容至 100mL，避光保存于 4℃冰箱中。

（11）0.2mol/L Na_2CO_3（100mL）

称取 2.12g 无水碳酸钠（相对分子质量为 105.99），充分溶解于 90mL 去离子水中，定容至 100mL，室温保存。

10. 其他生化试剂

（1）5mol/L NaOH（200mL）

量取 150mL 去离子水置于 200mL 烧杯中，称取 40g NaOH（相对分子质量为 40.00）并小心地逐量加入烧杯中，边加边搅拌，待 NaOH 完全溶解后，用去离子水定容至 200mL，室温保存。使用时，根据实际需要稀释 5mol/L NaOH 储存液可得到各种浓度的 NaOH 溶液。

> **注意：** NaOH 溶解过程中大量放热，应防止玻璃容器炸裂。

（2）2mol/L NaOH（100mL）

量取 80mL 去离子水置于 100~200mL 烧杯中，称取 8g NaOH 并小心地逐量加入烧杯中，边加边搅拌，待 NaOH 完全溶解后，用去离子水定容至 100mL，室温保存。也可用 5mol/L NaOH 稀释。

（3）2.5mol/L HCl（100mL）

在 78.4mL 去离子水中加入 21.6mL 浓盐酸（11.6mol/L），均匀混合后室温保存。

（4）5mol/L NaCl（200mL）

称取 58.44g 氯化钠（相对分子质量为 58.44），完全溶解于 120mL 去离子水中，定容至 200mL，高压蒸汽灭菌 20min，室温保存。

（5）4mol/L KCl（50mL）

称取 14.91g 氯化钾（相对分子质量为 74.55），充分溶解于 40mL 去离子水中，定容至 50mL，高压蒸汽灭菌 20min，室温保存。

（6）5mol/L KAc（200mL）

称取 98.14g 乙酸钾（相对分子质量为 98.14），充分溶解于 100mL 去离子水中，定容至 200mL，高压蒸汽灭菌 20min，保存于 4℃冰箱。

（7）1.0mol/L Na_2HPO_4（200mL）

称取 71.63g 磷酸氢二钠（$Na_2HPO_4 \cdot 12H_2O$，相对分子质量为 358.14），充分溶解于 160mL 去离子水中，定容至 200mL，室温保存。

（8）1.0mol/L NaH_2PO_4（200mL）

称取 31.2g 磷酸二氢钠（$NaH_2PO_4 \cdot 2H_2O$，相对分子质量为 156.01），充分溶解于 160mL 去离子水中，定容至 200mL，室温保存。

（9）1.0mol/L K_2HPO_4（200mL）

称取 45.64g 磷酸氢二钾（$K_2HPO_4 \cdot 3H_2O$，相对分子质量为 228.22），充分溶解于 160mL 去离子水中，定容至 200mL，室温保存。

（10）1.0mol/L KH_2PO_4（200mL）

称取 27.22g 磷酸二氢钾（KH_2PO_4，相对分子质量为 136.09），充分溶解于 160mL 去离子水中，定容至 200mL，室温保存。

（11）10% SDS（100mL）

称取 10g 十二烷基硫酸钠（SDS）于 80mL 68℃去离子水中，用磁力搅拌器搅拌，使之充分溶解，定容至 100mL，室温保存。

（12）40%蔗糖（50mL）

称取20g蔗糖，充分溶解于30mL去离子水中，定容至50mL，高压蒸汽灭菌20min，保存于4℃冰箱中。

（13）0.1mol/L CaCl$_2$（200mL）

称取2.22g无水氯化钙（相对分子质量为110.98）完全溶解于180mL去离子水中，定容至200mL，用0.22μm微孔滤膜过滤除菌，保存于4℃冰箱中。CaCl$_2$经高压蒸汽灭菌与水中溶解的二氧化碳形成碳酸钙沉淀，并且使溶液偏酸性。

（14）70%甘油/50%甘油/20%甘油（200mL）

量取140mL/100mL/40mL甘油，分别用去离子水定容至200mL，高压蒸汽灭菌20min，保存于4℃冰箱中。

注意： 此处最好使用进口甘油。

（15）氯仿：异戊醇（24：1，500mL）

量取480mL氯仿和20mL异戊醇，混匀，室温保存于棕色试剂瓶中。在通风橱中配制，配制时戴一次性塑料手套。

（16）70%乙醇（1L）

量取700mL无水乙醇，用去离子水定容至1L，取一部分保存于-20℃冰箱中，其余室温保存。

（17）30% PEG 4000（10mL）

称取3g聚乙二醇4000（PEG 4000），充分溶解于6mL无菌去离子水中，定容至10mL，用0.22μm微孔滤膜过滤除菌，分装（1mL/份），保存于-20℃冰箱中。

（18）100mmol/L IPTG（10mL）

称取0.24g异丙基-β-D-硫代半乳糖苷（IPTG，相对分子质量为238.3），完全溶解于10mL无菌水中，用0.22μm微孔滤膜过滤除菌，分装（1mL/份），保存于-20℃冰箱中。

（19）X-Gal（20mg/mL，10mL）

称取0.2g 5-溴-4-氯-3-吲哚基-β-D-半乳糖苷（X-Gal），完全溶解于10mL二甲基甲酰胺（N,N-dimethylformamide，DMF）中，分装（1mL/份），避光保存于棕色冻存管内，或用铝箔纸包裹，保存于-20℃冰箱中。由于使用有机溶剂溶解X-Gal，故无须过滤除菌。

（20）溶菌酶（10mg/mL）

称取10mg溶菌酶（lysozyme），溶解于1mL 10mmol/L Tris-HCl（pH8.0）中，保存于4℃冰箱中。现用现配。

（21）100mmol/L PMSF（1mL）

称取17.42mg苯甲基磺酰氟（PMSF，相对分子质量为174.19），溶解于1mL异丙醇中，保存于-20℃冰箱中。使用前取出，使结晶物充分溶解。PMSF在水溶液中极不稳定，30min就会降解一半，应根据具体操作时间及时补加。PMSF具有很强的毒性，配制和使用时应戴手套和口罩。

附录Ⅱ　　核酸和蛋白质数据

1. 度量前缀

系数	前级	符号	系数	前级	符号	系数	前级	符号
kilo	k	10^3	micro	μ	10^{-6}	femto	f	10^{-15}
centi	c	10^{-2}	nano	n	10^{-9}	atto	a	10^{-18}
milli	m	10^{-3}	pico	p	10^{-12}	zepto	z	10^{-21}

2. 核苷酸、脱氧核苷酸

核苷酸	相对分子质量	ε_{260} （$\times 10^{-3}$）	脱氧核苷酸	相对分子质量	ε_{260} （$\times 10^{-3}$）
AMP	347	15.4	dAMP	331	15.2
CMP	323	7.2	dCMP	307	7.4
GMP	363	11.5	dGMP	347	11.5
UMP	324	9.9	dTMP	306	8.3
NMP 的平均相对分子质量为 345			dNMP 的平均相对分子质量为 330		

注：ε_{260} 为 pH7.0 时的消光系数，单位为 mol/（L·cm）。

3. 氨基酸、蛋白质

氨基酸残基	相对分子质量	氨基酸残基	相对分子质量	氨基酸残基	相对分子质量
精氨酸 R（Arg）	157	组氨酸 H（His）	137	赖氨酸 K（Lys）	128
亮氨酸 L（Leu）	113	异亮氨酸 I（Ile）	113	丙氨酸 A（Ala）	71
丝氨酸 S（Ser）	87	谷氨酸 E（Glu）	129	谷氨酰胺 Q（Gln）	128
酪氨酸 Y（Tyr）	163	天冬氨酸 D（Asp）	115	天冬酰胺 N（Asn）	114
半胱氨酸 C（Cys）	103	甲硫氨酸 M（Met）	131	缬氨酸 V（Val）	99
色氨酸 W（Trp）	186	苏氨酸 T（Thr）	101	甘氨酸 G（Gly）	57
脯氨酸 P（Pro）	97	苯丙氨酸 F（Phe）	147		
氨基酸残基的平均相对分子质量为 110					
蛋白质的相对分子质量=氨基酸残基数×110					
1000bp DNA 可编码含 333 个氨基酸残基的蛋白质，蛋白质的相对分子质量约为 37000					

4. 吸光度与核酸浓度的换算

1 OD_{260} dsDNA = 50μg/mL

1 OD_{260} ssDNA = 33μg/mL

1 OD_{260} ssRNA = 40μg/mL

5. DNA 质量与物质的量的换算

实验中，使用得最多的浓度通常是 ng/μL、μmol/L 等，经常需要在不同的单位之间进行换算，而双链 DNA（double strand DNA，dsDNA）、单链 DNA（single strand DNA，ssDNA）和 ssRNA 的换算方式都不一样，而且每次使用的核苷酸长度也不一样，给计算带来了一定的麻烦。另外，在做载体连接时，插入片段和骨架载体之间需要遵循一定的摩尔比，同样涉及质量单位转化为物质的量单位。NEB 官网（New England Biolabs Inc.）上有一个非常好用的小工具，即生物计算器（NEBioCalculator，https://nebiocalculator.neb.com/#!/ligation），通过它可以快速得到 DNA 的相对分子质量，并确定 DNA 质量与物质的量的关系。

本书中常用数据总结如下：

1μg 1000bp dsDNA = 1.62pmol

1μg pBR322 dsDNA（4361bp）= 0.37pmol

1μg pUC18 dsDNA（2686bp）= 0.60pmol

1μg pET-28a dsDNA（5369bp）= 0.30pmol

1μg pBI121 dsDNA（14758bp）= 0.11pmol

1μg pFastBac1 dsDNA（4775bp）= 0.34pmol

注：各载体的数据是用"NEBioCalculator"在线软件分析计算得到的。

6. 引物物质的量的计算

$$1 \ OD_{260} \text{引物物质的量（nmol）} = \frac{1000}{\varepsilon_{260}^{A} \times N_A + \varepsilon_{260}^{C} \times N_C + \varepsilon_{260}^{G} \times N_G + \varepsilon_{260}^{T} \times N_T}$$

式中，ε_{260}^{A}、ε_{260}^{C}、ε_{260}^{G} 和 ε_{260}^{T} 为对应 dNMP 的消光系数；N_A、N_C、N_G 和 N_T 为对应碱基的总数。

7. 蛋白质的质量与物质的量的换算

1μg 10kDa 蛋白质 = 100pmol

8. 蛋白质的等电点

蛋白质的等电点和分子量分析可以通过本地软件（如 DNAMAN、BioEdit、DNASTAR 等），也可通过 Expasy 在线工具 ProtParam tool（https://web.expasy.org/protparam/）来实现。

附录Ⅲ 本书所用大肠杆菌菌株

1. DH5a

DH5a、DH10B、HB101 和 JM109 都是基因克隆的常用菌株。

DH5a 菌株可用于蓝-白斑筛选，其原理是宿主 φ80 *lacZ*ΔM15 编码的 ω-肽段能与 pUC 编码 α-肽段实现 α-互补，形成具有完整功能的 β-半乳糖苷酶。

基因型：F⁻ φ80 *lacZ*ΔM15 Δ（*lacZYA-arg*F）U169 *deoR recA1 endA1 hsd*R17（r_{k−},

m_{k+}）*pho*A *sup*E44 λ⁻ *thi*-1 *gyr*A96 *rel*A1。

2. BL21（DE3）

BL21（DE3）是用于以 T7 RNA 聚合酶为表达系统（如 pET 系列）的外源基因高效表达菌株，蛋白酶活性低，适合于非毒性蛋白的表达。该菌株携带溶源化的 λ 噬菌体衍生株 DE3，T7 RNA 聚合酶基因位于 DE3 区，受 lacUV5 启动子的控制，T7 RNA 聚合酶的催化能力远高于宿主 RNA 聚合酶，可使重组蛋白的表达量占细胞总蛋白的 50%。

基因型：F⁻ *omp*T *hsd*SB（$\gamma_{B-}m_{B-}$）*gal dcm*（DE3）。

3. DH10Bac

DH10Bac 菌株是在普通 DH10B 菌株的基础上引入了 bMON14272 和 pMON7124。bMON14272 是杆粒（bacmid），含有杆状病毒基因组 DNA、mini-F 复制起点、卡那霉素抗性基因（*Kan*ʳ）、*lacZ* 基因和位于 *lacZ* 基因上的 *att*Tn7 位点。pMON7124 是辅助质粒，具有四环素抗性基因（*Tet*ʳ），含有 tnsABCD 区，能提供转座酶，使供体质粒上的 mini-Tn7 插入 bM-ON14272 上的 *att*Tn7 位点，从而在杆状病毒基因组中引入外源基因。四环素抗性基因在细胞扩增过程中丢失，但可提高供体质粒 pFastBac（具有庆大霉素抗性，Gen ʳ）转化后的基因转座效率。DH10Bac 菌株能基于转座和蓝-白斑筛选，快速构建重组杆状病毒，主要用于生产重组杆状病毒分子（Bac-to-Bac 杆状病毒表达系统）。

基因型：F⁻ *mcr*A Δ（*mrr-hsd*RMS-*mcr*BC）φ80*lacZ*ΔM15 Δ*lac*X74 *rec*A1 *end*A1 *ara*D139 Δ（*ara*，*leu*）7697 *gal*U *gal*K λ⁻ *rps*L *nup*G/bMON14272 pMON7124。

附录Ⅳ　常用分子生物学软件的使用

1. Primer Premier 5.0

Oligo 7.0 和 Primer Premier 5.0 是两款常用的引物设计软件，两款软件的功能相似，可用于 PCR 引物、测序引物及杂交探针的设计，并对引物序列进行手工编辑。除了引物设计之外，Primer Premier 5.0 还具有序列比对、酶切位点分析、基序分析等功能。这里仅介绍使用 Primer Premier 5.0 软件设计 PCR 引物的方法。

在设计用于扩增目的基因开放阅读框（ORF）的引物时，一般采用手工编辑方式：

（1）在 Windows 环境下安装 Primer Premier 5.0 软件。

（2）运行 Primer Premier 5.0，打开主窗口。

（3）复制 DNA 序列后，点击 "File" 菜单下的 "New/DNA Sequence"，出现 "Gene Tank" 窗口，使用快捷键 "Ctrl+V" 粘贴 DNA 序列，弹出 "Paste" 对话框，选择默认的 "As Is"，点击 "OK"，将 DNA 序列粘贴到 "Gene Tank" 窗口的文本框中。

（4）点击 "Primer" 功能键，出现 "Primer Premier 5.0" 窗口，点击左上角的 "S"，就可根据反义模板链（anti-sense strand）设计正向引物。

（5）点击 "Edit Primers" 功能键，出现 "Edit Primer" 窗口，在文本框内输入引物序列或用快捷键粘贴引物序列，点击 "Analyze" 按钮，可获得引物的信息，包括：引物评分（rating）、引物位置（seq No.）、引物长度（length）、T_m 值、GC 含量

（GC%）、自由能（ΔG）等，另外还有发夹结构（hairpin）、引物二聚体（dimer）、引物错配（false priming）等信息。

（6）找到合适的引物后，在引物的5'端输入酶切位点和2~3个保护性碱基，点击"Analyze"按钮，进一步分析后，点击"OK"，完成正向引物的设计。

（7）点击"Primer Premier 5.0"窗口左上角的"A"，根据正义模板链（sense strand）设计反向引物，方法基本同上，但不同之处在于：用快捷键粘贴待分析的引物序列时，在弹出的"Paste"对话框中应选择"Complemented"。

（8）引物设计完成后，在主窗口的"Edit"菜单下，分别点击"Copy/Sense Primer"和"Copy/Anti-sense Primer"，将设计好的引物序列复制到粘贴板，粘贴到Word文档，保存引物序列，填写引物合成单送生物技术公司合成。

在设计用于RT-PCR等的引物时，一般采用自动检索方式，或在自动检索的基础上进行适当的手工编辑：

（1）运行Primer Premier 5.0，出现主窗口，将DNA序列粘贴到"Gene Tank"窗口。

（2）点击"Primer"功能键，出现"Primer Premier 5.0"窗口。

（3）点击"Search"功能键，出现"Search Criteria"对话框，选择"PCR Primer"，"Search Type"（检索类型）可选为"Pairs"（成对），设置"Search Ranges"（检索范围）、"PCR Product Size"（PCR产物大小）和"Primer Length"（引物长度），在"Search Mode"（检索模式）中，默认"Automatic"（自动）模式，也可以改为"Manual"（人工）模式，采用"Manual"模式时，点击"Search Parameters"（检索参数）按钮，出现"Manual Search Parameters"对话框，设置相关参数，点击"OK"。

（4）弹出"Search Criteria"对话框，点击"OK"，开始检索符合要求的引物，弹出"Search Progress"对话框，点击"OK"，弹出"Search Results"对话框，可显示正向引物列表（"Sense"）、反向引物列表（"Anti-sense"）或引物对列表（"Pairs"）。

（5）用鼠标点击"Search Results"对话框中感兴趣的引物，所选引物出现背景色，并在"Primer Premier 5.0"窗口中显示引物的详细信息。

（6）点击"Primer Premier 5.0"窗口中的"Edit Primers"功能键，出现"Edit Primer"窗口，可进行适当的手工编辑，也可采用自动检索的引物序列，点击"OK"。

（7）在主窗口的"Edit"菜单下，分别点击"Copy/Sense Primer"和"Copy/Anti-sense Primer"，将设计好的引物序列复制到粘贴板，粘贴到Word文档，保存引物序列，填写引物合成单送生物技术公司合成。

2. BandScan 5.0

BandScan 5.0是常用的凝胶图像分析软件之一，可用于DNA和蛋白质的相对分子质量大小和质量的分析，也可根据条带的灰度，分析重组蛋白在宿主总蛋白中的含量。这里以DNA电泳图为例，介绍BandScan 5.0软件的使用方法：

（1）在Windows环境下安装BandScan 5.0软件。

（2）运行BandScan 5.0，打开主窗口。

（3）点击"File"菜单下的"Open image from tiff, jpg file format"，出现"Open File"对话框，打开待分析的凝胶图片文件，在主窗口中出现图像，并弹出"Select

Rectangle"对话框，单击主窗口中的图片并拖动鼠标，选择要分析的区域，点击"OK"，主窗口中仅显示选定区域内的图像。

（4）点击工具栏上的"Band Finding"菜单下的"Find Band"，出现"Selecting Number of Lanes"对话框，选定泳道数目，主窗口中每个泳道上出现一条蓝色竖线，并弹出"Adjust Lane Centers"对话框，用手形鼠标拖动蓝线使之位于条带中心位置，点击"OK"，此时主窗口中的条带被黄色线条圈定。

（5）点击主窗口"Gel Analysis"菜单下的"Standard Lane Analysis/DNA"，出现"Selecting a DNA Standard"对话框，点击"Create New Standard"，弹出"Enter Number of Bands"对话框，选择相对分子质量为标记中的 DNA 条带数，点击"OK"，弹出"New DNA Standard"对话框，输入相关信息，点击"OK"。

（6）在"Selecting a DNA Standard"对话框中选定相对分子质量为标记的名称，点击"OK"。弹出"Selecting the Key Band"对话框，在对话框中选定某个条带后，在主窗口的相对分子质量为标记泳道中点击相应的 DNA 条带，弹出"DNA Size Analysis-Log fit"对话框，点击"OK"。

（7）点击主窗口"Gel Analysis"菜单下的"Set Quantitative Standard Band"，出现"Quantification Value"对话框，输入相对分子质量为标记中的某个条带的 DNA 质量，并在主窗口中点击相应的 DNA 条带。

（8）点击主窗口"Window"菜单下的"Band Data Table"，出现"Band Location"（条带位置）信息表，点击信息表中"Select Band Data"菜单下的"Percent Signal"（灰度百分比）、"Quantity"（DNA 定量）或"Base Pairs"（碱基对数目）等，将给出对应的信息，点击"Band Location"表中的"RowN"或主窗口中的 DNA 条带，其信息将在"Band Location"表中呈现绿色。

注意："Percent Signal"（灰度百分比）常用于分析目的蛋白在宿主总蛋白中的含量。

（9）此时，可以点击信息表中"File"菜单下的"Export to Clipboard"导出信息，还可以在主窗口"File"菜单下选择导出数据或保存数据的方式。

参 考 文 献

［1］丁明孝，王喜忠，张传茂，等. 细胞生物学［M］. 5 版. 北京：高等教育出版社，2020.

［2］J. E. 克雷布斯，E. S. 戈尔茨坦，S. T. 基尔帕特里克. Lewin 基因：XII［M］. 江松敏，译. 北京：科学出版社，2021.

［3］陈雪岚. 基因工程实验［M］. 北京：科学出版社，2022.

［4］吕鸿声. 昆虫病毒分子生物学［M］. 北京：中国农业科技出版社，1998.

［5］刘进元，张淑平，武耀廷. 分子生物学实验指导［M］. 2 版. 北京：高等教育出版社，2006.

［6］龙敏南，楼士林，杨盛昌，等. 基因工程［M］. 3 版. 北京：科学出版社，2014.

［7］M. R. 格林. J. 萨姆布鲁克. 分子克隆实验指南［M］. 贺福初，主译. 陈薇，杨晓明，副主译. 原书4 版. 北京：科学出版社，2017.

［8］吴乃虎. 基因工程原理［M］. 北京：科学出版社，2001.

［9］王关林，方宏筠. 植物基因工程［M］. 2 版. 北京：科学出版社，2014.

［10］文铁桥. 基因工程原理［M］. 北京：科学出版社，2014.

［11］徐晋麟，陈淳，徐沁. 基因工程原理［M］. 2 版. 北京：科学出版社，2018.

［12］袁婺洲. 基因工程［M］. 2 版. 北京：化学工业出版社，2019.

［13］张惠展. 基因工程［M］. 4 版. 上海：华东理工大学出版社，2018.

［14］孙明. 基因工程［M］. 2 版. 北京：高等教育出版社，2013.

［15］刘世利. CRISPR 基因编辑技术［M］. 北京：化学工业出版社，2020.

［16］曾栋昌，马兴亮，谢先荣，等. 植物 CRISPR/Cas9 多基因编辑载体构建和突变分析的操作方法［J］. 中国科学：生命科学，2018，48(7)：783-794.

［17］MAKAROVA K S, WOLF Y I, IRANZO J, et al. Evolutionary classification of CRISPR-Cas systems: a burst of Class 2 and derived variants［J］. Nature Reviews Microbiology, 2020, 18(2):67-83.

［18］LEUNG R K, CHENG Q X, WU Z L, et al. CRISPR/Cas12-based nucleic acids detection systems［J］. Methods, 2021, 203:276-281.

［19］MAKAROVA K S, HAFT D H, BARRANGOU R, et al. Evolution and classification of the CRISPR-Cas systems［J］. Nature Reviews Microbiology, 2011, 9(6): 467-477.

［20］夏启中. 基因工程［M］. 北京：高等教育出版社，2017.

［21］ROHRMANN G F. 杆状病毒分子生物学［M］. 吴小锋，沈运旺，张家健，译. 杭州：浙江大学出版社，2016.